Pooten/Langenbeck
Kompakt-Training
Bilanzanalyse

W0341783

Besuchen Sie uns im Internet unter www.kiehl.de

Kompakt-Training
Praktische Betriebswirtschaft
Herausgeber Professor Klaus Olfert

www.kiehl.de

Bilanzanalyse

Von
Prof. Dr. Holger Pooten und
Dipl.-Betriebsw. Jochen Langenbeck

4., überarbeitete und aktualisierte Auflage

kiehl

Herausgeber:
Prof. Klaus Olfert
76530 Baden-Baden

ISBN 978-3-470-**53924**-9 · 4., überarbeitete und aktualisierte Auflage 2016

© NWB Verlag GmbH & Co. KG, Herne 2016
www.kiehl.de

Kiehl ist eine Marke des NWB Verlags

Alle Rechte vorbehalten.
Das Werk und seine Teile sind urheberrechtlich geschützt. Jede Nutzung in anderen als den gesetzlich zugelassenen Fällen bedarf der vorherigen schriftlichen Einwilligung des Verlages. Hinweis zu § 52a UrhG: Weder das Werk noch seine Teile dürfen ohne eine solche Einwilligung eingescannt und in ein Netzwerk eingestellt werden. Dies gilt auch für Intranets von Schulen und sonstigen Bildungseinrichtungen.

Satz: SATZ-ART Prepress & Publishing GmbH, Bochum
Druck: medienHaus Plump GmbH, Rheinbreitbach

Kompakt-Training Praktische Betriebswirtschaft

Das Kompakt-Training Praktische Betriebswirtschaft ist aus der Notwendigkeit entstanden, dass Wissen immer häufiger unter erheblichem Zeit- und Erfolgsdruck erworben oder reaktiviert werden muss. Den vielfältigen betriebswirtschaftlichen Fakten und Zusammenhängen, die aufzunehmen sind, stehen eng begrenzte Zeitbudgets gegenüber.

Die vorliegende Fachbuchreihe ist darauf ausgerichtet, die Leser darin zu unterstützen, rasch und fundiert in die verschiedenen betriebswirtschaftlichen Themenbereiche einzudringen sowie diese aufzufrischen. Sie eignet sich in besonderer Weise für:

- Studierende an Fachhochschulen, Akademien und Universitäten
- Fortzubildende an öffentlichen und privaten Bildungsinstitutionen
- Fach- und Führungskräfte in Unternehmen und sonstigen Organisationen.

Das Kompakt-Training Praktische Betriebswirtschaft ist auch zum Selbststudium sehr gut geeignet, nicht zuletzt wegen seiner herausragenden Gestaltungsmerkmale. Jeder einzelne Band der Fachbuchreihe zeichnet sich u. a. aus durch:

- kompakte und praxisbezogene Darstellung
- systematischen und lernfreundlichen Aufbau
- viele einprägsame Beispiele, Tabellen, Abbildungen
- 50 praxisbezogene Übungen mit Lösungen
- MiniLex mit bis zu 200 Stichworten.

Für Anregungen, die der weiteren Verbesserung dieses Lernkonzeptes dienen, bin ich dankbar.

Prof. Klaus Olfert
Herausgeber

Feedbackhinweis

Kein Produkt ist so gut, dass es nicht noch verbessert werden könnte. Ihre Meinung ist uns wichtig. Was gefällt Ihnen gut? Was können wir in Ihren Augen verbessern? Bitte schreiben Sie einfach eine E-Mail an: **feedback@kiehl.de**

Als kleines Dankeschön verlosen wir unter allen Teilnehmern einmal pro Monat ein Buchgeschenk!

Vorwort zur 4. Auflage

Jahresabschlüsse sollen über die Vermögens-, Finanz- und Ertragslage (VFE-Lage) eines Unternehmens informieren und die wirtschaftliche Entwicklung im betrachteten Geschäftsjahr widerspiegeln. Zudem geben sie Rechenschaft insbesondere über die Unternehmensfinanzierung, -investitionen sowie den erzielten Periodenerfolg, was als Ausdruck der Managementleistung zu werten ist. Neben den Leitungsorganen, den Shareholdern, den Gläubigern und der Mitarbeitervertretung ist auch die Öffentlichkeit an Informationen über die Entwicklung insbesondere der großen Unternehmen interessiert. Die systematische Auswertung der Rechnungslegung macht Vergangenheit und Gegenwart sichtbar und lässt fundierte Schlüsse auf die zukünftige Unternehmensentwicklung zu.

Seit der dritten Auflage im Jahr 2007 haben sich wesentliche Änderungen der internationalen Rechungslegungsnormen nach IFRS, aber auch der gesetzlichen Regelungen nach HGB ergeben. Neben dem Bilanzrechtsmodernisierungsgesetz (BilMoG) aus dem Jahr 2009 ist hier insbesondere das 2015 verabschiedete Bilanzrichtlinie-Umsetzungsgesetz (BilRUG) zu nennen. Alle Ausführungen dieser Auflage entsprechen dem ab 2016 geltenden Rechtsstand.

Das Kompakt-Training Bilanzanalyse stellt Aufbau und Inhalt der Elemente des Jahresabschlusses vor und macht mit den wesentlichen Techniken der traditionellen Bilanzanalyse und deren Schwerpunkt, der kennzahlengestützten Analyse, vertraut. Die grundsätzlichen Unterschiede zwischen der Rechnungslegung nach HGB und der internationalen Rechnungslegung nach IFRS werden angesprochen. Auch die Grenzen der Möglichkeiten einer Bilanzanalyse werden aufgezeigt.

Abschließend erhält der Leser einen Einblick in die Komplexität der modernen bilanzanalytischen Verfahren. Neben Scoring-Modellen werden insbesondere die mathematisch-statistischen Verfahren der Unternehmensanalyse sowie die Ansätze der strategischen Unternehmensanalyse thematisiert.

Neben einer detaillierten Darstellung des Inhalts der Bilanzposten sowie der Gewinn- und Verlustrechnung gibt es zahlreiche praktische Beispiele, die auch jenen Studierenden, Fach- und Führungskräften die Orientierung erleichtern, die keine praktischen Kenntnisse im Rechnungswesen haben. Durch die Einbindung einer Vielzahl von Übungsaufgaben zielt dieses kombinierte Lehr- und Übungsbuch auch auf das Selbststudium der Bilanzanalyse ab.

Holger Pooten und
Jochen Langenbeck
Haltern am See/Bochum, im August 2016

Benutzungshinweise

Aufgaben/Fälle

Die Aufgaben/Fälle im Übungsteil dienen der Wissens- und Verständniskontrolle. Auf sie wird jeweils im Textteil hingewiesen:

Aufgabe 1 > Seite 172

Der Übungsteil befindet sich als „blauer Teil" am Ende des Buches. Es wird empfohlen, die Aufgaben/Fälle unmittelbar nach Bearbeitung der entsprechenden Textstellen zu lösen.

Aus Gründen der Praktikabilität und besseren Lesbarkeit wird darauf verzichtet, jeweils männliche und weibliche Personenbezeichnungen zu verwenden. So können z. B. Mitarbeiter, Arbeitnehmer, Vorgesetzte grundsätzlich sowohl männliche als auch weibliche Personen sein.

D. Vergleichende Analyse 89

E. Kennzahlengestützte Bilanzanalyse 97

ABKÜRZUNGSVERZEICHNIS

Abs.	Absatz
AG	Aktiengesellschaft
ähnl.	ähnliche
AK	Anschaffungskosten
AktG	Aktiengesetz
AN	Arbeitnehmer
a. o.	außerordentlich(e)
Art.	Artikel
AÜG	Arbeitnehmerüberlassungsgesetz
AV	Anlagevermögen
BaFin	Bundesanstalt für Finanzdienstleistungsaufsicht
betriebl.	betrieblich(e/er)
BFH	Bundesfinanzhof
BilMoG	Bilanzrechtsmodernisierungs-Gesetz
BilRUG	Bilanzrichtlinie-Umsetzungsgesetz
d. h.	das heißt
DRS	Deutscher Rechnungslegungs-Standard
eBANz	elektronischer Bundesanzeiger
EBIL	Einzelbilanzanalyse (in der Sparkassenorganisation)
EE-Steuern	Steuern vom Einkommen und vom Ertrag
EGHGB	Einführungsgesetz zum Handelsgesetzbuch
einschl.	einschließlich
EStG	Einkommensteuergesetz
EStR	Einkommensteuer-Richtlinien
evtl.	eventuell
ff.	folgende
Fifo	first in – first out
Ford.	Forderungen
FuE	Forschung und Entwicklung
GAAP	General Accepted Accounting Principles, Grundsätze ordnungsmäßiger Buchführung
GDV	Gesamtverband der Deutschen Versicherungswirtschaft e. V.
gem.	gemäß
ggf.	gegebenenfalls
ggü.	gegenüber
GJ	Geschäftsjahr
GKV	Gesamtkostenverfahren
GmbH	Gesellschaft mit beschränkter Haftung
GmbHG	GmbH-Gesetz
GoB	Grundsätze ordnungsmäßiger Buchführung
GuV	Gewinn und Verlust, Gewinn- und Verlustrechnung
GWG	geringwertige Wirtschaftsgüter
HB	Handelsbilanz
HGB	Handelsgesetzbuch
Hifo	highest in – first out
HK	Herstellungskosten
IAS	International Accounting Standards
IASB	International Accounting Standards Board
IASC	International Accounting Standards Committee
i. d. R.	in der Regel
IDW	Institut der Wirtschaftsprüfer in Deutschland e. V.
IFRS	International Financial Reporting Standards
IKR	Industriekontenrahmen
inkl.	inklusiv(e)
i. S.	im Sinne
i. V.	in Verbindung
i. w. S.	im weiteren Sinne
KapGes	Kapitalgesellschaft(en)
KFR	Kapitalflussrechnung

KG	Kommanditgesellschaft
KG a. A.	Kommanditgesellschaft auf Aktien
KGV	Kurs-Gewinn-Verhältnis
Kto., Ktn.	Konto, Konten
KWG	Kreditwesengesetz
lfd.	laufende
Lifo	last in – first out
lt.	laut
L. u. L.	Lieferungen und Leistungen
Mio.	Million(en)
o. a.	oben angeführt
OHG	Offene Handelsgesellschaft
PER	Price-Earnings-Ratio, Kurs-Gewinn-Verhältnis
PublG	Publizitätsgesetz
PWB	Pauschalwertberichtigung
RAP	Rechnungsabgrenzungsposten
RHB	Roh-, Hilfs- und Betriebsstoffe
RL	Reichmann/Lachnit
RoI	Return on Investment
s.	siehe
S.	Seite
SAV	Sachanlagevermögen
SEC	Securities and Exchange Commission (Börsenaufsichtsbehörde der USA)
SG	Schmalenbach-Gesellschaft/Deutsche Gesellschaft für Betriebswirtschaft
sog.	so genannt
sonst.	sonstige
StB	Steuerbilanz
SWOT	Strengths, Weaknesses, Opportunities and Threats-Analysis
T€	1.000 €
u. a.	und andere, unter anderem, unten angeführt
u. Ä.	und Ähnliche(s)
UKV	Umsatzkostenverfahren
US-GAAP	US-Generally Accepted Accounting Principles
USt	Umsatzsteuer
UStG	Umsatzsteuergesetz
u. U.	unter Umständen
UV	Umlaufvermögen
VFE-Lage	Vermögens-, Finanz- und Ertragslage
Verb., Verbindl.	Verbindlichkeit(en)
vgl.	vergleiche
VSt	Vorsteuer (= Mehrwertsteuer in den Eingangsrechnungen)
WACC	Weighted Average Cost of Capital
ZVEI	Zentralverband der Elektrotechnischen Industrie e. V.

A. Grundlagen

1. Bilanzanalyse und Bilanzkritik

Unter **Bilanzanalyse** wird die kritische Durchsicht und Auswertung von Jahresabschluss und Lagebericht mit dem Ziel verstanden, ein Urteil über die wirtschaftliche Lage und Entwicklung eines Unternehmens zu erhalten. Insbesondere die Aussagen der Bilanz und Gewinn- und Verlustrechnung werden in methodischer Weise hinterfragt. Die dabei gewonnenen Informationen werden verdichtet und mithilfe von Kennzahlen ausgewertet.

Zur Interpretation des reinen Zahlenmaterials werden die Erläuterungen aus dem Anhang, dem Prüfungsbericht und sonstige verfügbare Informationen herangezogen.

Die Bilanzanalyse – besser: Jahresabschlussanalyse – erfolgt in diversen Schritten, die idealtypisch vielfach wie folgt abgegrenzt werden können:

1. **Sammlung der Unternehmensdaten:** Für die Jahresabschlussanalyse muss mindestens der letzte Jahresabschluss vorliegen; ein Zeitraum von mindestens drei bis fünf Jahren sollte angestrebt werden.
2. Allgemeiner Überblick über die rechtlichen und wirtschaftlichen **Rahmenbedingungen des Unternehmens**: Hierbei sind insbesondere auch Branchenkennzahlen, die u. a. den Mitteilungen der Unternehmensverbände und den großen Wirtschaftszeitungen entnommen werden können, von besonderem Interesse.
3. **Aufbereitung des Datenmaterials** durch Überführung der vorliegenden Bilanz in eine sog. Strukturbilanz und durch Aufspaltung der Gewinn- und Verlustrechnung in Erfolgskomponenten.
4. **Durchführung der Analysen** durch Bildung von Kennzahlen und Vergleich der Kennzahlen
    a) in ihrer Entwicklung während der letzten Geschäftsjahre (Zeitvergleich)
    b) mit den entsprechenden Kennzahlen für die Branche (Branchenvergleich) oder
    c) mit Erwartungshaltungen bezüglich der Erreichung bestimmter Kennzahlenwerte (Soll-Ist-Vergleich).
5. **Interpretation der Ergebnisse** hinsichtlich
    a) der realen Vermögens-, Finanz- und Ertragslage des Unternehmens
    b) der zu erwartenden Bestandsfestigkeit und Zukunftsfähigkeit des Unternehmens.

Die **Bilanzkritik** geht von dem im Rahmen der Bilanzanalyse aufbereiteten Zahlenmaterial aus. Die ermittelten Werte und Relationen werden kritisch beurteilt. Ziel der Bilanzkritik ist die Offenlegung der Risiken und auch Chancen aus der Vermögenslage (Investitionen), der Finanzlage (Finanzierung und Liquidität) und der Ertragslage (Umsatz, Kosten, Rentabilität). Im Vordergrund der Beurteilung steht die zukünftige Entwicklung des Unternehmens.

2. Sammlung von Unternehmensdaten

2.1 Abgrenzung des Jahresabschlusses

Der Jahresabschluss ist ein Spiegelbild der finanziellen und wirtschaftlichen Situation eines Unternehmens zum Bilanzstichtag und gleichzeitig Rechenschaftsbericht der Unternehmensführung. Bei systematischer Auswertung werden Vergangenheit und Gegenwart eines Unternehmens sichtbar. Darüber hinaus können Aussagen über die zu erwartende zukünftige Entwicklung des Unternehmens getroffen werden.

Der Jahresabschluss setzt sich zumindest aus der Bilanz und der Gewinn- und Verlustrechnung zusammen. Je nach Größe und Rechtsform des Unternehmens können weitere Bestandteile vorliegen.

2.1.1 Jahresabschluss im Sinne der Vorschriften für alle Kaufleute

Gemäß dem für alle Kaufleute geltenden § 242 Abs. 3 HGB setzt sich der Jahresabschluss aus Bilanz sowie Gewinn- und Verlustrechnung zusammen. Unter dem Begriff „alle Kaufleute" werden Einzelkaufleute, Personengesellschaften (OHG, KG) und Kapitalgesellschaften (AG, GmbH, KGaA, SE) verstanden. Ein Jahresabschluss, der ausschließlich aus Bilanz sowie der Gewinn- und Verlustrechnung besteht, liegt jedoch einerseits nur im Fall von Einzelkaufleuten vor, die nicht unter § 241a HGB fallen. Nach § 241a HGB i. V. m. § 242 Abs. 4 HGB sind Einzelkaufleute, die an den Abschlussstichtagen von zwei aufeinander folgenden Geschäftsjahren nicht mehr als 500.000 € Umsatzerlöse und 50.000 € Jahresüberschuss aufweisen, von der Pflicht zur Aufstellung eines Jahresabschlusses befreit.

Ein Jahresabschluss bestehend aus Bilanz sowie Gewinn- und Verlustrechnung kann andererseits im Fall von sog. typischen Personengesellschaften vorliegen. Typische Personengesellschaften zeichnen sich dadurch aus, dass letztlich auch Privatvermögen für Schulden der Personengesellschaft haftet.

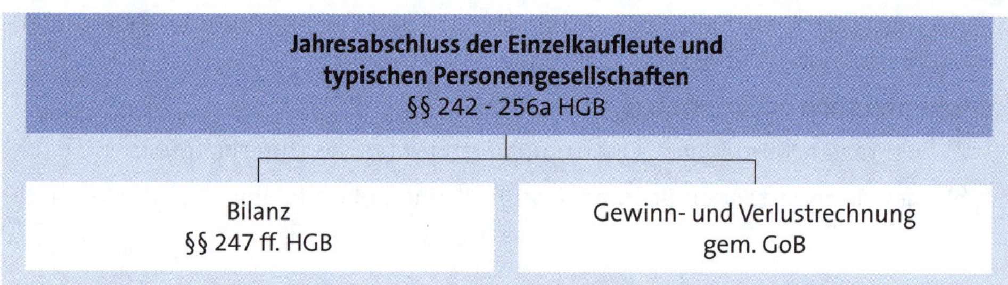

Bei anderen, sog. atypischen Personengesellschaften (z. B. eine GmbH & Co. KG), die unter § 264a HGB fallen, ist letztlich die Haftung auf das Unternehmensvermögen begrenzt. Mit Blick auf die Haftungsbegrenzung sind Erweiterungen des Jahresabschlusses vorzunehmen, die erst im folgenden Kapitel näher erläutert werden.

Der Jahresabschluss

- ist nach den Grundsätzen ordnungsmäßiger Buchführung aufzustellen (§ 243 Abs. 1 HGB)
- muss klar und übersichtlich sein (§ 243 Abs. 2 HGB)

und muss bestimmte

- Formvorschriften (§§ 244, 245 HGB)
- Ansatzvorschriften (§§ 246 - 251 HGB)
- Bewertungsvorschriften (§§ 252 - 256a HGB)

berücksichtigen.

Der Jahresabschluss der Einzelkaufleute und Personengesellschaften dient hauptsächlich der

- **Ermittlung des** im betrachteten Geschäftsjahr erzielten **Periodenergebnisses**, um Ausschüttungen an die Eigentümer zu vermeiden, die die Unternehmenssubstanz beeinträchtigen
- **Information** der Unternehmensleitung und -eigner über die Entwicklung der Vermögens-, Finanz- und Ertragslage
- **Dokumentation**
- Rechenschaftslegung ggü. Unternehmenseignern und Finanzbehörden.

Der Jahresabschluss der Einzelkaufleute und der typischen, also nicht unter § 264a HGB fallenden, Personengesellschaften braucht **nicht veröffentlicht** zu werden. Die Aufstellung muss innerhalb der einem ordnungsmäßigen Geschäftsgang entsprechenden Zeit erfolgen (§ 243 Abs. 3 HGB).

2.1.2 Jahresabschluss im Sinne der ergänzenden Vorschriften für Kapitalgesellschaften und atypische Personengesellschaften

Die §§ 264 - 289a HGB enthalten die ergänzenden Vorschriften für Kapitalgesellschaften und Personengesellschaften, die unter § 264a HGB fallen (sog. atypische Personengesellschaften, deren Haftung faktisch auf das Unternehmensvermögen begrenzt ist). Der Jahresabschluss dieser Unternehmen besteht grundsätzlich aus Bilanz, Gewinn- und Verlustrechnung sowie Anhang, die zusammen eine Einheit bilden. Zusätzlich ist grundsätzlich ein Lagebericht aufzustellen (§ 264 Abs. 1 Satz 1 HGB).

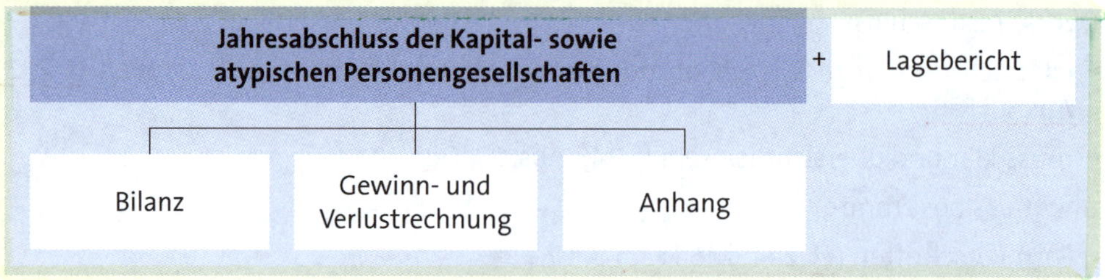

Erfüllen diese Unternehmen die Kriterien einer **kleinen Gesellschaft** i. S. v. § 267 HGB, was im folgenden Kapitel näher erläutert wird, müssen sie gem. § 264 Abs. 1 Satz 4 HGB keinen Lagebericht aufstellen. Sollten zudem noch die Höchstgrenzen für sog. **Kleinstgesellschaften** gem. § 267a HGB eingehalten werden, kann gem. § 264 Abs. 1 Satz 5 HGB auf die Erstellung des Anhangs verzichtet werden.

Der Jahresabschluss einer **kapitalmarktorientierten Kapitalgesellschaft**, die nicht zur Aufstellung eines Konzernabschlusses verpflichtet ist, muss gem. § 264 Abs. 1 Satz 2 HGB zudem noch eine Kapitalflussrechnung sowie einen Eigenkapitalspiegel enthalten. Wann eine Unternehmung als kapitalmarktorientiert zu qualifizieren ist, wird in § 264d HGB geregelt. Der in der Praxis am häufigsten anzutreffende Fall existiert bei einer börsennotierten Aktiengesellschaft (AG), deren Aktien im regulierten Markt der Börsen in Frankfurt (General Standard, Prime Standard), Berlin, Düsseldorf, Hamburg, Hannover, München oder Stuttgart notiert ist. Diese Regelung betrifft auch die den Kapitalmarktgesellschaften gleichgestellten atypischen Personengesellschaften i. S. v. § 264a HGB, wenn diese z. B. entsprechende Schuldverschreibungen emittiert haben. Die von diesen Unternehmen zusätzlich zu erstellenden Bestandteile des Jahresabschlusses tragen den besonderen Informationswünschen und -interessen der Kapitalmarktteilnehmer Rechnung.

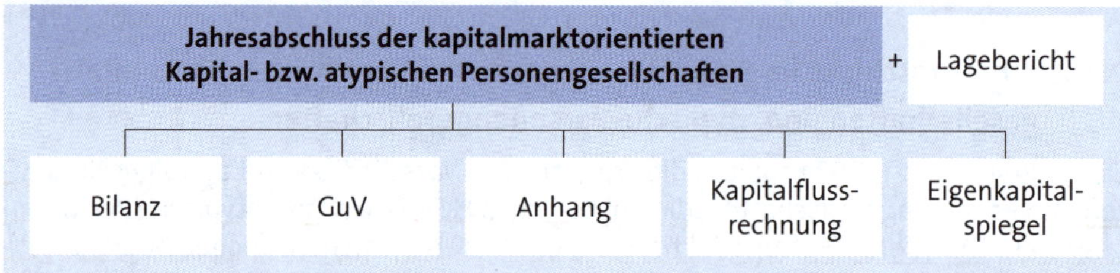

Aufgabe 1 > Seite 235

2.1.3 Größenklassen

Die rechtlichen Regelungen zum Jahresabschluss der Kapital- und atypischen Personengesellschaften sind je nach Größe der Kapitalgesellschaft unterschiedlich. **Größenordnungsmerkmale** sind **Bilanzsumme, Umsatzerlöse** und **Anzahl der Arbeitnehmer (AN)** im Jahresdurchschnitt. Für die Einstufung müssen jeweils **zwei** der drei Größenordnungsmerkmale **an zwei aufeinanderfolgenden Bilanzstichtagen** erfüllt sein.

Größenordnungsmerkmale für Kapital- und atypische Personengesellschaften:

Größenklasse	Bilanzsumme in Mio. €	Umsatzerlöse in Mio. €	Anzahl AN im Jahresdurchschnitt
Kleinstkapitalgesellschaften bzw. atypische Personengesellschaften § 267a Abs. 1 HGB	≤ 0,35	≤ 0,7	≤ 10
Kleine Kapitalgesellschaften § 267 Abs. 1 HGB	≤ 6,0	≤ 12,0	≤ 50
Mittelgroße Kapitalgesellschaften § 267 Abs. 2 HGB	≤ 20,0	≤ 40,0	≤ 250
Große Kapitalgesellschaften[1] § 267 Abs. 3 HGB	> 20,0	> 40,0	> 250

Mittelgroße und große Kapitalgesellschaften müssen ihren Jahresabschluss und Lagebericht gem. § 316 HGB durch Wirtschaftsprüfer oder vereidigte Buchprüfer prüfen lassen. Dies gilt i. V. m. § 264a HGB auch für die atypischen Personengesellschaften.

Alle Kapital- und atypischen Personengesellschaften müssen gem. § 325 Abs. 1 HGB ihren Jahresabschluss sowie Lagebericht beim Betreiber des Bundesanzeigers elektronisch einreichen. Mit der Einreichung der Unterlagen ist regelmäßig auch die konkludente Willenserklärung zur Bekanntmachung der Unterlagen gem. § 325 Abs. 2 HGB verbunden.

Aufgabe 2 > Seite 235

Übersicht über die rechtlichen Regelungen zum Jahresabschluss der Kapitalgesellschaften:

Merkmale	Kapitalgesellschaften nach Größenklassen gem. § 267 HGB			
	„kleinst“	„klein“	„mittel“	„groß“
Gliederungsschema - Bilanz	verkürzte Bilanz (§ 266 Abs. 1 Satz 4 HGB)	verkürzte Bilanz (§ 266 Abs. 1 Satz 3 HGB)	ungekürzte Bilanz (gem. § 266 Abs. 1 Satz 2 HGB)	ungekürzte Bilanz (gem. § 266 Abs. 1 Satz 2 HGB)
- GuV	verkürzte GuV (§§ 275 Abs. 5, 276 HGB)	verkürzte GuV (gem. § 276 Satz 1 HGB)	verkürzte GuV (gem. § 276 Satz 1 HGB)	ungekürzte GuV (gem. § 275 HGB)

[1] Kapitalmarktorientierte Kapital- und atypische Personengesellschaften gelten stets als große Kapitalgesellschaften (§ 267 Abs. 3 Satz 2 HGB)

Merkmale	**Kapitalgesellschaften nach Größenklassen gem. § 267 HGB**			
	„kleinst"	**„klein"**	**„mittel"**	**„groß"**
Angaben zu bestimmten Posten	diverse Erleichterungen (§ 274a HGB i. V. m. § 267a Abs. 2 HGB)	diverse Erleichterungen (§ 274a HGB)	keine Erleichterungen	keine Erleichterungen
Angabepflicht im Anhang	keine Aufstellungspflicht (§ 264 Abs. 1 Satz 5 HGB)	diverse Erleichterungen (§ 288 Abs. 1 HGB)	diverse Erleichterungen (§ 288 Abs. 2 HGB)	keine Erleichterungen
Aufstellung des Lageberichts	keine Aufstellungspflicht (§ 264 Abs. 1 Satz 4 HGB i. V. m. § 267a Abs. 2 HGB)	keine Aufstellungspflicht (§ 264 Abs. 1 Satz 4 HGB)	Pflicht (§ 264 Abs. 1 Satz 1 HGB)	Pflicht (§ 264 Abs. 1 Satz 1 HGB)
Aufstellungsfristen	sechs Monate (§ 264 Abs. 1 Satz 4 HGB i. V. m. § 267a Abs. 2 HGB)	sechs Monate (§ 264 Abs. 1 Satz 4 HGB)	drei Monate (§ 264 Abs. 1 Satz 3 HGB)	drei Monate (§ 264 Abs. 1 Satz 3 HGB)
Frist zur Feststellung des Abschlusses	elf Monate bei einer GmbH (§ 42a Abs. 2 GmbHG) bzw. acht Monate bei einer AG (§ 175 Abs. 1 Satz 2 AktG)		acht Monate (§§ 42a Abs. 2 GmbHG, 175 Abs. 1 Satz 2 AktG)	acht Monate (§§ 42a Abs. 2 GmbHG, 175 Abs. 1 Satz 2 AktG)
Fristen zur Offenlegung (Einreichung beim Betreiber des eBAnz und Bekanntmachung im eBAnz)	unverzüglich nach Gesellschafterversammlung, spätestens zwölf Monate nach Abschlussstichtag (§ 325 Abs. 1 Satz 2 HGB), im Fall der Kapitalmarktorientierung ist grundsätzlich eine verkürzte Frist von vier Monaten einzuhalten (§ 325 Abs. 4 HGB)			
Umfang der Offenlegung	Wahlrecht zum Verzicht auf Offenlegung der Bilanz, stattdessen nur Hinterlegung (§ 326 Abs. 2 HGB)	nur Bilanz und Anhang ohne die GuV betreffende Angaben (§ 326 Abs. 1 HGB)	verkürzte Bilanz, vollständige GuV, verkürzter Anhang, Lagebericht, Bericht des Aufsichtsrats, Gewinnverwendungsvorschlag, Bestätigungs-/Versagungsmerk (§§ 325, 327 HGB)	Bilanz, GuV, Anhang, Lagebericht, Bericht des Aufsichtsrats, Erklärung nach § 161 AktG[1], Gewinnverwendungsvorschlag, Bestätigungs-/Versagungsvermerk (§ 325 HGB)

Aufgabe 3 > Seite 235

[1] soweit nicht aus dem eingereichten Jahresabschluss ersichtlich und die AG börsennotiert ist

2.2 Bilanz

Große Kapitalgesellschaften müssen ihre Bilanz gem. § 266 HGB gliedern (s. auch unter „Arbeitshilfen", S. 207 ff.).

Mittelgroße Kapitalgesellschaften müssen zwar eine umfassende Bilanz entsprechend dem Gliederungsschema des § 266 HGB erstellen; zum Zwecke der Offenlegung dürfen sie diese jedoch auf die für kleine Kapitalgesellschaften vorgeschriebene Form kürzen. Dann müssen aber bestimmte in § 327 HGB einzeln genannte Posten in der Bilanz oder im Anhang gesondert angegeben werden.

Kleine Kapitalgesellschaften brauchen nur eine **verkürzte Bilanz** offenzulegen, die nur in die mit Buchstaben und römischen Ziffern bezeichneten Posten des § 266 HGB aufgegliedert ist. Durch diese Straffung sinkt für externe Bilanzleser der Aussagewert.

Die **Bilanzklarheit** der offenzulegenden Jahresabschlüsse wird erhöht durch

- die Angabe der entsprechenden **Vorjahresbeträge** zu jedem Posten der Bilanz und der Gewinn- und Verlustrechnung (§ 265 Abs. 2 HGB). Zweck: Verdeutlichung der zeitlichen Entwicklung.
- die Angabe des Betrages der **Forderungen** mit einer **Restlaufzeit von mehr als einem Jahr** bei jedem gesondert ausgewiesenen Posten (§ 268 Abs. 4 HGB). Zweck: verbesserte Darstellung der Finanzlage.
- die Angabe des Betrages der **Verbindlichkeiten** mit einer **Restlaufzeit bis zu einem Jahr** und des Betrages der Verbindlichkeiten mit einer Restlaufzeit von mehr als einem Jahr bei jedem gesondert ausgewiesenen Posten (§ 268 Abs. 5 HGB). Zweck: verbesserte Darstellung der Finanzlage.
- einen **Anlagenspiegel** im Anhang (§ 284 Abs. 3 HGB), der **die Entwicklung** des Anlagevermögens darstellt.
- die Angabe von **Eventualverbindlichkeiten** aus weitergegebenen Wechseln, Bürgschaften, Gewährleistung und Haftung aus der Bestellung von Sicherheiten für fremde Verbindlichkeiten unter der Bilanz (§ 251 HGB).

Aufgabe 4 > Seite 236

2.3 Gewinn- und Verlustrechnung

Für die Gewinn- und Verlustrechnung besteht grundsätzlich das Wahlrecht, diese entweder in Konto- oder in Staffelform darzustellen. Für die haftungsbeschränkten Unternehmen besteht gem. § 275 HGB (für haftungsbeschränkte Personengesellschaften i. V. m. § 264a HGB) die Pflicht, die Gewinn- und Verlustrechnung in **Staffelform** zu erstellen.

Das HGB lässt die Erstellung der Gewinn- und Verlustrechnung zum einen nach dem **Gesamtkostenverfahren** (§ 275 Abs. 2 HGB) und zum anderen nach dem **Umsatzkostenverfahren** (§ 275 Abs. 3 HGB) zu (s. auch unter „Arbeitshilfen", S. 207 ff.). Durch die Wahl des einen oder anderen Verfahrens wird die Höhe des auszuweisenden Jahresergebnisses nicht beeinflusst. Unterschiede ergeben sich jedoch durch die jeweilige **Bezugsgröße** bei der Darstellung der betrieblichen Erträge und Aufwendungen.

Beim **Gesamtkostenverfahren** werden die betrieblichen Erträge an die betrieblichen Aufwendungen der im betrachteten Geschäftsjahr produzierten Menge angepasst, wobei der Aufwand nach **Aufwandsarten** gegliedert wird. Es zeigt die Struktur des im abgelaufenen Geschäftsjahr angefallenen Aufwands und dessen Höhe, unabhängig davon, ob die im Geschäftsjahr hergestellten Produkte oder erbrachten Leistungen vollständig umgesetzt worden sind oder nicht. Da das Gesamtkostenverfahren die gesamte betriebliche Leistung der betrachteten Periode zeigt, wird es auch als **Produktionserfolgsrechnung** bezeichnet. Die Gliederung ist **kostenartenbezogen** und weist deshalb neben den Verkaufsleistungen im Posten **„Erhöhungen oder Verminderung des Bestands an fertigen und unfertigen Erzeugnissen“** die Lagerveränderungen sowie im Posten **„andere aktivierte Eigenleistungen“** die Herstellungskosten von z. B. im entsprechenden Geschäftsjahr selbst erstellten und aktivierten Anlagegütern aus.

Demgegenüber werden beim **Umsatzkostenverfahren** die betrieblichen Aufwendungen an die betrieblichen Erträge angepasst, d. h. den Umsatzerlösen werden nur die Herstellungskosten der im Geschäftsjahr verkauften Produkte oder Leistungen gegenübergestellt, unabhängig davon, in welchem Geschäftsjahr diese Herstellungskosten angefallen sind. Da sich das Umsatzkostenverfahren auf die Darstellung der durch den Umsatzakt am Markt realisierten Leistung beschränkt, wird es auch als **Absatzerfolgsrechnung** bezeichnet. Diese Form der Gewinn- und Verlustrechnung ist **umsatzbezogen** und enthält deshalb nicht die Posten der Bestandsveränderungen u. a. aktivierten Eigenleistungen. Der Aufwand ist nicht nach Aufwandsarten, sondern nach den Funktionsbereichen Herstellung, Vertrieb und allgemeine Verwaltung und damit **kostenstellenbezogen** gegliedert.

Das Umsatzkostenverfahren setzt eine detaillierte Kosten- und Leistungsrechnung voraus. Es ist vorwiegend bei international orientierten Unternehmen und deutschen Tochtergesellschaften ausländischer Unternehmen anzutreffen.

Aufgabe 5 > Seite 236

Kleine und mittelgroße haftungsbeschränkte Unternehmen müssen für die Offenlegung nur eine verkürzte Gewinn- und Verlustrechnung aufstellen. Bei Anwendung des Gesamtkostenverfahrens gem. § 275 Abs. 2 HGB werden die Posten 1 - 5 und bei Anwendung des Umsatzkostenverfahrens gem. § 275 Abs. 3 HGB die Posten 1 - 3 und 6 saldiert als **Rohergebnis** ausgewiesen (§ 276 Satz 1 HGB). Das Rohergebnis ist dann der erste Posten der verkürzten Gewinn- und Verlustrechnung. Der externe Bilanzleser erhält so keinen Einblick in die wichtige Kennzahl Materialeinsatz zu Umsatzerlösen und sieht auch nicht die Höhe der Umsatzerlöse.

Die Kleinstkapitalgesellschaften i. S. v. § 267a HGB (und damit auch entsprechende haftungsbeschränkte Personengesellschaften i. V. m. § 264a HGB) können gem. § 275 Abs. 5 HGB ihre Gewinn- und Verlustrechnung noch weiter verkürzen und sich auf die Darstellung der folgenden Positionen beschränken:

1. Umsatzerlöse
2. sonstige Erträge
3. Materialaufwand
4. Personalaufwand
5. Abschreibungen
6. sonstige Aufwendungen
7. Steuern
8. Jahresergebnis.

2.4 Anhang

Die gesetzlichen Vertreter von haftungsbeschränkten Unternehmen haben den Jahresabschluss grundsätzlich um einen Anhang zu erweitern, der mit der Bilanz und der Gewinn- und Verlustrechnung eine Einheit bildet (§ 264 Abs. 1 HGB; für haftungsbeschränkte Personengesellschaften i. V. m. § 264a HGB). Die im Anhang zu vermittelnden Informationen dienen dem Rechenschaftszweck, da der Anhang die in der Bilanz und Gewinn- und Verlustrechnung vermittelten Informationen erläutern, ergänzen, ggf. korrigieren sowie Bilanz und Gewinn- und Verlustrechnung von bestimmten Angaben entlasten soll.

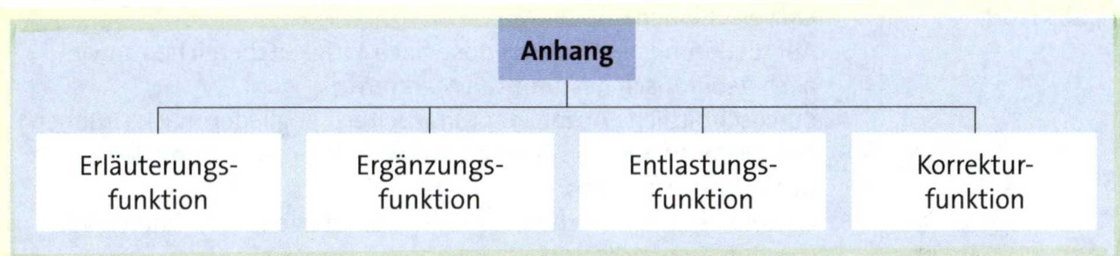

Der Anhang hat im Einzelnen folgende Funktionen:

Erläuterungsfunktion: Das heißt, die Posten der Bilanz und der Gewinn- und Verlustrechnung werden hinsichtlich ihres jeweiligen Inhalts und der angewendeten Bewertungsverfahren erläutert.

Ergänzungsfunktion: Zahlreiche Informationen ohne unmittelbaren Bezug zu den beiden anderen Jahresabschlusselementen sind im Anhang ergänzend anzuführen. So muss z. B. im Anhang die durchschnittliche Zahl der während des Geschäftsjahres beschäftigten Arbeitnehmer angegeben werden (§ 285 Nr. 7 HGB).

Entlastungsfunktion: Durch die Auslagerung vieler Einzelangaben und Erläuterungen in den Anhang werden die Bilanz und die Gewinn- und Verlustrechnung entlastet. Beispiel hierfür ist z. B. die Angabe der in § 251 HGB aufgeführten Haftungsverhältnisse unter Angabe der gewährten Pfandrechte und sonstigen Sicherheiten gem. § 268 Abs. 7 HGB.

Korrekturfunktion: Der Jahresabschluss der Kapitalgesellschaft hat unter Beachtung der Grundsätze ordnungsmäßiger Buchführung ein den tatsächlichen Verhältnissen entsprechendes Bild der **Vermögens-, Finanz- und Ertragslage** zu vermitteln (true and fair view oder Generalklausel des § 264 Abs. 2 HGB). Führen besondere Umstände dazu, dass trotz Einhaltung aller Bilanzierungsvorschriften ein solches Bild nicht vermittelt werden kann (z. B. im Fall erheblicher Gewinnrealisierungen bei Übergabe der bestellten Produkte im Rahmen einer langfristigen Auftragsfertigung), sind im Anhang zusätzliche Angaben zu machen.

Vorschriften zum Inhalt des Anhangs nach HGB:

Regelung	Beispiele aus den §§ 284, 285, 286, 288 HGB
Grundsätzliche Angaben § 284 HGB	1. Erläuterungen zu den Posten der Bilanz und der GuV (Anwendung von Wahlrechten) 2. Bilanzierungs- und Bewertungsmethoden 3. Angaben zur Währungsumrechnung 4. Änderungen der Bilanzierungs- und Bewertungsmethoden mit ihren Auswirkungen auf die Darstellung der VFE-Lage 5. Auswirkungen der Bewertungsvereinfachung (§§ 240 Abs. 3 und 4 sowie 256 HGB)[1] 6. Einbeziehung von Fremdkapitalzinsen in die Herstellungskosten
Sonstige Pflichtangaben § 285 HGB	1. Aufgliederung der Verbindlichkeiten[1] 2. sonstige finanzielle Verpflichtungen, die weder in noch unter der Bilanz erscheinen[1] 3. Aufgliederung der Umsatzerlöse nach Tätigkeitsbereichen sowie nach geografisch bestimmten Märkten[1 2] 4. durchschnittliche Anzahl der Mitarbeiter – gegliedert nach Gruppen[1] 5. Materialaufwand und Personalaufwand bei Anwendung des Umsatzkostenverfahrens[1] 6. Gesamtbezüge, Vorschüsse, Kredite für jetzigen und früheren Vorstand und Aufsichtsrat[1] 7. Namen der Aufsichtsrats- und der Vorstandsmitglieder[1] 8. Beteiligungen an anderen Unternehmen[1] 9. Erläuterungen der sonstigen Rückstellungen[1] 10. Erläuterung des Zeitraums über den ein Geschäfts- oder Firmenwert abgeschrieben wird 11. Name und Sitz der Muttergesellschaft
Unterlassen von Angaben § 286 HGB	1. Die Berichterstattung hat zu unterbleiben, wenn daraus ein Schaden für die Bundesrepublik Deutschland oder ein Bundesland entsteht. 2. Die Aufgliederung der Umsatzerlöse kann unterbleiben, wenn daraus ein Schaden für das Unternehmen entsteht. 3. Die Darstellung von Beteiligungen an anderen Unternehmen kann bei nicht-börsennotierten Unternehmen unterbleiben, wenn sie von geringer Bedeutung sind oder die Veröffentlichung dem Unternehmen schadet.
Größenabhängige Erleichterungen § 288 HGB	[1] entfallen bei kleinen Kapitalgesellschaften [2] entfallen bei mittelgroßen Kapitalgesellschaften

Die Regelungen des HGB schreiben lediglich den Mindestumfang vor.

Bei den Berichtspflichten im Anhang besteht wegen der überwiegend verbalen Darstellung ein breiter Formulierungsspielraum. Deshalb wird der Bilanzanalytiker die Aussagen im Anhang – im Besonderen die über die Bilanzierung und Bewertung – standardisiert festhalten.

Der Anhang kann entsprechend den Vorschriften der §§ 284, 285 und 297 HGB wie folgt gegliedert werden:

I. Allgemeine Angaben zu Bilanzierungs- und Bewertungsmethoden und Grundlagen für die Umrechnung in Euro
II. Erläuterung der Bilanz und der GuV
   1. Erläuterung der Bilanz einschl. Anlagenspiegel, Kapitalflussrechnung[1] und Eigenkapitalspiegel[1]
   2. Erläuterung der GuV einschl. Segmentbericht[1]
   3. Ggf. zusätzliche Angaben nach § 264 Abs. 2 Satz 2 HGB
III. Sonstige Angaben
   1. Haftungsverhältnisse und sonstige finanzielle Verpflichtungen
   2. Angaben zu eigenen Anteilen, zum genehmigten Kapital usw.
   3. Anzahl der Arbeitnehmer
   4. Bezüge, Vorschüsse, Kredite und Haftungsverhältnisse von bzw. ggü. Organmitgliedern
   5. Beziehungen zu verbundenen Unternehmen und Beteiligungen
   6. Andere Angaben
IV. Angaben zu Gesellschaftsorganen

Die Ausweis- und Gliederungswahlrechte können Sie in den Tabellen („Arbeitshilfen") ab S. 207 nachlesen.

Gemäß § 284 Abs. 3 HGB müssen alle Kapitalgesellschaften (und i. V. m. § 264a HGB auch alle haftungsbeschränkten Personengesellschaften) einen **Anlagenspiegel** (Anlagegitter) aufstellen, der die Entwicklung des Anlagevermögens von den **ursprünglichen (historischen) Anschaffungs- oder Herstellungskosten** bis zum **Buchwert am Bilanzstichtag** darstellt. Dabei müssen Zugänge, Abgänge, Umbuchungen des abgelaufenen Geschäftsjahrs, die auf dem Konto Wertberichtigungen aufgelaufenen (kumulierten) Abschreibungen und die Zuschreibungen des abgelaufenen Geschäftsjahrs berücksichtigt werden.

---

1 im Konzernabschluss sowie bei kapitalmarktorientierten Unternehmen

Beispiel

Anlagenspiegel zum 31.12.x1 in T€								
Bilanzposten	Anschaffungs- oder Herstellungskosten	Zugänge	Abgänge	Umbuchungen	Abschreibungen kumuliert	Zuschreibungen	Buchwert 31.12. x1	Abschreibungen in x1
I. Immaterielle Vermögensgegenstände								
1. Konzessionen und ähnl. Rechte	150	40			70		120	20
2. Geschäftswert	260				170		90	65
II. Sachanlagen								
1. Grundstücke und Bauten	2.000		100		290		1.610	20
2. techn. Anlagen und Maschinen	2.650	250	300	+ 350	760	60	2.250	120
3. andere Anlagen, Betriebs- und Geschäftsausstattung	2.000	250	100		890		1.260	80
4. Anlagen im Bau	250	100		- 350				
III. Finanzanlagen								
1. Beteiligungen	400						400	
2. Wertpapiere des AV	350				20		330	20
Summen	8.060	640	500	0	2.200	60	6.060	325

Abstimmung des Anlagenspiegels:

	Ursprüngliche Anschaffungs- oder Herstellungskosten	8.060 T€
+	Zugänge in x1	640 T€
-	Abgänge in x1	500 T€
+/-	Umbuchungen in x1	0 T€
-	Kumulierte Abschreibungen	2.200 T€
+	Zuschreibungen	60 T€
=	**Buchwert zum 31.12.x1**	**6.060 T€**

Wie nach dem HGB, hat der Anhang auch nach **IFRS** eine Erläuterungs-, Ergänzungs- und Entlastungsfunktion ggü. der Bilanz und der Gewinn- und Verlustrechnung. Die Funktionen des Anhangs werden in IAS 1.112 ff. dargestellt. Danach soll er sogar einen im Vergleich zum HGB noch mehr wertorientierten Einblick in die Vermögens-, Finanz- und Ertragslage vermitteln und deren Veränderungen im Zeitablauf zeigen. Die Angabepflichten nach IFRS sollen insbesondere bilanzpolitische Maßnahmen transparent machen und vor allem Unternehmens- und Branchenvergleiche ermöglichen. Im

Unterschied zu den handelsrechtlichen Regelungen ist der Anhang nach IFRS unabhängig von der Rechtsform eines Unternehmens Bestandteil des Jahresabschlusses. Zudem sind keine größenabhängigen Erleichterungen vorgesehen.

Aufgabe 6 > Seite 236
Aufgabe 7 > Seite 236

2.5 Lagebericht

Die Pflicht zur Erstellung des Lageberichts (§ 289 HGB) ergibt sich aus § 264 HGB. Der Lagebericht ergänzt den Jahresabschluss hinsichtlich der Rechenschafts- und der Informationsfunktion. Im Lagebericht sind zuerst der **Geschäftsverlauf** einschließlich des Geschäftsergebnisses und die **Lage der Kapitalgesellschaft** darzustellen und zu analysieren.

Weitere Themenfelder sind z. B.

- Beurteilung und Erläuterung der voraussichtlichen Entwicklung (Prognosebericht)
- Risikomanagementziele und -methoden (Risikobericht Teil 1)
- Preisänderungs-, Ausfall- und Liquiditätsrisiken und solche aus Zahlungsstromschwankungen (Risikobericht Teil 2)
- Angaben zum Bereich Forschung und Entwicklung (FuE-Bericht)
- in- und ausländische Zweigniederlassungen
- bei einer börsennotierten AG: Informationen zu den Grundzügen des Vergütungssystems (Vergütungsbericht).

Während der Jahresabschluss mit den Bestandteilen Bilanz, Gewinn- und Verlustrechnung und Anhang ganz streng nur die Vermögens-, Finanz- und Ertragslage am Bilanzstichtag darstellt, geht der Lagebericht auf die Gesamtlage der Kapitalgesellschaft und die voraussichtliche zukünftige Entwicklung ein. Dabei ist auch auf die **Chancen und Risiken der künftigen Entwicklung** in der Weise einzugehen, dass die voraussichtliche Entwicklung unter Angabe der zugrunde gelegten Annahmen beurteilt und erläutert wird (§ 289 Abs. 1 Satz 4 HGB). Die mit dieser Berichterstattung verbundene zeitliche Öffnung ist auch der Grund, warum der Lagebericht keinen Bestandteil des Jahresabschlusses darstellt, sondern ggf. zusätzlich zum Jahresabschluss zu erstellen ist.

Berichtet wird über

- Auftragseingang, Auftragsbestand und Auftragsreichweite
- Absatzmengen und Marktanteile
- Beschäftigungsgrad
- Entwicklung der Aufwendungen und der Erlöse
- Entwicklung der Verschuldung und der Liquidität
- Rahmenbedingungen, Ergebnisse.

Weiter wird berichtet über

- Marktstellung und deren Entwicklung im In- und Ausland
- Entwicklung des Produktions- und Absatzprogramms
- Entwicklung der Lagerhaltung und Vorratspolitik
- Personalentwicklung, Sozialbereich
- Investitionen, Betriebserweiterungen, Betriebsstilllegungen
- Finanzierung und Beteiligungen
- Änderungen in den rechtlichen Verhältnissen
- Umweltschutz.

Die Lageberichterstattung beinhaltet einen erheblichen Gestaltungsspielraum für die Interpretation des Ergebnisses aus Sicht des Jahresabschlusserstellers, einen Branchenvergleich und sonstige subjektive Darstellungen. Von daher ist der Lagebericht ein zentrales Kommunikationsmittel zur Pflege der Investor Relations.

Aufgabe 8 > Seite 236

2.6 Bestätigungs-/Versagungsvermerk

Das Ergebnis der Abschlussprüfung ist in einem Bestätigungsvermerk zum Jahresabschluss zusammenzufassen (§ 322 Abs. 1 Satz 1 HGB). In Abgrenzung zum Prüfungsbericht, dessen Adressat die gesetzlichen Vertreter des Unternehmens bzw. das Aufsichtsorgan sind (§ 321 Abs. 5 HGB), wendet sich der Bestätigungsvermerk auch an die Öffentlichkeit, sodass er auch Gegenstand der Offenlegung ist (§ 325 Abs. 1 und 2 HGB).

Der Bestätigungsvermerk muss Gegenstand, Art und Umfang der Prüfung beschreiben sowie die angewandten Rechnungslegungs- und Prüfungsgrundsätze angeben (§ 322 Abs. 1 Satz 2 HGB). Auf Risiken, die den Fortbestand des Unternehmens gefährden, ist gesondert einzugehen (§ 322 Abs. 2 Satz 3 HGB). Aus dem Bestätigungsvermerk muss hervorgehen, ob die Chancen und Risiken der zukünftigen Entwicklung zutreffend dargestellt sind (§ 322 Abs. 6 Satz 2 HGB).

Ferner muss der Bestätigungsvermerk eine Beurteilung des Prüfungsergebnisses enthalten (§ 322 Abs. 1 Satz 2 HGB):

- **Uneingeschränkter (positiver) Bestätigungsvermerk**
  Ein uneingeschränkter Bestätigungsvermerk bringt zum Ausdruck, dass:
  - die nach § 317 HGB durchgeführte Prüfung zu keinen Einwendungen geführt hat und
  - der Jahres- oder Konzernabschluss sowie der Lage- oder Konzernlagebericht aufgrund der bei der Prüfung gewonnenen Erkenntnisse den gesetzlichen Vorschriften entspricht und unter Beachtung der Grundsätze ordnungsmäßiger Buchführung

ein den tatsächlichen Verhältnissen entsprechendes Bild der Vermögens-, Finanz- und Ertragslage vermittelt (§ 322 Abs. 3 HGB).

Im Fall eines uneingeschränkten Bestätigungsvermerks kann also der Bilanzanalyst davon ausgehen, dass der zu analysierende Abschluss sowie (Konzern-)Lagebericht formal in Ordnung sind. Der Bestätigungsvermerk bringt jedoch keine Wertung des Abschlussprüfers über die wirtschaftliche Situation und Entwicklung des Unternehmens zum Ausdruck und kann deswegen eine separate Jahresabschlussanalyse nicht ersetzen.

Im Fall von Einwendungen hat der Abschlussprüfer den Bestätigungsvermerk einzuschränken oder zu versagen (§ 322 Abs. 4 Satz 1 HGB). Nach herrschender Meinung werden unter den Einwendungen nur wesentliche Beanstandungen verstanden (vgl. IDW PS 400 Anm. 50 ff.).

- **Eingeschränkter (positiver) Bestätigungsvermerk**
  Ein eingeschränkter Bestätigungsvermerk darf im Fall von Einwendungen nur erteilt werden, wenn der Jahres- oder Konzernabschluss unter Beachtung der vom Prüfer formulierten und begründeten Einschränkungen ein den tatsächlichen Verhältnissen im Wesentlichen entsprechendes Bild der Vermögens-, Finanz- und Ertragslage vermittelt (§ 322 Abs. 4 HGB). Einschränkungen bei sonst positivem Gesamtbefund müssen so dargestellt werden, dass eine falsche Auslegung des Prüfungsergebnisses mit Sicherheit ausgeschlossen ist (§ 322 Abs. 2 Satz 1 HGB).
- **Versagungsvermerk**
  Wesentliche Beanstandungen gegen den Jahresabschluss, die sich auf diesen als Ganzes auswirken und so bedeutend oder zahlreich sind, dass eine Einschränkung des Bestätigungsvermerks nicht mehr angemessen ist, um die missverständliche oder unvollständige Darstellung im Jahresabschluss zu verdeutlichen, führen zu einem Versagungsvermerk (IDW PS 400, Anm. 65). Ein Versagungsvermerk ist auch dann zu erteilen, wenn die Abgabe eines Prüfungsurteils aufgrund von nicht ausräumbaren Prüfungshemmnissen unmöglich ist (§ 322 Abs. 5 HGB). Die Versagung ist in einem eigenständigen Versagungsvermerk zu formulieren, der nicht mehr als Bestätigungsvermerk bezeichnet werden darf (§ 322 Abs. 4 Satz 2 HGB). Dies soll der Klarstellung und Abgrenzung zum (ggf. mehrfach) eingeschränkten Bestätigungsvermerk dienen.

2.7 Prüfungsbericht der Abschlussprüfer

Der Prüfungsbericht thematisiert Gegenstand, Art, Umfang, Feststellungen und Ergebnisse der Abschlussprüfung. Adressat sind jene Organe des Unternehmens, denen die Aufsicht obliegt. Durch die Dokumentation wesentlicher Prüfungsfeststellungen und -ergebnisse ist der Prüfungsbericht ein Instrument zur Unternehmensüberwachung (vgl. IDW PS 450, Anm. 1). Neben der Beurteilung künftiger Chancen und Risiken im Lagebericht müssen die Abschlussprüfer im Prüfungsbericht eine Stellungnahme zur wirtschaftlichen Lage und zur zukünftigen Entwicklung des Unternehmens abgeben. Insbesondere müssen die Prüfer über Tatsachen berichten, die den Fortbestand des Unternehmens gefährden könnten. Die im Prüfungsbericht dargestellten Erkenntnisse erarbeiten die Abschlussprüfer mithilfe der Werkzeuge der Bilanzanalyse.

2.8 Ergänzende Informationen

Ergänzende Informationen erhält der Bilanzanalytiker aus den Zwischenberichten der Unternehmen (Halbjahres- oder Quartalsberichte), den Darstellungen der Unternehmen im Internet (z. B. www.unternehmensregister.de), dem Wirtschaftsteil der großen Tageszeitungen (wie Handelsblatt, Frankfurter Allgemeine, Die Welt usw.) und aus Wirtschaftssendungen im Fernsehen (z. B. des Senders NTV). Auch die Stellenangebote im Stellenmarkt großer Tageszeitungen verraten i. d. R. sehr viel über die künftige Entwicklung eines Unternehmens oder einer ganzen Branche. Die deutsche Bundesbank veröffentlicht regelmäßig in einem Monatsbericht ihre Prognose für die deutsche Konjunktur; ihrem Internetauftritt sind auch Informationen zur internationalen Konjunktur zu entnehmen.

3. Konzernabschluss

Für den Konzernabschluss gelten grundsätzlich die Ansatz- und Bewertungsvorschriften zum Jahresabschluss (§ 298 HGB). Über die Bilanzierungs- und Bewertungsvorschriften für alle Kapitalgesellschaften hinaus gelten die besonderen Bestimmungen der §§ 297 - 315a HGB. Die Ausdehnung des Konzerns ggü. einzelnen Unternehmen hinsichtlich der regionalen Tätigkeit und der Produkt- und Tätigkeitsbereiche wirkt sich auch auf die Jahresabschlussanalyse aus.

Die größenabhängigen Befreiungen von der handelsrechtlichen Pflicht, einen Konzernabschluss zu erstellen, gelten gem. § 293 HGB bis zu folgenden Grenzwerten:

	Bilanzsumme	Umsatzerlöse	Arbeitnehmer
addierte Einzelabschlüsse	bis 24,0 Mio. €	bis 48,0 Mio. €	bis 250
konsolidierter Konzernabschluss	bis 20,0 Mio. €	bis 40,0 Mio. €	bis 250

3.1 Konzernanhang

Im Konzernanhang (§§ 313 f. HGB) wird über den Konsolidierungskreis (§§ 294 ff. HGB) und die Konsolidierungsgrundsätze (§§ 300 ff. HGB) berichtet. Unter dem Punkt **Veränderungen im Konzern** wird auf Akquisitionen und wesentliche Desinvestitionen hingewiesen, die die Liquidität und die Verschuldung des Konzerns maßgebend beeinflussen können.

Insbesondere die Segmentberichterstattung gem. § 297 Abs. 1 HGB i. V. m. § 285 Nr. 4 HGB gibt Auskunft über Diversifikation oder Konzentration des Konzerns auf bestimmte Produkte, Branchen und regionale Märkte jeweils nach Abschlussjahr und Vorjahr. Zieht der Bilanzanalytiker die Informationen zur Wirtschaftslage und Zielsetzung aus dem Konzernlagebericht hinzu, zeichnet sich ein Bild der Chancen und Risiken in der zukünftigen Entwicklung des Konzerns ab.

3.2 Konzernlagebericht

Die gesetzlichen Anforderungen des § 315 HGB an den Konzernlagebericht entsprechen grundsätzlich denen an den Lagebericht gem. § 289 HGB im Allgemeinen. Besondere Beachtung bei der Jahresabschlussanalyse verdienen Berichtspunkte wie:

- **gesamtwirtschaftliche Lage** mit dem Schwerpunkt „konjunkturelle Entwicklung"
- **Konjunktur der Branche**
- **weitere Entwicklung der Wirtschaftslage** aus der Sicht der Unternehmensleitung
- **Zielsetzung** – kurzfristig für das folgende Geschäftsjahr und mittelfristig für die nächsten Geschäftsjahre
- **Bericht der Unternehmensleitung**.

4. Rechnungslegung nach IFRS

4.1 Zunahme der Jahresabschlüsse nach IFRS

Die International Financial Reporting Standards (IFRS) befinden sich auf dem besten Weg, für sämtliche kapitalmarktorientierte Unternehmen das weltweit anerkannte Normensystem zu werden. Durch die sog. „IAS-Verordnung" der EU im Jahr 2002 wurden die IFRS unmittelbarer Bestandteil der Rechtsnormen in der EU. Mit der Aufnahme des § 315a HGB im Jahr 2004 wurden die IFRS auch Teil des deutschen Normensystems zur Rechnungslegung. Seit 2005 müssen kapitalmarktorientierte Unternehmen, die dem Recht eines EU-Mitgliedsstaates unterliegen, ihren Konzernabschluss nach internationalen Rechnungslegungsstandards (IFRS sowie die damit verbundenen Auslegungen des Interpretations Committee) aufstellen. Seit 2007 erkennt auch die US-amerikanische Börsenaufsichtsbehörde Securities and Exchange Commission (SEC) IFRS-Abschlüsse ausländischer Wertpapieremittenten an. Wann allerdings auch die US-amerikanischen Unternehmen die IFRS bei der Abschlusserstellung zugrunde legen müssen, ist bis heute nicht abzusehen. Zwar hat die SEC bereits im Jahr 2008 eine mögliche Pflicht der IFRS-Anwendung auch für US-Unternehmen ab dem Jahr 2014 in Aussicht gestellt, doch im Jahr 2011 einer schnellen Übernahme der IFRS eine Absage erteilt. Mittlerweile sind die IFRS in mehr als 120 Ländern anerkannt.

4.2 Gründe für die Anwendung der IFRS

Die fünf wichtigsten Gründe für die Anpassung der Jahresabschlüsse deutscher Unternehmen an die IFRS sind:

- Der **gestiegene Kapitalbedarf**, insbesondere von global aktiven Unternehmen, führt dazu, dass diese vermehrt auch das Listing an ausländischen Börsen anstreben. Mit dem Erstellen eines IFRS-Abschlusses ist nun regelmäßig eine Voraussetzung für das Börsenlisting erfüllt.
- Seit dem 01.01.2005 sind alle **börsennotierten EU-Unternehmen** zur Aufstellung von Konzernabschlüssen **nach IFRS** verpflichtet. Damit soll die Vergleichbarkeit der Jahresabschlüsse erhöht werden.

- In Folge der vermehrten **internationalen Geschäftsbeziehungen** erstellen auch nicht börsennotierte mittelständische Unternehmen ihre Jahresabschlüsse nach IFRS, weil ausländische Investoren, Kunden und Lieferanten international vergleichbare Abschlüsse verlangen.
- Der IFRS-Abschluss erleichtert deutschen Unternehmen den **Vergleich mit ausländischen Konkurrenten**.
- Die deutschen Rechnungslegungsvorschriften sind sehr stark durch das Vorsichtsprinzip für Zwecke der Kapitalerhaltung und des Gläubigerschutzes geprägt. Die von einem HGB-Abschluss vermittelten Informationen sind somit regelmäßig pessimistisch verzerrt. Demgegenüber verfolgen die IFRS nur das Ziel, Investoren entscheidungsrelevante Informationen zu vermitteln. Vor diesem Hintergrund wird einem IFRS-Abschluss im Vergleich zu einem HGB-Abschluss vielfach eine qualifiziertere Erfüllung der Informationsfunktion für den externen Bilanzleser zugesprochen. Zudem sind die IFRS auch für das interne Rechnungswesen und die **betriebliche Steuerung** geeignet.

4.3 Ziele des IASB und der IFRS

Der deutsche Normensetzer formuliert an keiner Stelle im HGB konkrete Ziele für die Rechnungslegung. Vielmehr nimmt er hierzu nur im Rahmen der Gesetzesbegründungen zur Änderung und Fortentwicklung des HGB Stellung.

Das die IFRS formulierende Gremium ist das International Accounting Standards Board (IASB), welches auf das 1973 gegründete International Accounting Standards Committee (IASC) zurückgeht. Trägerorganistion des IASB ist seit 2001 die IFRS Foundation. Die Stiftungsform wurde gewählt, um eine größere Unabhängigkeit vom Berufsstand der Wirtschaftsprüfer zu erreichen, zumal dieser Träger der Vorgängerorganisation IASC war. In der aktuellen Satzung der IFRS Foundation aus dem Jahr 2013 sind folgende Zielsetzungen enthalten (vgl. www.ifrs.org/The-organisation/Governance-and-accountability/Constitution/Documents/IFRS-Foundation-Constitution-January-2013.pdf, Anm. 2), die auch das IASB verfolgt:

1. Entwicklung von qualitativ hochwertigen, verständlichen, durchsetzbaren, global anerkannten und auf klar formulierten Prinzipien basierenden Rechnungslegungsstandards
2. Förderung der Nutzung und strengen Anwendung dieser Standards
3. Erfüllung der beiden ersten Zielsetzungen unter Berücksichtigung der angemessenen Bedürfnisse von Unternehmen unabhängig ihrer Größe und Typus
4. Förderung und Erleichterung der Anwendung der vom IASB formulierten Standards durch die Konvergenz von nationalen Rechnungslegungsstands und IFRS.

Die Zwecksetzung des IFRS-Abschlusses besteht zunächst in der **Bereitstellung von Informationen**, die für die Entscheidungen der aktuellen und potenziellen Anleger und Kreditgeber über den Kauf, den Verkauf oder das Halten von Eigenkapitaltiteln oder anderen Schuldinstrumenten oder über die Zurverfügungstellung oder Erfüllung von

Krediten nützlich sind (Rahmenkonzept OB2 und IAS 1.15). Danach sind Informationen über die Höhe, Veränderung und Unsicherheit von wirtschaftlichen Ressourcen und Ansprüchen des berichterstattenden Unternehmens von besonderem Interesse (Rahmenkonzept OB 13 ff.) – also von Informationen über die Vermögens-, Finanz- und Ertragslage inkl. der Entwicklung der Zahlungsströme.

Neben dieser Informationsfunktion soll der IFRS-Abschluss auch eine **Rechenschaftsfunktion** erfüllen. Hierzu soll der IFRS-Abschluss Informationen bereitstellen, die dem Bilanzleser eine Analyse und Beurteilung der vom Management erbrachten Leistung und dessen Umgang mit den zur Verfügung gestellten Ressourcen ermöglicht (Rahmenkonzeipt OB 3).

4.4 Auswirkungen auf die Vergleichbarkeit von Jahresabschlüssen

Die zunehmende Zahl von Jahresabschlüssen nach IFRS fördert die internationale Vergleichbarkeit, erschwert aber gleichzeitig den

- **Betriebs- und Branchenvergleich** mit Unternehmen, die ihre Abschlüsse weiter nach HGB erstellen, sowie den
- **Zeitvergleich** mit Abschlüssen der Vorjahre des zu untersuchenden Unternehmens im Fall eines Wechsels auf einen IFRS-Abschluss.

In solchen Fällen muss der Bilanzanalytiker wissen, welche Posten jeweils nach HGB-Rechnungslegung und IFRS-Rechnungslegung **unterschiedlich angesetzt und bewertet** werden. Dann hat er zu entscheiden, welche dieser Posten in der vorliegenden Bilanz von der Höhe her **wesentlich** sind. Die als wesentlich eingestuften Posten wird der Bilanzanalytiker dann **an die jeweils andere Rechnungslegungs-Regelung anpassen**. Die Ermittlung eines zumindest „annähernden Wertes" wäre das Ziel.

4.5 Unterschiede zwischen HGB-Rechnungslegung und internationaler Rechnungslegung

In den folgenden Tabellen werden einige wesentliche Unterschiede der beiden Rechnungslegungssysteme HGB und IFRS synoptisch dargestellt.

1. Grundprinzipien

	HGB	IFRS
Haupt-Adressaten	Gesellschafter und Gläubiger	Investoren
Rechnungslegungs-zwecke	Zielpluralismus: ▸ Kapitalerhaltung für Zwecke des Gläubigerschutzes ▸ Informationsfunktion ▸ Zahlungsbemessungsfunktion	Informationsfunktion zum Schutz der Investoren

<table>
<tr><th></th><th>HGB</th><th>IFRS</th></tr>
<tr><td>Übergeordnetes Rechnungslegungsziel</td><td>Kapitalerhaltung für Zwecke des Gläubigerschutzes durch Feststellung eines vorsichtig ermittelten ausschüttbaren Gewinns (Zahlungsbemessungsfunktion)</td><td>„Fair Presentation“ bzw. „true and fair view“ i. S. d. Vermittlung eines den tatsächlichen Verhältnissen entsprechenden Bildes der Vermögens-, Finanz- und Ertragslage, um Investorenentscheidungen zu ermöglichen</td></tr>
<tr><td>Bestandteile des Jahresabschlusses</td><td>rechtsform- und größenabhängige Abgrenzung: Stets Bilanz, GuV, ggf. Eigenkapitalveränderungsrechnung, Kapitalflussrechnung und Anhang</td><td>stets Bilanz, Gesamtergebnisrechnung, Kapitalflussrechnung, Eigenkapitalveränderungsrechnung und Anhang</td></tr>
<tr><td>Gewinn- und Verlustrechnung</td><td>Umsatzkosten- oder Gesamtkostenverfahren</td><td>Umsatzkosten- oder Gesamtkostenverfahren</td></tr>
<tr><td>Lagebericht</td><td>Pflicht für (mittelgroße und große) Kapitalgesellschaften sowie Personengesellschaften i. S. v. § 264a HGB</td><td>Ist nicht vorgeschrieben. Mit dem Lagebericht vergleichbare Informationen sind bereits im Jahresabschluss enthalten.</td></tr>
<tr><td>Rechtsform- und Größenabhängigkeit</td><td>Das HGB unterscheidet rechtsform- und größenabhängige Vorschriften.</td><td>Die Rechnungslegungsvorschriften sind rechtsform- und größenunabhängig formuliert.</td></tr>
<tr><td>Angabepflichten im Anhang</td><td>im Vergleich zu den IFRS geringere Angabepflichten</td><td>im Vergleich zum HGB deutlich umfangreichere Angabepflichten</td></tr>
<tr><td>Möglichkeiten zur Bilanzpolitik</td><td colspan="2">Existenz einer Vielzahl von Aktionsparametern zur Umsetzung der Bilanzpolitik sowohl im HGB als auch in den IFRS, wobei Feststellungen, nach welchem System die Aktionsparameter einen größeren Umfang und eine höhere Bedeutung haben, nicht allgemeingültig und nur unter Berücksichtigung eines konkreten Einzelfalls formuliert werden können.</td></tr>
<tr><td>Aussagen für das interne Rechnungswesen</td><td>Die Maßgeblichkeit der Handels- für die Steuerbilanz und die deutliche Betonung des Vorsichtsprinzips schränken den Nutzen des Jahresabschlusses für betriebswirtschaftliche Entscheidungen und für das interne Rechnungswesen ein.</td><td>Der Jahresabschluss kann auch für betriebswirtschaftliche Entscheidungen und für das interne Rechnungswesen verwendet werden.</td></tr>
</table>

Aufgabe 9 > Seite 237

2. Ansatz- und Bewertungsprinzipien

	HGB	IFRS
Vorsichtsprinzip und periodengerechte Erfolgsermittlung	Das Vorsichtsprinzip einschl. Imparitäts- und Realisationsprinzip fördert die Bildung stiller Reserven. Bildung und Auflösung stiller Reserven verfälschen das Periodenergebnis.	Vorsichtige Bewertung bedeutet lediglich sorgfältige Schätzung. Die periodengerechte Erfolgsermittlung ist im Vergleich zum HGB eher gesichert.
Bewertungsmaßstäbe	Anschaffungs- oder Herstellungskosten als grundsätzliche Bewertungsobergrenze; ggf. Bewertung zum niedrigeren beizulegenden Zeitwert	Existenz einer Vielzahl von Bewertungsmaßstäben: ► Anschaffungs- bzw. Herstellungskosten (Historical Cost) ► Wiederbeschaffungskosten (Current Cost) ► Veräußerungswert (Realisable Cost) ► Barwert (Present Value) ► Unternehmensspezifischer Nutzungswert (Value in Use) ► beizulegender Zeitwert (Fair Value) ► Nettoveräußerungswert (Net Realisable Value) Die Anschaffungs- bzw. Herstellungskosten stellen keine grundsätzliche Bewertungsobergrenze dar.
Herstellungskosten	Diverse Bestandteile als Wahlrecht	Produktionsbezogener Vollkostenansatz ohne Wahlrechte
Fremdwährungsumrechnung	Forderungen und Verbindlichkeiten werden zum Kurs im Zugangszeitpunkt oder zum niedrigeren Kurs am Bilanzstichtag (bei Forderungen) bzw. zum höheren Kurs am Bilanzstichtag (bei Verbindlichkeiten) bewertet. Ausweis unrealisierter Gewinne nur im Fall von Forderungen und Verbindlichkeiten mit einer Restlaufzeit von maximal einem Jahr (§ 256a HGB).	Forderungen und Verbindlichkeiten werden zum Kurs am Bilanzstichtag mit dem Ausweis ggf. nicht realisierter Gewinne bewertet.

	HGB	IFRS
Sicherungsbeziehungen	► Die Anwendungsvoraussetzungen sind nach IFRS durch die Vorgabe einer Effektivitätsbandbreite deutlich restriktiver. ► Im HGB sind die qualifizierenden Sicherungsbeziehungen weiter gefasst als in den IFRS, da alle Finanzinstrumente und Warentermingeschäfte für Sicherungsbeziehungen designiert werden können.	
Tauschgrundsätze	Wahlrecht zur Gewinnrealisation oder Behandlung als erfolgsneutraler Anschaffungsvorgang	keine Ertragsrealisierung im Fall gleichartiger und gleichwertiger Güter; zwingende Ertragsrealisierung im Fall nicht gleichartiger oder gleichwertiger Güter
Gewinnrealisierung bei langfristiger Auftragsfertigung	nach herrschender Meinung keine Teilgewinnrealisierung (Completed Contract-Method), allerdings in der Literatur kontrovers diskutiertes Wahlrecht zur Bilanzierung am Bilanzstichtag erreichter Selbstkosten (inkl. der ansonsten nicht aktivierungsfähigen Vertriebskosten) als Mindermeinung	Teilgewinnrealisierung (Percentage of Completion-Method) im Fall eines verlässlich abschätzbaren Gewinns; ansonsten Zero-Profit-Methode

3. Unterschiede bei ausgewählten Posten der Bilanz

	HGB	IFRS
Ansatz selbst erstellter immaterieller Vermögensgegenstände des AV	Aktivierungswahlrecht (Ausnahme: Marken, Drucktitel etc., für die ein Aktivierungsverbot gilt)	Aktivierungsgebot z. B. von Entwicklungskosten unter bestimmten Voraussetzungen (faktisches Ansatzwahlrecht); ansonsten Aktivierungsverbot
Bewertung selbst erstellter immaterieller Vermögensgegenstände des AV	zwingende Bewertung zu fortgeführten Anschaffungs- oder Herstellungskosten	Wahlrecht zwischen Anschaffungs-/Herstellungskostenmethode sowie Neubewertungsmethode; im Fall der Anschaffungs-/Herstellungskostenmethode bei begrenzter Nutzungsdauer Bewertung zu fortgeführten AHK und bei unbestimmter Nutzungsdauer jährlicher Wertminderungstest (ohne Verrechnung planmäßiger Abschreibungen)
Bewertungsmaßstäbe für Sachanlagen	strikte Beachtung des Anschaffungs-/Herstellungskostenprinzips	Wahlrecht zur Anwendung der alternativ möglichen Neubewertungsmethode mit dem Ausweis nicht realisierter Gewinne (erfolgsneutral direkt im Eigenkapital)

	HGB	IFRS
Behandlung von Entsorgungs-, Rekultivierungs- und ähnl. Verpflichtungen im Fall einer Anschaffung von Sachanlagen	Ansatz einer sog. Ansammlungsrückstellung, d. h. Erfüllungsaufwand wird über die Jahre der Nutzung angesammelt	voll umfängliche Berücksichtigung der Verpflichtung in den Anschaffungskosten (AK) mit dem diskontierten Betrag (und Abschreibung über die Folgejahre) sowie Bildung einer betragsgleichen Rückstellung (mit Aufzinsung in den Folgejahren)
Ansatz von Rückstellungen	Ansatzpflicht ggf. auch deutlich unter 50 % aus Gründen des Vorsichtsprinzips, was im Vergleich zu den IFRS eher zu einer Rückstellungsbildung führt	Ansatzpflicht nur bei wahrscheinlichem Bestehen einer Verpflichtung (Wahrscheinlichkeitsschwelle > 50 %) und wahrscheinlichem Abfluss von Nutzenpotenzialen (Wahrscheinlichkeitsschwelle > 50 %)
Leasingvermögen	Einordnung eines Leasingvertrages regelmäßig nach den steuerlichen Leasingerlassen entweder als Operate Lease (mit Bilanzierung des Leasingobjektes beim Leasinggeber) oder als Finance Lease (mit Bilanzierung des Leasingobjektes beim Leasingnehmer); aktuell häufig Aktivierung beim Leasinggeber	Aktuell häufig Aktivierung beim Leasingnehmer im Zuge des noch geltenden IAS 17; nach dem Anfang 2016 beschlossenen IFRS 16 soll ab 2019 für Leasingnehmer die Unterscheidung in Operate Lease und Finance Lease entfallen, sodass das Nutzungsrecht aus dem Leasingvertrag grundsätzlich als Vermögenswert und die Leasingverpflichtungen als Schulden auszuweisen sein werden.

5. Rahmenbedingungen des Unternehmens

Vor Aufnahme der Arbeiten zur eigentlichen Jahresabschlussanalyse macht der Bilanzanalytiker sich mit den Rahmenbedingungen des Unternehmens vertraut.

5.1 Eigentums- und Kapitalverhältnisse

Die Kenntnis der Eigentums- und Kapitalverhältnisse ist relevant für das Verständnis der Unternehmenspolitik, die sich zumindest teilweise auch aus dem Jahresabschluss ergibt. Aus entsprechenden Informationen können sich erste Hinweise für die Interpretation der im Rahmen der Jahresabschlussanalyse zu ermittelnden Kennzahlen ergeben. Als Informationsgrundlage können z. B. der Anhang, der Geschäftsbericht, der Internetauftritt des Unternehmens sowie Pressemitteilungen dienen.

Die Eigentums- und Kapitalverhältnisse werden weitgehend durch die Rechtsform des Unternehmens bestimmt. Die Frage nach den Eigentums- und Kapitalverhältnissen spielt auch eine Rolle bei Konzernunternehmen und konzernähnlichen Firmengruppen. Im Fall von Einzelunternehmen und typischen (also nicht haftungsbeschränkten) Personengesellschaften müssen das Privatvermögen und der Güterstand des Inhabers oder der Gesellschafter in die Betrachtung einbezogen werden. Wenn die Rechtsform vor nicht langer Zeit geändert worden ist, interessieren die Gründe für den Wechsel.

5.2 Unternehmensleitung

Eine wichtige Rolle bei der Beurteilung der Zukunftsfähigkeit eines Unternehmens spielt die Persönlichkeit des Unternehmers bzw. die Qualität der Unternehmensleitung. Insolvenzen sind in der Mehrzahl die Folge von Managementfehlern. Bei der Beurteilung stehen Vertrauenswürdigkeit, Erfahrungen, fachliche Eignung, Durchsetzungsvermögen, Branchen- und Marktkenntnisse im Vordergrund. Die vom Management verfolgte Unternehmenspolitik kann z. B. als **konservativ, progressiv, spekulativ** und als **umsatz-, rentabilitäts- oder liquiditätsorientiert** eingestuft werden.

Die Beurteilung kann auf die Berater des Unternehmens, die Aufsichtsratsmitglieder und selbst die Stammbelegschaft ausgedehnt werden.

5.3 Beziehungen zu verbundenen Unternehmen und Kooperationen

Die Mehrzahl der gerade größeren Unternehmen gehört einem Konzernverbund an. Beziehungen zu verbundenen Unternehmen, aber auch Kooperationen können zu besonderen Chancen, zu einer Risikoreduktion oder/und zu Einsparungen führen z. B. durch

- Diversifikation der Produkte und Tätigkeiten
- Nutzung von Synergieeffekten bei Entwicklung und Vertrieb
- Rationalisierung in der Fertigung durch Normierung und Standardisierung bei größeren Stückzahlen.

Da Unternehmensverflechtungen regelmäßig einen Einfluss auf die Unternehmenspolitik ausüben, muss der Bilanzanalytiker entsprechende Informationen bei der Unternehmensbeurteilung berücksichtigen. Im Fall von Beziehungen zu verbundenen Unternehmen wird insbesondere der Anhang regelmäßig an verschiedenen Stellen entsprechende Informationen vermitteln. So ist z. B. der Anteilsbesitz im Anhang aufzuführen (§ 285 Nr. 11 HGB). Zudem sind Informationen über finanzwirtschaftliche Verflechtungen regelmäßig in den Erläuterungen des Finanzanlagevermögens, der Forderungen sowie der Verbindlichkeiten enthalten.

5.4 Marktstellung und Branchenverhältnisse

Mit Blick auf die mit der Jahresabschlussanalyse angestrebte Beurteilung der zukünftigen Unternehmensentwicklung sind Kenntnisse von der Marktstellung des zu analysierenden Unternehmens und der Branchenverhältnisse von großer Bedeutung.

Der Bilanzanalyst sollte sich bei seiner Tätigkeit von folgenden Fragen leiten lassen:

- Von welchen Produkten hängt das Ergebnis maßgeblich ab?
- Ist das Unternehmen nur mit wenigen Produkten am Markt vertreten oder mit einem guten Produktmix?
- In welcher Phase des Lebenszyklus befinden sich die Produkte, die im Wesentlichen zu dem Ergebnis geführt haben?
- Sind ggf. Nachfolgeprodukte in der Entwicklung oder bereits am Markt eingeführt?
- Wer sind die Abnehmer? Ist das Unternehmen von einem oder einer kleinen Zahl von Großkunden abhängig?
- Wie hoch ist die Exportquote? Gibt es Wechselkursrisiken? Wenn „ja", welche?
- Welches sind die Exportländer und wie entwickelt sich deren Wirtschaft?
- Welches sind die Stärken und Schwächen ggü. der Konkurrenz?
- In welchen Bereichen kann bei vertretbarem Mitteleinsatz ggü. der Konkurrenz aufgeholt werden und in welchen nicht? Gründe?

Hinsichtlich der **Charakterisierung der Branche** erfolgt eine Zuordnung z. B. nach den Merkmalen Konsumgüter oder Investitionsgüter. Weiter wird die Produktionsstruktur des Unternehmens hinterfragt und der Prozentanteil, der auf branchenfremde Leistungen entfällt. Zur Charakterisierung der Branche gehören weiter Aussagen zur Kosten- und Absatzstruktur, zur Unternehmensstruktur (heterogen oder stark konzentriert), zur Größenklassenverteilung in der Branche und zum Exportanteil.

Bei der Bestimmung der **Branchenentwicklung** werden die Entwicklungschancen dargestellt. Von Interesse sind das Investitionsvolumen, der Aufwand für Forschung und Entwicklung, Veränderungen bei der Kapazitätsauslastung und die Entwicklung einzelner Sparten innerhalb der Branche. Wie steht das Unternehmen gemessen innerhalb der Branche dar – durchschnittlich, über- oder unterdurchschnittlich?

Um Stärken und Schwächen des Unternehmens im Markt sowie Marktchancen und -risiken methodengeleitet zu analysieren, empfiehlt sich die Anwendung des aus dem Strategischen Management bekannten SWOT-Analyseverfahren. Die kombinierte Betrachtung der Stärken („Strengths") und Schwächen („Weaknesses") aus der externen Unternehmensanalyse mit den Chancen („Opportunities") und Risiken („Threats") aus der Umweltanalyse erlauben Aussagen über die Positionierung der Unternehmensaktivitäten ggü. dem Wettbewerb. Sollte das zu analysierende Unternehmen verschiedene Geschäftsfelder betreiben und einen Segmentbericht veröffentichen, sollte die SWOT-Analyse auf Ebene der einzelnen Segmente durchgeführt werden.

Aufgabe 10 > Seite 237

B. Ziele und Arten der Bilanzanalyse

1. Ziele der Bilanzanalyse

Als Bilanzanalyse wird die Gesamtheit der Maßnahmen zur Aufbereitung und Auswertung der in einem Jahresabschluss enthaltenen Informationen bezeichnet. Sollte im Einzelfall auch ein Lagebericht zusätzlich zum Jahresabschluss vorliegen, stellt dieser ebenfalls eine zu analysierende Informationsquelle dar. Welche Informationen wie aufbereitet werden sollen, hängt von den Erkenntniszielen des Bilanzanalytikers ab.

1.1 Allgemeine Ziele

Generelles Ziel der Analyse des handelsrechtlichen Jahresabschlusses mit seinen Informationen über die Vermögens-, Finanz- und Ertragslage (§ 264 Abs. 2 HGB) des Unternehmens ist ein **betriebswirtschaftlich fundiertes Gesamturteil** über **die wirtschaftliche Lage und die mögliche künftige Unternehmensentwicklung**. Dazu muss der Jahresabschluss zunächst so aufbereitet, verdichtet und interpretiert werden, dass ein möglichst zutreffendes Bild über Stand und bisherige Entwicklung des analysierten Unternehmens entsteht.

Zunächst müssen die **bilanzpolitischen Maßnahmen** aufgedeckt werden, die der bewussten, interessengerichteten Beeinflussung des Jahresabschlusses dienen. Der Bilanzierende ist nicht in jedem Fall an die Zahlen der Buchhaltung und der Inventur gebunden. Der Gesetzgeber räumt im Handelsrecht zahlreiche Bilanzierungswahlrechte (im Ansatz, in der Bewertung und im Ausweis) sowie Ermessensspielräume ein. Die bilanzpolitischen Aktivitäten müssen rechtlich zulässig sein. Andernfalls liegt eine Bilanzfälschung vor.

Die Bilanzanalyse ist auch ein Instrument der **Bonitätsprüfung** bei der Kreditvergabe. Investoren und Geldanlageinstitute sind an der Investitionstätigkeit, dem Finanzierungspotenzial, künftigen Erfolgsaussichten, Wachstum und Anpassungsfähigkeit interessiert.

1.2 Spezifische Ziele

Die Bilanzanalyse verfolgt eine Vielzahl von Zielen. Dazu gehören:

- **Informationsverdichtung:** Tatsachen und Zusammenhänge, die der Jahresabschluss nicht unmittelbar aufzeigt, sollen sichtbar gemacht werden.
- **Identifizierung der Art und des Umfangs bilanzpolitischer Maßnahmen:** Führt der Einsatz bilanzpolitischer Instrumente eher zu einem höheren oder eher zu einem niedrigeren Ausweis des Periodenergebnisses?
- **Wahrheitsfindung:** Bei der Erstellung des Jahresabschlusses werden handels- und steuerrechtliche Vorschriften berücksichtigt. Damit i. S. d. der betrieblichen Wirklichkeit aber keineswegs wahr (Bilanzwahrheit). Beispielsweise müssen aus den Vermögenswerten sowie Schulden die stillen Reserven und aus dem Periodenergebnis mit

Blick auf ggf. vorliegende Inflationsentwicklungen die Scheingewinne herausgerechnet werden.

- **Bewertung des Managements:** Die Entwicklung des Ergebnisses lässt Rückschlüsse auf die Qualität der Entscheidungen und die Fähigkeiten des Managements zur erfolgreichen Gestaltung der Unternehmensentwicklung zu.
- **Entscheidungsfindung:** Die Erkenntnisse aus der Bilanzanalyse fließen in Prognoserechnungen ein und beeinflussen künftige Entscheidungen (z. B. im Rahmen einer Kreditvergabe oder der Kapitalanlage).

1.3 Grundsätze der Bilanzanalyse

Die Bilanzanalyse muss zu einem fundierten, möglichst objektiven Gesamturteil über die wirtschaftliche Lage des zu analysierenden Unternehmens führen. Dazu müssen die Grundsätze der Ganzheitlichkeit, der Objektivierung und der Neutralisierung beachtet werden.

1.3.1 Grundsatz der Ganzheitlichkeit

Die bei der Analyse herangezogenen Werte und Kennzahlen müssen alle Informationsbereiche des Jahresabschlusses abdecken. Die drei wesentlichen Informationsbereiche sind die

- **Vermögenslage** mit den entsprechenden Kennzahlen zur Kapitalbindung, zur Verschuldung (Fremdkapitalquote bzw. -struktur) und zur Eigenkapitalstruktur (bzw. -quote)
- **Finanzlage** mit den entsprechenden Kennzahlen zur Finanzkraft und zur Deckungsstruktur (Anlagendeckung)
- **Ertragslage** mit den entsprechenden Kennzahlen zur Rentabilität (z. B. Umsatzrentabilität, Cashflow und Return on Investment) sowie zur Aufwandsstruktur (z. B. Personalaufwandsquote).

1.3.2 Grundsatz der Objektivierung

Das Gesamturteil ist objektiv, wenn ein Dritter unter Verwendung der gleichen Analysemethodik zum identischen Analyseergebnis gelangt. Bei Verwendung unterschiedlicher Kennzahlen oder unterschiedlicher Gewichtung der Kennzahlen würden verschiedene Analytiker bei der Formulierung des Gesamturteils vermutlich auch zu unterschiedlichen Ergebnissen kommen. Die Forderung der Objektivierung hat in den letzten Jahren zur Erweiterung der traditionellen Bilanzanalyse um eine strategische Analyse auch zur Entwicklung diverser moderner Verfahren der Bilanzanalyse geführt (s. Kapitel G.).

1.3.3 Grundsatz der Neutralisierung

Die in die Analyse eingehenden Werte und Kennzahlen müssen so gewählt werden, dass bilanzpolitische Maßnahmen (kreative, aber rechtlich zulässige Gestaltungen) des Bilanzierenden das Gesamturteil nicht beeinflussen. So ist die Vergleichbarkeit verschiedener Jahresabschlüsse auch dann gewährleistet, wenn in den Jahresabschlüssen Ansatz-, Bewertungs- und Ausweiswahlrechte ggf. unterschiedlich ausgeübt wurden. Moderne mathematisch-statistische Verfahren, die auf große Datenmengen zurückgreifen, erweisen sich dabei als effiziente Instrumente.

1.4 Adressaten der Jahresabschlussanalyse und ihre Interessen

Interessenten und deshalb auch Adressaten insbesondere der **externen Bilanzanalyse** sind:

- Gegenwärtige und künftige **Anteilseigner:** Sie wollen sehen, wofür die von ihnen zur Verfügung gestellten bzw. zu stellenden finanziellen Mittel verwendet werden und welcher Erfolg damit erzielt wird. Die Ergebnisse der Bilanzanalyse sind entscheidend dafür, ob Anteile erworben, gehalten oder abgestoßen werden sollen.
- Gegenwärtige und künftige **Geschäftspartner, Lieferanten, Kunden** und **Kreditgeber:** Sie haben Interesse an der Beurteilung der Kreditwürdigkeit und der Bestandssicherheit des Unternehmens. Kreditgeber des kurzfristigen Kapitals, wie die Lieferanten, interessieren sich insbesondere für die gegenwärtige Liquidität, Vermögens- und Kapitalstruktur sowie für die Umsatzsituation. Kreditgeber des langfristigen Kapitals richten ihre Analyse vornehmlich auf die künftige Erwartung bei Ertragskraft und finanzieller Stabilität aus. Kunden und Lieferanten interessiert die Stabilität und Zukunftsfähigkeit ihres Partners im Markt.
- **Arbeitnehmer** und **Gewerkschaften:** Sie haben auch ein berechtigtes Interesse am Jahresabschluss, da von der Entwicklung des Unternehmens Arbeitsplatz und Einkommen, berufliche Fortentwicklung und möglicherweise Bezüge nach Erreichen der Altersgrenze abhängen.
- **Wettbewerber:** Sie wollen wissen, wie sich das Unternehmen in der Vergangenheit entwickelt hat und wie es sich in Zukunft entwickeln könnte.
- **Interessierte Öffentlichkeit:** Diese umfasst alle übrigen mit wirtschaftlichen bzw. wirtschaftspolitischen Fragen befassten Personen und Institutionen wie Presse, Forschungsinstitute, Verbände, Politiker auf Kommunal- und Landesebene.

An den Ergebnissen der **internen Bilanzanalyse** sind insbesondere die **Unternehmensleitung** und die Kontrollorgane, wie z. B. der Aufsichtsrat, interessiert.

1.5 Bilanzpolitik

1.5.1 Begriff und Wesen der Bilanzpolitik

Unter „Politik“ wird allgemein ein zielgerichtetes Handeln und Gestalten verstanden. Die Bilanzpolitik ist ein wichtiger Teil der Unternehmenspolitik. Bilanzpolitische Maßnahmen dienen der bewussten, interessengerichteten Beeinflussung des handels- und steuerrechtlichen Jahresabschlusses hinsichtlich Form, Inhalt und Berichterstattung im Rahmen der durch die Rechtsordnung gezogenen Grenzen (**legale Bilanzpolitik**).

Dadurch sollen bei den Empfängern der Informationen bestimmte Wirkungen und damit die Ziele der Unternehmenspolitik erreicht werden. Beispielsweise könnte das Ziel der Bilanzpolitik in dem Ausweis eines möglichst hohen Vermögens und hohen Eigenkapitals in der Bilanz sowie eines hohen Jahresergebnisses in der Gewinn- und Verlustrechnung bestehen, um als finanziell stabil und ertragsstark qualifiziert zu werden. In einem solchen Fall wären dann sicherlich anstehende Kreditverhandlungen c. p. leichter zu führen oder auch angekündigte Kapitalerhöhungen leichter erfolgreich umsetzbar.

Der Bilanzierende ist nicht in jedem Fall an die Zahlen aus Buchhaltung und Inventar gebunden. Der Gesetzgeber räumt im Handelsrecht zahlreiche **Ansatz-, Bewertungs- und Ausweiswahlrechte sowie Ermessensspielräume** ein. Es liegen also Freiheitsgrade bei der Bilanzierung vor, über die der Bilanzersteller zu entscheiden hat. Die bilanzpolitischen Aktivitäten im Rahmen einer Bilanzierungsentscheidung müssen allerdings in jedem Fall rechtlich zulässig sein. Anderenfalls kommt es zu einer Bilanzfälschung (**illegale Bilanzpolitik**).

Die grundlegenden bilanzpolitischen Entscheidungen gehen von der **Unternehmensleitung** aus, indem diese die übergeordneten Unternehmensziele festlegt. Daneben treffen die **Anteilseigner** mit ihrer Entscheidung über die Gewinnverwendung (§ 58 AktG, § 29 GmbHG) wichtige bilanzpolitische Entscheidungen. Bilanzpolitik betreiben aber auch **Entscheidungsträger unterhalb der Geschäftsleitung**, indem sie – auch in Verfolgung eigener, persönlicher Ziele – den Jahresabschluss beeinflussen.

Zu solchen Maßnahmen zählen u. a.

- die vorgezogene Ausübung von Anschaffungen oder Verkäufen noch vor dem Bilanzstichtag oder deren Zurückstellung auf die Zeit nach dem Bilanzstichtag
- Einflüsse auf die Bewertung verschiedener Bilanzposten durch mehr oder weniger vorsichtige Schätzung
- die Offenlegung oder das Verschweigen künftiger Verluste und Risiken.

Aufgabe 11 > Seite 237

1.5.2 Ziele der Bilanzpolitik

Die wesentlichen Ziele der Bilanzpolitik sind die **Gestaltung der Bilanzstruktur** und die **Gestaltung des Jahresergebnisses**. Bilanzpolitische Maßnahmen beziehen sich demnach auf Entscheidungen zur legalen Umsetzung von Rechtsnormen zum Ansatz, zur Bewertung sowie zum Ausweis von Geschäftsvorfällen und sonstigen Sachverhalten im Jahresabschluss.

Die Auswahl und Umsetzung von bilanzpolitischen Instrumenten hängt im Einzelfall vom jeweiligen Unternehmensziel ab, das mit der Aufstellung der Bilanz verfolgt wird. Mögliche Ziele für bilanzpolitisch relevante Entscheidungen sind z. B.:

- Die Ertragsteuerbelastung langfristig so niedrig wie möglich zu halten.
- Die über die Jahre schwankenden Jahresergebnisse zu glätten (Income Smoothing). Dazu werden bei guter Ertragslage Reserven gebildet (Cookie Jar Reserves), die in wirtschaftlich schlechten Jahren aufgelöst werden.
- Die Abstimmung der Information auf den Adressatenkreis, um entweder der Konkurrenz den Einblick soweit wie möglich zu erschweren oder durch offene Information das Erscheinungsbild des Unternehmens in das gewünschte Licht zu rücken.
- Beeinflussung der Verhaltensweisen der Bilanzadressaten zu Gunsten des Unternehmens.
- Beeinflussung der Ausschüttungen an die Anteilseigner.

1.5.3 Profil der Bilanzpolitik

Einen Überblick über das Profil der Bilanzpolitik erhält der Analytiker bei einer kritischen Durchsicht der Bilanz, der Gewinn- und Verlustrechnung, des Anhangs und (im Fall entsprechender Möglichkeiten) des Prüfungsberichts der Wirtschaftsprüfer. Dabei verdienen folgende Aspekte eine besondere Beachtung:

- Durchführung von Maßnahmen der Sachverhaltsgestaltungen (z. B. Factoring, Sale-and-lease-back-Geschäfte, Verkauf von Vermögensgegenständen mit erfolgswirksamer Auflösung bislang stiller Reserven)
- Ansatz und Bewertung von immateriellen Vermögensgegenständen des Anlagevermögens (insbesondere Goodwill)
- Inanspruchnahme von Wahlrechten bei Bewertungs- und Abschreibungsmethoden
- Bestandteile der Herstellungskosten
- Bewertungsmethoden bei den Vorräten
- Bewertung von Forderungen
- Bildung und Auflösung von Rückstellungen
- Gewinnverwendung
- Breite und Tiefe der freiwilligen Berichterstattung
- Wortwahl sowie Grad und Bestimmtheit der Aussagen in Anhang und Lagebericht.

Maßnahmen der vorsichtigen Bewertung, die zu einer Reduktion des ausgewiesenen Ergebnisses führen, werden der **konservativen Bilanzierungsstrategie** zugeordnet. Maßnahmen, die zu einem erhöhten Ergebnisausweis führen, zählen zur **progressiven Bilanzierungsstrategie**.

Indikatoren zur Bilanzpolitik (Beispiele)	**konservativ**	**progressiv**
Aktivierung von **selbst geschaffenen, immateriellen Vermögensgegenständen des AV** (§ 248 Abs. 2 HGB)		+
Aktivierung eines **Disagios** (§ 250 Abs. 3 HGB)		+
überwiegend **degressive Abschreibung**	+	
ungewöhnlich **lange Abschreibungsdauer** z. B. eines Geschäfts- und Firmenwertes (§ 285 Nr. 13 HGB)		+
Sofortabschreibung geringwertiger Wirtschaftsgüter	+	
außerplanmäßige Abschreibung auf das Finanzanlagevermögen im Fall einer voraussichtlich nicht dauerhaften Wertminderung (§ 253 Abs. 3 HGB)	+	
Ansatz der **Herstellungskosten** zur **Wertobergrenze**		+
Ansatz der **Herstellungskosten** zur **Wertuntergrenze**	+	
Einbeziehung der **Fremdkapitalzinsen** in die Herstellungskosten		+
Bewertung der Vorräte nach der **Lifo-Methode bei steigenden Preisen**	+	
hohe Abschreibungen auf Vorräte (im Branchenvergleich)	+	
hohe Abschreibungen auf Forderungen (im Branchenvergleich)	+	
Vornahme von **Sale-and-lease-back**-Geschäften		+
Erhöhung gesetzlich oder satzungsmäßig nicht vorgeschriebener **Rücklagen**	+	
Aktivierung latenter Steuern (§ 274 Abs. 1 Satz 2 HGB)		+
niedrige Rückstellungen (im Branchenvergleich)		+
hohe Rückstellungen (im Branchenvergleich)	+	
Bildung von **Pensionsrückstellungen** für unmittelbare Altzusagen inkl. Erhöhungen sowie für mittelbare Zusagen (Art. 28 EGHGB)	+	
Unterlassung von **Pensionsrückstellungen** gem. Art. 28 EGHGB		+

Grundsätzlich gilt:

- Konservatives oder progressives Verhalten bei einzelnen Posten allein sagt noch nicht viel aus. Erst eine Häufung der Merkmale in die eine oder andere Richtung bei einer Vielzahl von Bilanzposten lässt entsprechende Vermutungen über die bewusste Beeinflussung der Jahresabschlussaussagen zu.
- Oft sind die Ergebnisse weniger durch extern eindeutig erkennbare Maßnahmen wie die Nutzung eines Aktivierungswahlrechtes beeinflusst worden.
- Sehr umfangreiche Möglichkeiten der Ergebnisbeeinflussung durch Bewertung von Bilanzposten liegen bei der Bewertung der Vorräte, der Forderungen und der Rückstellungen vor.
- Die tatsächliche Vermögens-, Finanz- und Ertragslage jener Unternehmen, deren Profil der Bilanzpolitik eher konservativ ist, ist i. d. R. besser als die ausgewiesene Lage.

Die tatsächliche Vermögens-, Finanz- und Ertragslage der Unternehmen mit einem progressiven Profil der Bilanzpolitik ist i. d. R. eher schlechter als die ausgewiesene Lage.

Aufgabe 12 > Seite 238

1.6 Window Dressing

1.6.1 Begriff

Beim Window Dressing handelt es sich um bilanzpolitische Maßnahmen, die ausschließlich der kurzfristigen optischen Gestaltung des Bilanzbildes dienen sollen und nicht der dauerhaften Verbesserung der Bilanzstruktur. Anders als bei den traditionellen Maßnahmen der Bilanzpolitik handelt es sich um Maßnahmen im Grenzbereich des Zulässigen.

Maßnahmen des Window Dressing werden regelmäßig **nach dem Bilanzstichtag wieder eliminiert**. Hierzu gehören z. B.:

- vorübergehende Kapitaleinlagen von Gesellschaftern
- Übertragung von Wirtschaftsgütern an Dritte mit dem Vorbehalt der späteren Rückübertragung (Pensionsgeschäfte, § 340b HGB)
- Abschluss von Scheingeschäften vor dem Bilanzstichtag, die nach dem Bilanzstichtag wieder storniert werden
- Verkauf von Vorräten kurz vor dem Stichtag an verbundene Unternehmen und entsprechender Rückkauf im Folgejahr
- Kauf bzw. Verkauf auf Probe; der Kauf ist im Zweifel unter der aufschiebenden Bedingung der Billigung geschlossen (§ 454 Abs. 1 Satz 2 BGB)
- Aufnahme eines Kredits kurz vor dem Bilanzstichtag, nur um den Liquiditätsausweis zu verbessern, und Rückzahlung zu Beginn des folgenden Geschäftsjahres.

Beispiel

$$\frac{15.000\text{ € liquide Mittel}}{60.000\text{ € kurzfristiges Fremdkapital}} = 25\ \%\text{ Liquidität 1. Grades}$$

Nach Aufnahme eines Kredits von 100.000 €:

$$\frac{115.000\text{ € liquide Mittel}}{160.000\text{ € kurzfristiges Fremdkapital}} = 72\ \%\text{ Liquidität 1. Grades}$$

Maßnahmen, deren Wirkung von Dauer ist, zählen zu den traditionellen Maßnahmen und somit **nicht zum Window Dressing**, z. B.:

- Sale-and-lease-back von Vermögensgegenständen
- Ausgliederung von Forschungsarbeiten wegen des entsprechenden Aktivierungsverbots (§ 248 Abs. 2 HGB i. V. m. § 255 Abs. 2 Satz 4 HGB), wenn später der Kauf und die Aktivierung der Forschungsergebnisse erfolgen
- Vorziehen von Anschaffungen oder der Abnahme eines im Bau befindlichen Gebäudes, um Abschreibungen noch im Abschlussjahr geltend machen zu können.

1.6.2 Gründe

Investoren bevorzugen sich möglichst kontinuierlich positiv entwickelnde Gewinnzahlen. Vielfach greifen die Unternehmensleitungen zum Window Dressing, wenn die traditionellen Instrumente der Jahresabschlusspolitik nicht zur Aufstellung eines Jahresabschlusses führen, der den Erwartungen der Investoren gerecht werden kann. Das gilt insbesondere in wirtschaftlichen Extremlagen, vor allem in Krisensituationen des Unternehmens. In den meisten Fällen geht es beim Window Dressing darum, die im Zeitablauf schwankenden Jahresergebnisse zu glätten und das Bild eines dauerhaft erfolgreichen und kontinuierlich wachsenden Unternehmens abzuliefern.

Insbesondere börsennotierte Unternehmen stehen unter dem immensen Druck, die angekündigten Umsatz- und Gewinnwerte zu erreichen. Die Börsenkurse brechen nicht selten regelrecht ein, wenn die Erwartungen des Kapitalmarktes ggf. auch nur marginal verfehlt werden. Ebenso werden jene Unternehmen am Kapitalmarkt durch eine niedrigere Bewertung bestraft, die immer wieder zu niedrige Gewinnschätzungen mitteilen. Es besteht daher ein Anreiz zur Bildung von stillen Reserven in Geschäftsjahren, die besser als erwartet verlaufen sind, um diese dann in den Geschäftsjahren aufzulösen, die sich schlechter als erwartet entwickeln.

Aufgabe 13 > Seite 238

2. Arten der Bilanzanalyse

Mit Blick auf unterschiedliche Quellen der für eine Bilanzanalyse zur Verfügung stehenden Daten lassen sich zunächst interne sowie externe Bilanzanalyse differenzieren. Je nach Betrachtungsobjekt der Bilanzanalyse können formelle und materielle Bilanzanalyse unterschieden werden.

2.1 Interne Bilanzanalyse

Interne Bilanzanalysen werden entweder durch entsprechend beauftragte Unternehmensangehörige oder durch betriebsfremde Vertrauenspersonen erstellt. Zum Kreis der internen Bilanzanalytiker gehören Unternehmensleitung, Bilanzbuchhalter, Controller, Jahresabschlussprüfer und Steuerberater.

Dem internen Bilanzanalytiker stehen neben den im Jahresabschluss publizierten Daten grundsätzlich sämtliche im Unternehmen vorhandene Informationen zur Verfügung, die für eine Beurteilung der Jahresabschlussdaten von Bedeutung sein könnten.

Die nur unternehmensintern verfügbaren Informationen ergänzen die extern verfügbaren Informationen zum einen unter sachlichen Gesichtspunkten. So sind im Vergleich zu den veröffentlichten Jahresabschlussdaten z. B. sämtliche Fälligkeiten von Forderungen und Verbindlichkeiten genau bekannt, die Existenz und Höhe stiller Reserven zuverlässiger einschätzbar sowie die Aufwands- und Ertragsstruktur detailliert nachvollziehbar.

Zum anderen ergänzen die nur unternehmensintern verfügbaren Informationen die extern verfügbaren Informationen unter zeitlichen Gesichtspunkten, da detaillierte Informationen zur Unternehmensentwicklung auch über den Zeitraum seit dem letzten Bilanzstichtag bis zum Tag der durchzuführenden Bilanzanalyse vorliegen und in der Bilanzanalyse berücksichtigt werden können. Insgesamt erlaubt dies einen tieferen Einblick in die aktuelle und erwartete Unternehmensentwicklung, was gerade für die Unternehmenssteuerung und -kontrolle von besonderer Bedeutung ist.

2.2 Externe Bilanzanalyse

Externe Bilanzanalysen werden außerhalb des untersuchten Unternehmens auf der Grundlage veröffentlichter oder anderweitig zur Verfügung gestellter Jahresabschlüsse durchgeführt (z. B. zur Prüfung der Kreditwürdigkeit). Voraussetzung für die externe Bilanzanalyse ist, dass der Bilanzanalytiker die Besonderheiten des Unternehmens (inkl. Branchenumfeld) kennt, da sich die Eigenarten des Unternehmens im Jahresabschluss niederschlagen.

Die für eine externe Bilanzanalyse auswertbaren Informationen sind im Vergleich zur internen Bilanzanalyse regelmäßig nicht so hochwertig, was die Urteilsfindung einer externen Bilanzanalyse beeinträchtigen kann. Eine externe Bilanzanalyse wird meist wegen der beschränkten Aussagefähigkeit des veröffentlichten Jahresabschlusses erschwert, denn dieser gibt z. B. regelmäßig keine Auskunft darüber,

- welche Kreditlinien gegeben sind und
- inwieweit kurzfristige Kredite revolvierend nutzbar sind.

Ebenso ist nicht ersichtlich, welche Vermögensgegenstände nicht zur Fortführung der Leistungserstellung notwendig sind. Auf diese könnte aber bei stärkerer Liquiditätsanspannung z. B. durch Verkauf zurückgegriffen werden, ohne dass dies die zukünftige Ertragskraft des Unternehmens beeinträchtigen würde. Hinzu kommt, dass die Jahresabschlusszahlen mit Blick auf den Offenlegungszeitraum zu dem Zeitpunkt, zu dem sie den externen Bilanzanalytiker erreichen, bereits zeitlich überholt sind. Sofern das zu analysierende Unternehmen auch Zwischenberichte (also Quartals- oder Halbjahresberichte) erstellt, sollte der externe Bilanzanalytiker die aktuellen Zwischenberichte zusätzlich zum Jahresabschluss berücksichtigen.

2.3 Formelle Bilanzanalyse

Die formelle Bilanzanalyse steht am Anfang der gesamten Untersuchung des Jahresabschlusses und beinhaltet die Prüfung, ob die **rechtlichen Vorschriften vollständig eingehalten** worden sind. Die formelle Bilanzanalyse besteht in der Überprüfung der **formellen Übereinstimmung** der Bilanz, der Gewinn- und Verlustrechnung, des Anhangs (bzw. sonstiger Bestandteile des Jahresabschlusses) und ggf. des zusätzlich zum Jahresabschluss erstellten Lageberichts mit den gesetzlichen Vorschriften. Gegenstand der Prüfung ist deshalb die Beachtung der

- Grundsätze ordnungsmäßiger Buchführung (§§ 238 und 239 HGB)
- Grundsätze ordnungsmäßiger Inventur (§§ 240 und 241 HGB)
- Grundsätze ordnungsmäßiger Bilanzierung und Bewertung (§§ 242 - 256 HGB).

Die wesentlichen Grundsätze ordnungsmäßiger Bilanzierung und Bewertung sind die der Bilanzwahrheit, der Bilanzklarheit, der Bilanzkontinuität und der Bilanzidentität.

Dazu kommen die ergänzenden Vorschriften zum Jahresabschluss (§§ 264 - 289 HGB) und zum Lagebericht (§§ 289 und 289a HGB) der Kapitalgesellschaften:

- Generalnorm des § 264 Abs. 2 Satz 1 HGB
- allgemeine Grundsätze der Gliederung (§ 265 HGB)
- Gliederung der Bilanz (§ 266 HGB)
- Vorschriften zu einzelnen Posten der Bilanz (§§ 268 - 274 HGB)
- Gliederung der Gewinn- und Verlustrechnung (§ 275 HGB)
- Vorschriften zu einzelnen Posten der Gewinn- und Verlustrechnung (§ 277 HGB)
- Vorschriften zu den Angaben im Anhang (§§ 284 - 288 HGB)
- Vorschriften zum Inhalt des Lageberichts (§§ 289 und 289a HGB).

Der externe Bilanzanalytiker wird die formelle Richtigkeit des Jahresabschlusses nicht in allen Punkten und auch nicht umfassend prüfen können. Er muss sich auf die Wirtschaftsprüfer verlassen, die mit ihrem Testat bescheinigen, dass der Jahresabschluss den Vorschriften von Gesetz und Satzung entspricht. Das wirft die Fragen auf: Welche Wirtschaftsprüfungsgesellschaft hat den Jahresabschluss geprüft? Was ist über die Gesellschaft bekannt?

2.4 Materielle Bilanzanalyse

Aufgabe der materiellen Bilanzanalyse ist es, die **Aussagen des Jahresabschlusses bezüglich der Vermögens-, Finanz- und Ertragslage** mit Blick auf das angestrebte Gesamturteil zur Unternehmensentwicklung **zu überprüfen**. Beispielsweise wird im Rahmen der formellen Bilanzanalyse geprüft, wie die Rücklagen in der Bilanz ausgewiesen werden. Die Analyse der wertmäßigen Rücklagenhöhe ist Aufgabe der materiellen Bilanzanalyse, da z. B. hohe Gewinnrücklagen als ein Hinweis auf eine entsprechend hohe Selbstfinanzierungskraft des Unternehmens gedeutet werden können. Ausprägungen der materiellen Bilanzanalyse sind die Substanzanalyse und die Kennzahlenanalyse.

Die **Substanzanalyse** dient dazu, die Posten des Jahresabschlusses auf ihr Zustandekommen, ihre Zusammensetzung, ihre Veränderungsfähigkeit und ihre Entwicklung hin zu prüfen. Daraus werden Hinweise auf die wirtschaftliche Entwicklung eines Unternehmens gezogen.

Die **Kennzahlenanalyse** ermöglicht, die wirtschaftlichen Verhältnisse und deren Veränderungen zum Jahresabschluss und auch über mehrere Abrechnungsperioden auszudrücken. Neben dem Zeitvergleich ermöglichen sie auch den Branchen- sowie einen Soll-/Ist-Vergleich.

3. Grenzen der Bilanzanalyse

Die **externe Bilanzanalyse** ist im Vergleich zur internen **nur in Grenzen** möglich. Dem externen Betrachter fehlen:

- **Informationen** zur Höhe, Bildung und Auflösung **stiller Reserven**.
- Die **nicht-monetären Informationen**, wie technische Möglichkeiten der Anlagen und Qualifikation der Mitarbeiter.
- Informationen zu **möglichen Maßnahmen**, wie Nutzung von ggf. vorliegenden Kreditspielräumen oder Erfüllung der Voraussetzungen für Outsourcing und Expansion.
- Die **Zukunftsbezogenheit der Informationen**, da sich der Jahresabschluss auf die Vergangenheit bezieht. Die Feststellung der weiteren Unternehmensentwicklung durch eine unreflektierte Fortschreibung der Vergangenheitswerte macht in einer Zeit der zunehmenden Veränderungen der wirtschaftlichen, rechtlichen und politischen Rahmenbedingungen in immer kurzfristigeren Schüben immer weniger Sinn.
- Der Jahresabschluss enthält **nur grobe Informationen**. Angaben z. B. über nicht aktivierte selbst geschaffene immaterielle Vermögensgegenstände sowie zu Kreditaufnahmemöglichkeiten und auch Kreditlinien fehlen regelmäßig.
- Der **Jahresabschluss zeigt nur eine Momentaufnahme** zum Abschlussstichtag. Der Normalzustand kann während des Geschäftsjahres erheblich anders aussehen, z. B. durch das zeitliche Zusammen- oder Auseinanderfallen von Saisonende und Bilanzstichtag, durch Zurückstellung von Investitionen bis zum Vorliegen des endgültigen Jahresergebnisses oder durch Maßnahmen des Window Dressing.

- Bei den Jahresabschlüssen handelt es sich um **Nominalwertrechnungen**. Angaben über reale Werte wie Abschreibungen auf der Basis von Wiederbeschaffungswerten fehlen regelmäßig.
- Der Jahresabschluss dokumentiert nur die Verhältnisse zum **Abschlussstichtag des abgelaufenen Geschäftsjahres**, während sich die Informationsbedürfnisse der Adressaten auf die Zukunft erstrecken.

Interne und externe Bilanzanalyse verlieren an Zuverlässigkeit, wenn im Unternehmen selbst oder im Umfeld des Unternehmens in jüngster Zeit bedeutsame Veränderungen aufgetreten oder geplant sind, wie

- Änderungen im Tätigkeitsgebiet, z. B. durch neue Produktlinien
- grundlegende organisatorische Änderungen aufgrund von Prozessen in der Unternehmensentwicklung u. Ä.
- wesentliche Erweiterungsinvestitionen
- Entwicklung des Euro-Kurses bei Unternehmen mit einem hohen Anteil von Fremdwährungsgeschäften
- Veränderungen an den Rohstoffmärkten
- politische Veränderungen
- Änderungen des Kundengeschmacks und der Wertvorstellungen
- technologische Veränderungen mit Veränderungen der Kundenbedürfnisse.

Aufgabe 14 > Seite 238

C. Aufbereitung des Jahresabschlusses

1. Ziel der Aufbereitung

Zu Beginn der Bilanzanalyse sind die Analyseziele festzuhalten. Zu diesen gehören stets die Feststellung der Finanzierung und der Verschuldung, der Liquidität, der Investitionstätigkeit, der Rentabilität und der Zukunftsfähigkeit des zu untersuchenden Unternehmens. Eine aussagefähige und fundierte Auswertung des Jahresabschlusses setzt eine Aufbereitung voraus, die an den Zielen der jeweiligen Analyse ausgerichtet ist.

Ziel der Aufbereitung ist eine für die weitere Auswertung vorbereitete Strukturbilanz. Dazu werden die Werte meist vergröbert, z. B. durch Rundung auf T€ oder Mio. €. Durch die Ermittlung des prozentualen Verhältnisses der einzelnen Gruppen zur Bilanzsumme werden die Überschaubarkeit und die Vergleichbarkeit erhöht. Der Analyst kann die Originalbilanz aber auch materiell verändern, indem er z. B. im Zuge einer gläubigerorientierten Analyse Bilanzpositionen ohne den Charakter von Vermögensgegenständen (z. B. aktiviertes Disagio oder aktivierte latente Steuern) gegen das Eigenkapital saldiert.

Die Strukturbilanz ist die entsprechend den Zielsetzungen und Aufgaben der Analyse aufbereitete und umgestaltete Originalbilanz. Sie ist die Grundlage für die im weiteren Verlauf der Analyse zu ermittelnden Kennzahlen. Wesentliches Kennzeichen der Strukturbilanz ist, dass sowohl die Aktiv- als auch die Passivseite **streng nach Fristigkeiten** aufgebaut ist. Dies bedeutet z. B., dass die Verbindlichkeiten und Rückstellungen entsprechend ihrer jeweiligen Fristigkeiten in der Strukturbilanz als „langfristiges Fremdkapital“, „mittelfristiges Fremdkapital“ oder „kurzfristiges Fremdkapital“ erfasst werden.

Im weitestgehenden Fall wird die Originalbilanz auf die folgenden Posten gekürzt:

Aktiva				**Strukturbilanz**				**Passiva**
		Euro	%			Euro		%
I. Anlagevermögen		90	45	I. Eigenkapital		100		50
II. Umlaufvermögen		110	55	II. Fremdkapital		100		50
1. Vorräte	60			1. langfristig	50		25	
2. Forderungen[1]	30			2. mittelfristig[2]	10		5	
3. Liquide Mittel[1]	20			3. kurzfristig	40		20	
		200	100			200		100

[1] In einem weiteren Schritt könnten die Forderungen und die liquiden Mittel zum „Finanzumlaufvermögen“ zusammengefasst werden.

[2] In Abhängigkeit der Informationen zur Fristigkeit des Fremdkapitals im Anhang kann in der Strukturbilanz ggf. auch nur zwischen langfristigem und kurzfristigem Fremdkapital unterschieden werden.

Fremdkapital gilt als **langfristig**, wenn dieses eine Restlaufzeit von mehr als fünf Jahren aufweist. Der Gesamtbetrag langfristiger Verbindlichkeiten muss gem. § 285 Nr. 1a HGB im Anhang angegeben werden. Mittelgroße und große Kapitalgesellschaften haben diesen Gesamtbetrag gem. § 285 Nr. 2 i. V. m. § 288 Satz 1 HGB zudem für jeden davon betroffenen Verbindlichkeitenposten im Anhang aufzugliedern.

Als **mittelfristig** gilt Fremdkapital mit einer Restlaufzeit zwischen einem und fünf Jahren. Gemäß § 268 Abs. 5 Satz 1 HGB muss der Betrag der Verbindlichkeiten mit einer Restlaufzeit von mehr als einem Jahr bei jedem in der Bilanz gesondert ausgewiesenen Posten vermerkt werden.

Kurzfristiges Fremdkapital weist eine Restlaufzeit von maximal einem Jahr auf, wobei die Höhe entsprechender Verbindlichkeiten gem. § 268 Abs. 5 Satz 1 HGB bei jedem in der Bilanz gesondert ausgewiesenen Posten zu vermerken ist.

Der Referentenentwurf des Gesetzes zur Modernisierung des Bilanzrechts (BilMoG-RefE, 140 f.) empfiehlt die Zusammenfassung dieser Angaben in einem Verbindlichkeitenspiegel, der in den Anhang aufzunehmen ist, da dieses Verfahren die Übersichtlichkeit der Bilanz erhöht.

Verbindlichkeitenspiegel in T€

Art der Verbindlichkeit	Gesamtbetrag	davon Restlaufzeit			Sicherheiten	
		bis zu 1 Jahr	1 - 5 Jahre	über 5 Jahre	gesicherter Betrag	Art u. Form
1. Anleihen						
2. Verbindlichkeiten ggü. Kreditinstituten						
3. erhaltene Anzahlungen auf Bestellungen						
4. Verbindlichkeiten aus L. u. L.						
5. Wechselverbindlichkeiten						
6. Verbindlichkeiten ggü. verbundenen Unternehmen						
7. Verbindlichkeiten ggü. Beteiligungsunternehmen						
8. sonstige Verbindlichkeiten						
► davon aus Steuern						
► davon im Rahmen der sozialen Sicherheit						
Summe						

Für Rückstellungen verlangt das HGB nicht die Angabe entsprechender (voraussichtlicher) Erfüllungszeitpunkte. Gemäß § 285 Nr. 12 HGB besteht zwar eine Pflicht zur Erläuterung von Rückstellungen, die in der Bilanz unter dem Posten „sonstige Rückstellungen" nicht gesondert ausgewiesen werden und einen nicht unerheblichen Umfang aufweisen. Um aber Rückstellungen den einzelnen Fristigkeiten zuzuordnen, ist der Bilanzanalyst regelmäßig auf diesbezügliche freiwillige Angaben angewiesen.

2. Aufbereitung der Bilanz

Bei der Aufbereitung können Posten ergänzt oder herausgenommen werden. Die Gliederung und die Wertansätze einzelner Abschlussposten und damit die Bilanzsumme ändern sich im Vergleich zur Originalbilanz. Das Ergebnis der Aufbereitung ist die Strukturbilanz.

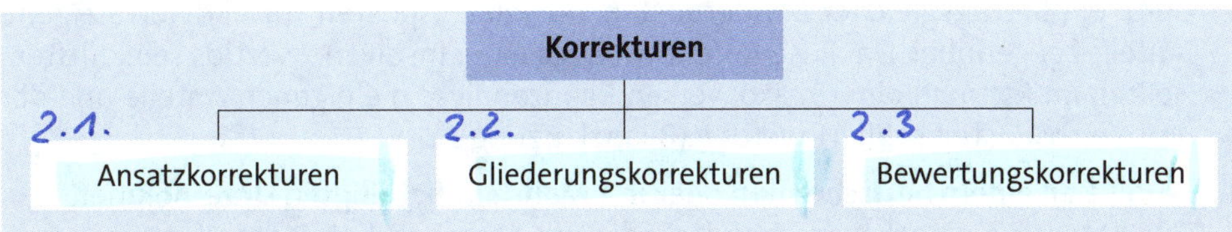

2.1 Ansatzkorrekturen

Die Bilanzposten werden zu Gruppen verdichtet. Die Vermögensseite wird gruppenweise nach Liquiditätsgesichtspunkten in Anlage- und Umlaufvermögen, die Kapitalseite nach der Herkunft und der Fristigkeit des Kapitals in Eigenkapital, lang-, mittel- und kurzfristiges Fremdkapital gegliedert. Ansatzkorrekturen führen gleichzeitig zu Gliederungskorrekturen.

1. **Selbst geschaffene immaterielle Vermögensgegenstände des Anlagevermögens**
   Für selbst geschaffene immaterielle Vermögensgegenstände des Anlagevermögens besteht gem. § 248 Abs. 2 Satz 1 HGB ein Aktivierungswahlrecht. Sie sind gem. § 255 Abs. 2 und 2a HGB im Fall der Aktivierung mit ihren Entwicklungskosten zu bewerten, wobei diese allerdings zuverlässig von den Forschungskosten abgegrenzt werden müssen. Da dieser Posten bezüglich seiner **zukünftigen Verwertungsmöglichkeiten** einer **sehr hohen Unsicherheit** unterliegt, besteht für die aktivierten Beträge gem. § 268 Abs. 8 HGB eine Ausschüttungssperre. Sollte im Einzelfall die Nutzungsdauer nicht verlässlich geschätzt werden können, ist eine pauschale Nutzungsdauer von zehn Jahren anzunehmen (§ 253 Abs. 3 Satz 3 HGB). Im Rahmen einer risikoaversen Bilanzanalyse könnte es sinnvoll erscheinen, die Aktivierung rückgängig zu machen. Hierzu sollte dann der am Geschäftsjahresanfang aktivierte Betrag mit den Gewinnrücklagen saldiert werden (Bilanzkürzung) und der in der betrachteten Periode zusätzlich aktivierte Betrag als FuE-Aufwand in der Gewinn- und Verlustrechnung erfasst werden.

2. **Geschäfts- oder Firmenwert**
   Der aus einem Kaufpreis abgeleitete Geschäfts- oder Firmenwert gilt zwar gem. § 246 Abs. 1 Satz 4 als ein Vermögensgegenstand, allerdings ist er **nicht selbstständig verwertbar**. Im Ernstfall droht der Wert gegen Null zu sinken. Im Fall einer bewusst vorsichtigen und risikoaversen Bilanzanalyse sollte dieser Betrag mit dem Eigenkapital saldiert werden (Bilanzkürzung).

3. **Eigene Anteile**
   Anteile, die eine atypische Personengesellschaft an ihrem persönlich haftenden Gesellschafter hält, sind in Abhängigkeit der Beteiligungsquote gem. § 264c Abs. 4 Satz 1 HGB entweder unter den Anteilen an verbundenen Unternehmen oder unter den Beteiligungen im Anlagevermögen auszuweisen. Nach der Regierungsbegründung zum BilMoG (und nicht nach dem Gesetzeswortlaut) wird ein gesonderter Ausweis verlangt, was zu einer Untergliederung des entsprechenden Bilanzpostens oder zu einer Erläuterung im Anhang führt. Diesen Anteilen steht auf der Passivseite ein betragsgleicher Sonderposten „Ausgleichsposten für aktivierte eigene Anteile" gegenüber. Da diese Anteile im Zuge einer Insolvenz wertlos sein dürften, sollten im Rahmen einer risikoaversen Bilanzanalyse die eigenen Anteile und der Ausgleichsposten saldiert werden (Bilanzkürzung).

4. **Anteile an einem herrschenden oder mit Mehrheit beteiligten Unternehmen**
   Für Anteile an einem herrschenden oder mit Mehrheit beteiligten Unternehmen ist betragsgleich eine entsprechende Rücklage gem. § 272 Abs. 4 HGB zu bilden. Ihre Bildung erfolgt über eine Minderung entweder des Bilanzergebnisses in der Erwerbsperiode oder aber der frei verfübaren Rücklagen, sodass diese faktisch als Ausschüttungssperre wirkt. Im Fall einer risikoaversen Bilanzanalyse sollten diese Anteile mit der entsprechenden Rücklage saldiert werden (Bilanzkürzung).

5. **Forderungen an Gesellschafter**
   Die GmbH muss Forderungen an Gesellschafter gesondert ausweisen oder im Anhang angeben. Werden sie unter anderen Posten ausgewiesen, so muss die Eigenschaft vermerkt werden (§ 42 Abs. 3 GmbHG). Im Fall einer vorsichtigen und risikoaversen Bilanzanalsye sind diese Forderungen, aber auch eingeforderte Nachschüsse (GmbH) sowie Einzahlungsverpflichtungen persönlich haftender Gesellschafter (KGaA) mit dem Eigenkapital zu saldieren (Bilanzkürzung).

6. **Aktive latente Steuern**
   Bestehen zwischen Posten der Handels- und der Steuerbilanz Bewertungsdifferenzen, die sich in späteren Geschäftsjahren voraussichtlich abbauen, so kann eine sich daraus insgesamt ergebende Steuerentlastung als aktive latente Steuern bilanziert werden (§ 274 Abs. 1 HGB). Da dieser Posten **keinen Vermögensgegenstand** darstellt, ist er im Fall einer vorsichtigen und risikoaversen Bilanzanalyse mit dem Eigenkapital zu saldieren (Bilanzkürzung).

7. **Aktive Rechnungsabgrenzungsposten**

   a) **Aktiviertes Disagio:** Ist der Rückzahlungsbetrag einer Verbindlichkeit höher als der Ausgabebetrag, so kann der Unterschiedsbetrag in den aktiven Rechnungsabgrenzungsposten aufgenommen werden (§ 250 Abs. 3 HGB). Da dieser Posten **keinen Vermögensgegenstand** darstellt, ist er im Fall einer vorsichtigen und risikoaversen Bilanzanalyse mit dem Eigenkapital zu saldieren (Bilanzkürzung).

   b) **Transitorische Aktiva:** Die übrigen aktiven Rechnungsabgrenzungsposten werden den kurzfristigen Forderungen zugerechnet, es sei denn, dass konkrete Angaben im Anhang eine andere Fristigkeit zum Ausdruck bringen (Aktivtausch).

8. **Rücklage für eigene Anteile und für Anteile an einem herrschenden oder mit Mehrheit beteiligten Unternehmen**
   Im Fall einer risikoaversen Bilanzanalyse sollten die Rücklagen mit den dazu korrespondierenden, betragsgleichen Aktiva saldiert werden (s. auch Anmerkungen zu 3 und 4).

9. **Rückstellungen für Pensionen und ähnliche Verpflichtungen**
   Hat das Unternehmen von dem Wahlrecht des Art. 28 EGHGB Gebrauch gemacht und auf die Passivierung von Altzusagen verzichtet, sind in der Strukturbilanz die Pensionsrückstellungen um den Betrag der im Anhang angebenen Altzusagen aufzustocken. Um den gleichen Betrag ist das Eigenkapital zu kürzen. Es kommt also zu einem Passivtausch. Pensionsrückstellungen gelten als langfristiges Fremdkapital. Zudem ist der Periodenaufwand um den auf diese Periode entfallenden Aufzinsungsbetrag zu erhöhen, was das Jahresergebnis entsprechend mindert.

10. **Rückstellungen für Steuern vom Einkommen und vom Ertrag**
    ... sind regelmäßig kurzfristiges Fremdkapital, es sei denn, dass konkrete Angaben im Anhang eine andere Fristigkeit zum Ausdruck bringen.

11. **Passive Rechnungsabgrenzungsposten**
    ... werden den kurzfristigen Verbindlichkeiten zugerechnet, es sei denn, dass konkrete Angaben im Anhang eine andere Fristigkeit zum Ausdruck bringen.

12. **Haftungsverhältnisse (Eventualverbindlichkeiten)**
    Kapitalgesellschaften müssen die in § 251 HGB bezeichneten Haftungsverhältnisse jeweils gesondert unter der Bilanz vermerken oder im Anhang angeben (§ 268 Abs. 7 HGB), sofern sie nicht bereits auf der Passivseite auszuweisen sind. Dabei handelt es sich um:

    - Verbindlichkeiten aus der Begebung und Übertragung von Wechseln
    - Verbindlichkeiten aus Bürgschaften, Wechsel- und Scheckbürgschaften
    - Verbindlichkeiten aus Gewährleistungsverträgen
    - Haftungsverhältnisse aus der Bestellung von Sicherheiten für fremde Verbindlichkeiten.

    Sobald mit der Inanspruchnahme aus diesen Eventualverbindlichkeiten zu rechnen ist, muss eine Rückstellung gebildet werden.

Je nach Einschätzung durch den Bilanzanalytiker sind die Rückstellungen um Teilbeträge der Eventualverbindlichkeiten zu erhöhen und das Eigenkapital um den gleichen Betrag zu kürzen (Passivtausch).

13. **Sonstige finanzielle Verpflichtungen**
Große und mittelgroße Kapitalgesellschaften müssen im Anhang den Gesamtbetrag der sonstigen finanziellen Verpflichtungen angeben, die nicht in der Bilanz erscheinen (§ 285 Nr. 3a HGB). Als sonstige finanzielle Verpflichtungen werden allgemein angesehen:

- mehrjährige Verpflichtungen aus Miet-, Pacht- und Leasingverpflichtungen
- Verpflichtungen aus noch nicht abgeschlossenen Investitionsprojekten
- Verpflichtungen aus künftigen für das Unternehmen unabwendbaren Großreparaturen, bei denen noch keine vertraglichen Vereinbarungen vorliegen
- Verpflichtungen aus notwendig werdenden Umweltschutzmaßnahmen
- Verpflichtungen aus schwebenden Geschäften, wie z. B. langfristige Abnahmeverträge oder Termingeschäfte.

Die sonstigen finanziellen Verpflichtungen führen nicht unweigerlich zu Korrekturen in der Strukturbilanz. Der Bilanzanalytiker wird jedoch einen Vermerk zum Fremdkapital erstellen. Gründe:

- Unternehmen, die ihr Anlagevermögen leasen, benötigen weniger Eigen- oder Fremdkapital als solche, die ihr Anlagevermögen kaufen. Der zwischenbetriebliche Vergleich und auch der Zeitvergleich werden erschwert. Für den zwischenbetrieblichen Vergleich muss z. B. bei der Finanzierungsanalyse nach einem Sale-and-lease-back von einem fiktiven höheren Fremdkapital ausgegangen werden.
- Die finanziellen Verpflichtungen für die Folgejahre belasten unabhängig von der Auslastung des Unternehmens das Ergebnis und die Kreditfähigkeit künftiger Geschäftsjahre.

Haftungsverhältnisse sowie sonstige finanzielle Verpflichtungen werden vielfach bei der Ermittlung der sog. **Haftkapitalquote** berücksichtigt.

$$\text{Haftkapitalquote} = \frac{\text{Eigenkapital}}{\text{Bilanzsumme + Haftungsverhältnisse + sonstige finanzielle Verpflichtungen}}$$

Aufgabe 15 > Seite 238

2.2 Gliederungskorrekturen

Zusätzlich zu den Ansatzkorrekturen sind Gliederungskorrekturen erforderlich, um z. B. die Aktiva nach dem Grad der Liquidierbarkeit und die Passiva nach der Fristigkeit zu ordnen. Im Fall einer vorsichtigen und risikoaversen Bilanzanalyse werden Aktiva dem Posten mit der jeweils niedrigeren Liquidität zugeordnet, Passiva dem Posten mit der jeweils kürzeren Fristigkeit (imparitätische Vorgehensweise der Bilanzanalyse).

Maßnahmen der Umgliederung sind:

- **Umgruppierung:** Ein bestehender Posten wird einem anderen bereits bestehenden Posten der gleichen Bilanzseite zugeordnet.
- **Neubildung:** Bereits existierende Posten werden einem neu zu schaffenden Bilanzposten der gleichen Bilanzseite zugerechnet.
- **Aufspaltung:** Ein bestehender Posten wird in mehrere Posten aufgespalten.
- **Saldierung:** Bilanzposten oder Teile davon werden mit Bilanzposten der anderen Bilanzseite saldiert. Dabei verkürzt sich die Bilanzsumme.

1. **Umlaufvermögen**
   Das Umlaufvermögen ist nach der Liquidität zu gliedern.
2. **Aktive Rechnungsabgrenzungsposten**
   Aktive Rechnungsabgrenzungsposten werden den Forderungen (bzw. dem Finanzumlaufvermögen) zugerechnet.
3. **Eigenkapital**
   Der Anteil des Eigenkapitals, auf das die Haftung der Gesellschafter für die Verbindlichkeiten der Gesellschaft beschränkt ist, heißt **gezeichnetes Kapital**. Es entspricht dem **Grundkapital** der AG bzw. dem **Stammkapital** der GmbH. Neben diesem grundsätzlich unveränderlichen Teil des Eigenkapitals der Kapitalgesellschaften enthält die Originalbilanz verschiedene variable Eigenkapitalposten, wie z. B. die Gewinnrücklagen. Die folgende Abbildung zeigt die einzelnen Eigenkapitalposten in der Bilanz, die zum Teil sogar auch die Aktivseite betreffen können.

Aktiva	Eigenkapitalposten in der Bilanz Passiva
B. Umlaufvermögen **II. Forderungen und sonstige Vermögensgegenstände** 4. **eingeforderte ausstehende Einlage auf das gezeichnete Kapital** (§ 272 Abs. 1 Satz 3 HGB) 5. eingeforderte **Nachschüsse** (§ 42 Abs. 2 Satz 2 GmbHG) **C. Nicht durch Eigenkapital gedeckter Fehlbetrag (§ 268 Abs. 3 HGB)**; nicht durch Vermögenseinlagen gedeckter Verlustanteil persönlich haftender Gesellschafter (§ 286 AktG zur KGaA)	**A. Eigenkapital** **I. Gezeichnetes Kapital** (§ 272 Abs. 2 Satz 1 HGB; § 152 Abs. 1 AktG – Grundkapital; § 286 Abs. 2 AktG zur KGaA; § 42 Abs. 1 GmbHG – Stammkapital abzüglich nicht eingeforderte ausstehende Einlagen (§ 272 Abs. 1 Satz 2 HGB) = Eingefordertes Kapital (§ 272 Abs. 1 Satz 3 HGB) **II. Kapitalrücklage** (§ 272 Abs. 2 HGB; § 152 Abs. 2 AktG) Eingefordertes Nachschusskapital (§ 42 Abs. 2 Satz 3 GmbHG) **III. Gewinnrücklagen** (§ 272 Abs. 3 HGB, § 152 Abs. 3 AktG) 1. **gesetzliche Rücklage** (§ 150 AktG) 2. **Rücklage für Anteile an einem herrschenden oder mehrheitlich beteiligten Unternehmen** (§ 272 Abs. 4 HGB) 3. **satzungsmäßige Rücklagen** 4. **andere Gewinnrücklagen** **IV. Gewinnvortrag/Verlustvortrag** (1. Alternative) **V. Jahresüberschuss/-fehlbetrag** (1. Alternative) **IV. Bilanzgewinn/Bilanzverlust** davon Gewinnvortrag/Verlustvortrag (2. Alternative)

Die Posten des Eigenkapitals werden zu einem Sammelposten „bilanzanalytisches Eigenkapital“ zusammengefasst, der das sog. „wirtschaftliche Eigenkapital“ darstellt.

Das Mindestgliederungsschema gem. § 266 Abs. 3 HGB zeigt die Bilanz **vor jeglicher Ergebnisverwendung** (in der obigen Tabelle als „1. Alternative“ bezeichnet). Alternativ darf die Bilanz auch unter Berücksichtigung der vollständigen oder teilweisen Verwendung des Jahresergebnisses aufgestellt werden. Bei **teilweiser Verwendung** tritt an die Stelle der Posten „Gewinnvortrag/Verlustvortrag“ und „Jahresüberschuss/Jahresfehlbetrag“ der Posten „Bilanzgewinn/Bilanzverlust“ (§ 268 Abs. 1 HGB). Über die Verwendung des Bilanzgewinns entscheidet die Hauptversammlung (§ 174 Abs. 1 AktG).

Rücklagenveränderungen dürfen gem. § 275 Abs. 4 HGB in der Gewinn- und Verlustrechnung erst nach dem Jahresergebnis ausgewiesen werden, da diese **Ergebnisverwendungen** darstellen und nicht den Bereich der Ergebnisentstehung beeinflussen dürfen. Alternativ besteht das Wahlrecht zur gesonderten Darstellung der Ergebnisverwendung im Anhang (§ 285 Nr. 34 HGB). Für die AG und KGaA besteht mit § 158 Abs. 1 AktG eine Spezialvorschrift, die die Ergänzung der Gewinn- und Verlustrechnung nach dem Posten „Jahresüberschuss/Jahresfehlbetrag" in Fortführung der Nummerierung um die folgenden Posten verlangt:

1. Gewinnvortrag/Verlustvortrag aus dem Vorjahr
2. Entnahmen aus der Kapitalrücklage
3. Entnahmen aus Gewinnrücklagen
4. Einstellungen in Gewinnrücklagen
5. Bilanzgewinn/Bilanzverlust.

Diese Angaben können alternativ auch im Anhang gemacht werden (§ 158 Abs. 1 Satz 2 AktG). Die Veränderungen der Rücklagen werden dann vielfach in einem Rücklagenspiegel dargestellt:

Rücklagenspiegel						
Veränderungen	Kapitalrücklage	Gesetzl. Rücklage	Rücklage für eigene Anteile	Satzungsmäßige Rücklage	Andere Gewinnrücklage	Bilanzgewinn
Stand 31.12.x1	300.000	600.000	100.000	200.000	85.000	
Einstellung nach der Hauptversammlung aus dem Gewinn 01					15.000	
Gewinnvortrag						+ 6.000
Jahresüberschuss						+ 1.311.200
Entnahmen						- 135.560
Einstellungen		65.560	20.000	50.000		
Stand 31.12.x2	300.000	665.560	120.000	250.000	100.000	+ 1.181.640

Zusätzlich zu den Ansatz- und Gliederungskorrekturen sind beim Eigenkapital diverse Bewertungskorrekturen zu berücksichtigen. Diese reflektieren insbesondere die vom Bilanzanalysten nachvollzogene Bildung stiller Reserven (vergleiche zu Einzelheiten das folgende Kapitel).

Bei **Einzelunternehmern und Personengesellschaften** ist das ausgewiesene Eigenkapital evtl. um die in den nächsten Monaten erforderlichen Privatentnahmen für den Unterhalt der Eigentümer und ihrer Familien zu kürzen. Passivische Privat- oder Darlehenskonten können als **Gesellschafterdarlehen** dem **wirtschaftlichen Eigenkapital** zugerechnet werden, wenn davon auszugehen ist, dass diese in wirtschaftlichen Notzeiten als Eigenkapitalersatz dienen werden.

Bei der GmbH sind **eingeforderte Nachschüsse** unter den Forderungen gesondert auszuweisen und ein entsprechender Betrag in die **Kapitalrücklage** einzustellen (§ 42 Abs. 2 GmbHG). Diese Posten sind in der Strukturbilanz im Fall einer risikoaversen Bilanzanalyse zu saldieren (Bilanzkürzung).

4. Wertberichtigungen
Soweit Bilanzen der Einzelunternehmen und Personengesellschaften Wertberichtigungsposten ausweisen, sind diese mit den entsprechenden Aktivposten zu verrechnen (Bilanzkürzung).

5. Investitionszuschüsse
Das HGB hat die Bilanzierung von Investitionszuschüssen in keiner Vorschrift explizit geregelt. Die entsprechende Bilanzierungspraxis ist daher nicht einheitlich, wobei insbesondere die folgenden drei Alternativen angewendet werden:

- Kürzung der Anschaffungskosten um den Betrag des erhaltenen und nicht rückzahlbaren Zuschusses
- sofortige erfolgswirksame Vereinnahmung des Zuschusses in der Gewinn- und Verlustrechnung
- Ausweis der ungekürzten Anschaffungskosten und Bilanzierung einer Zuschussrücklage als passivischer Sonderposten i. S. v. § 265 Abs. 5 Satz 2 HGB, der über die Nutzungsdauer des bezuschussten Vermögensgegenstands und damit i. d. R. parallel zu den Abschreibungen des entsprechenden Vermögensgegenstandes erfolgswirksam aufgelöst wird.

Eine passivierte **steuerpflichtige Zuschussrücklage** ist zu 70 % dem Eigenkapital und zu 30 % dem Fremdkapital zuzuordnen, um der zu erwartenden EE-Steuerlast im Auflösungszeitpunkt Rechnung zu tragen. Nur steuerfreie **Investitionszulagen** haben zu 100 % Eigenkapitalcharakter, sodass diese vollständig in das bilanzanalytische Eigenkapital umgruppiert werden sollten.

6. Rückstellungen für Pensionen
Rückstellungen für Pensionen sind langfristiges Fremdkapital. Im Anhang ist die Höhe der nicht passivierten Verpflichtungen aus Altzusagen anzugeben (Art. 28 EGHGB). Der Betrag muss für Zwecke der Bilanzanalyse zusätzlich passiviert werden, indem er vom Eigenkapital abgezogen wird (Passivtausch).

7. Steuerrückstellungen
Steuerrückstellungen sind i. d. R. kurzfristiges Fremdkapital.

8. Sonstige Rückstellungen
Rückstellungen, die in der Bilanz unter dem Posten „Sonstige Rückstellungen" nicht gesondert ausgewiesen werden, sind bei einem nicht unerheblichen Umfang im Anhang zu erläutern (§ 285 Nr. 12 HGB). Im Fall der internen Bilanzanalyse und soweit für den externen Bilanzbetrachter aus dem Anhang ersichtlich, ist eine genaue Aufteilung entsprechend der Fristigkeiten in der Strukturbilanz möglich. Falls keine diesbezüglichen Kenntnisse vorliegen, können die sonstigen Rückstellungen je zur Hälfte dem mittelfristigen und dem kurzfristigen Fremdkapital zugeschlagen werden (Passivtausch).

Übersicht über die Fristigkeit der sonstigen Rückstellungen:

Bezeichnung	Fristigkeit		
	kurz	mittel	lang
1. Verbindlichkeitsrückstellungen			
1.1 Rückstellungen für ungewisse Verbindlichkeiten			
Rückstellungen für Gewährleistungen mit rechtlicher Verpflichtung	x		
Rückstellungen für Prozessrisiken	x		
Rückstellungen für Jahresabschluss- und Prüfungskosten	x		
Rückstellungen für Wechselobligo	x		
Rückstellungen für die Inanspruchnahme aus Bürgschaften	x		
Rückstellungen für den Ausgleichsanspruch des Handelsvertreters (§ 89b HGB)		x	
Rückstellungen für die Wiederherstellung des ursprünglichen Zustands		x	
Rückstellungen für Dekontaminierungskosten des Grund und Bodens		x	
Rückstellungen für Rabatte und Boni im abgelaufenen Geschäftsjahr	x		
Rückstellungen für Sozialplanverpflichtungen	x		
Rückstellungen für Vorruhestandsverpflichtungen		x	
Rückstellungen für Urlaubsverpflichtungen	x		
Jubiläumsrückstellungen			x
1.2 Rückstellungen für drohende Verluste aus schwebenden Geschäften (§ 249 Abs. 1 Satz 1 HGB)	x		
1.3 Rückstellungen für Gewährleistungen ohne rechtliche Verpflichtung (Kulanzrückstellungen gem. § 249 Abs. 1 Satz 2 Nr. 2 HGB)		x	
2. Aufwandsrückstellungen			
... für Instandhaltungsarbeiten, die innerhalb von drei Monaten des folgenden Geschäftsjahres nachgeholt werden (§ 249 Abs. 1 Satz 2 Nr. 1 HGB)	x		
... für Abraumbeseitigung, die im folgenden Geschäftsjahr nachgeholt wird (§ 249 Abs. 1 Satz 2 Nr. 1 HGB)	x		

9. Passive Rechnungsabgrenzungsposten

Passive Rechnungsabgrenzungsposten werden der Einfachheit halber den kurzfristigen Verbindlichkeiten zugerechnet.

10. **Verbindlichkeiten**
    Die Verbindlichkeiten werden entsprechend der Fristigkeiten (kurz-, mittel-, langfristig) zu jeweils einer Gruppe zusammengefasst (vgl. zu Einzelheiten auch Kapitel C.1).

    Verbindlichkeiten ggü. verbundenen Unternehmen und solche **ggü. Unternehmen, mit denen ein Beteiligungsverhältnis besteht**, dürfen nicht mit den entsprechenden **Forderungen gegen verbundene Unternehmen** auf der Aktivseite saldiert werden.

    Die GmbH muss **Verbindlichkeiten ggü. Gesellschaftern** gesondert ausweisen oder im Anhang angeben. Werden Gesellschafter-Darlehen unter anderen Posten ausgewiesen, so muss diese Eigenschaft in Form eines Davon-Postens vermerkt werden (§ 42 Abs. 3 GmbHG). Gesellschafter-Darlehen können dem (wirtschaftlichen) Eigenkapital zugeordnet werden, wenn davon ausgegangen werden kann, dass diese im Notfall als Eigenkapitalersatz dienen werden.

    Steuerverbindlichkeiten und die **Verbindlichkeiten im Rahmen der sozialen Sicherheit** werden als Davon-Posten der „sonstigen Verbindlichkeiten" in der Bilanz gesondert ausgewiesen. Auch zu den sonstigen Verbindlichkeiten ist die Fristigkeit anzugeben. In der Regel wird es sich um kurzfristige Verbindlichkeiten handeln.

11. **Erhaltene Anzahlungen auf Bestellungen**
    Erhaltene Anzahlungen sind in der Praxis insbesondere bei der Finanzierung von Großprojekten relevant. Die Gegenleistung für erhaltene Anzahlungen besteht in einer Liefer- oder/und Leistungsverpflichtung, wobei das zur Projektfertigstellung notwendige Material bereits vorhanden sein kann. Vor diesem Hintergrund können erhaltene Anzahlungen auf Vorräte entweder auf der Passivseite unter den Verbindlichkeiten oder auf der Aktivseite – am besten in einer Vorspalte – offen von dem Posten Vorräte abgesetzt werden (§ 268 Abs. 5 Satz 2 HGB). Im Fall eines Ausweises unter den Verbindlichkeiten sollte eine Saldierung mit den Vorräten vorgenommen werden. Die Strukturbilanz bringt dann zum Ausdruck, dass in der Bilanz ausgewiesene Vorräte in Höhe der erhaltenen Anzahlungen faktisch dem Auftraggeber zuzurechnen sind.

2.3 Bewertungskorrekturen

Neben den offen in der Bilanz ausgewiesenen Kapital- und Gewinnrücklagen (**offene Rücklagen**) entstehen durch Unterbewertung von Vermögensgegenständen oder Überbewertung von Schulden die nicht direkt aus der Bilanz zu ersehenden **stillen Reserven** in der entsprechenden Bilanzposition. Diesen stillen Reserven stehen **stille Rücklagen** im Eigenkapital gegenüber, d. h. das bilanzielle Eigenkapital unterschreitet das wirtschaftliche Eigenkapital.

Stille Reserven entstehen im Gegensatz zu den offenen Rücklagen nicht durch Entscheidungen zur Gewinnverwendung. Einerseits können stille Reserven **ohne Einfluss des Bilanzerstellers** durch die notwendige Beachtung des AHK-Prinzips gem. § 253 Abs. 1 HGB entstehen, wenn z. B. die Bilanzstichtagswerte die Anschaffungskosten übersteigen und somit nicht realisierte Gewinne vorliegen, die gem. § 252 Abs. 1

Nr. 4 HGB in der Gewinn- und Verlustrechnung nicht erfolgswirksam erfasst werden dürfen. Stille Reserven können andererseits aber auch durch erfolgswirksam zu buchende **Entscheidungen des Bilanzerstellers** im Rahmen der bilanzpolitisch motivierten Ausübung von Wahlrechten oder Nutzung von Ermessensspielräumen entstehen:

- auf der **Aktivseite** z. B. durch überhöhte Abschreibungen beim Anlagevermögen oder bei den zweifelhaften Forderungen, aber auch durch Sofortabschreibung geringwertiger Vermögensgegenstände
- auf der **Passivseite** z. B. durch den Ansatz zu hoher Rückstellungen.

Für Zwecke der Bilanzanalyse müssen zu hohe oder zu niedrige Wertansätze der Originalbilanz durch Auflösung der stillen Reserven korrigiert werden. Voraussetzung hierfür ist allerdings, dass der Bilanzanalyst entsprechende Hinweise aus dem Jahresabschluss ableiten kann, was regelmäßig jedoch allenfalls rudimentär möglich ist.

1. **Unfertige und fertige Erzeugnisse – Herstellungskosten**
   Für die Ermittlung der Herstellungskosten sowohl bei aktivierten Eigenleistungen als auch bei den Vorräten räumt § 255 Abs. 2 HGB erhebliche Wahlrechte ein. Bei zwischenbetrieblichen Vergleichen muss berücksichtigt werden, welche Kostenbestandteile in die Herstellungskosten eingegangen sind. Bei der Bilanzanalyse sind stille Reserven in Höhe der nicht bilanzierten, aber angefallenen Kostenbestandteile zu berücksichtigen.

   Darstellung des handelsrechtlichen Bewertungsspielraums:

Aufwandsart	**Handelsbilanz § 255 HGB**	**Zahlenbeispiel in Euro**
Materialeinzelkosten	Pflicht	15.000
+ Fertigungs-/Lohneinzelkosten	Pflicht	20.000
+ Sonder(einzel)kosten der Fertigung	Pflicht	5.000
+ variable Materialgemeinkosten	Pflicht	1.000
+ variable Fertigungsgemeinkosten	Pflicht	20.000
+ anteilige fixe Materialgemeinkosten	Pflicht	3.000
+ anteilige fixe Fertigungsgemeinkosten	Pflicht	70.000
= Wertuntergrenze	Wahl	134.000
+ anteilige Verwaltungskosten	Wahl	20.000
+ bestimmte soziale Leistungen	Wahl	4.000
+ Fremdkapitalzinsen während der Herstellung	Wahl	2.000
= Wertobergrenze	Wahl	160.000

2. **Forderungen**
   Die wirtschaftlichen Verhältnisse der Schuldner sind zu prüfen. Sind Großabnehmer bekannt, bei denen die Zahlungsfähigkeit bedroht ist? Wenn das analysierte Unternehmen hauptsächlich eine bestimmte Branche beliefert, stellt sich die Frage nach der wirtschaftlichen Lage der Branche. Bei Unternehmen, die insgesamt eher konservativ bewertet haben, ist davon auszugehen, dass sie auch die Forderungen sehr vorsichtig bewertet haben.

Ausstehende Einlagen auf das gezeichnete Kapital, die eingefordert, aber noch nicht eingezahlt sind, sowie andere Forderungen an Gesellschafter innerhalb des Bilanzpostens „Forderungen und sonstige Vermögensgegenstände" sollten im Fall einer risikoaversen Bilanzanalyse mit dem Eigenkapital saldiert werden (Bilanzkürzung). Bestehen allerdings keine Bedenken hinsichtlich der Solvenz der Anteilseigner, sollte auf die Saldierung verzichtet werden, da die Strukturbilanz ansonsten die Vermögenslage falsch darstellen würde.

3. **Gesperrte oder verpfändete Wertpapiere des Umlaufvermögens sowie Bankguthaben**
Für den Ausweis gesperrter oder verpfändeter Wertpapiere des Umlaufvermögens oder auch Bankguthaben (z. B. Akkreditivdeckungsguthaben, die zur Deckung von Zahlungsverpflichtungen aus schwebenden Beschaffungsvorgängen dienen) wird ein separater Bilanzausweis empfohlen. Alternativ kann aber auch ein entsprechender Vermerk in den Anhang aufgenommen werden.

Aufgabe 16 > Seite 239

2.4 Vorschläge zur Aufbereitung von Anlage- und Umlaufvermögen, Eigen- und Fremdkapital

	Aufbereitung des Anlagevermögens	€
	Immaterielle Vermögensgegenstände (§ 266 Abs. 2 A. I. HGB)	
-	aktivierter Geschäfts- oder Firmenwert (im Fall einer risikoaversen Bilanzanalyse)	
-	selbst erstellte immaterielle VG des AV (im Fall einer risikoaversen Bilanzanalyse)	
=	Immaterielle Vermögensgegenstände	
+	Sachanlagen (§ 266 Abs. 2 A. II. HGB)	
+	Finanzanlagen (§ 266 Abs. 2 A. III. HGB)	
-	Anteile an Komplementärgesellschaften (§ 264c Abs. 4 Satz 1 HGB) sowie an einem herrschenden oder mit Mehrheit beteiligten Unternehmen (§ 272 Abs. 4 Satz 1 HGB) (im Fall einer risikoaversen Bilanzanalyse)	
+	Abschreibungen auf Finanzanlagen bei vorübergehender Wertminderung	
+	sonstige aufgedeckte stille Reserven	
-	Überbewertungen	
=	**Anlagevermögen in der Strukturbilanz**	

	Aufbereitung des Umlaufvermögens	**€**
 -	Vorräte erhaltene Anzahlungen auf Vorräte im Fall eines Ausweises unter den Verbindlichkeiten	
=	Vorräte	
 + + +	Forderungen aus Lieferungen und Leistungen eingeforderte Einlagen auf das gezeichnete Kapital (sofern der Eingang erwartet wird) Wertpapiere des Umlaufvermögens Liquide Mittel	
=	Finanzumlaufvermögen	
+ + - +	Unterbewertungen bei den Vorräten (z. B. durch Lifo unter Marktpreis) sonstige Unterbewertungen Überbewertungen aktive Rechnungsabgrenzungsposten	
=	**Umlaufvermögen in der Strukturbilanz**	

	Aufbereitung des Eigenkapitals	**€**
 - + + + - + -	Gezeichnetes Kapital nicht eingeforderte ausstehende Einlagen (offene Absetzung gem. § 272 Abs. 1 Satz 3 HGB) Kapitalrücklage Gewinnrücklagen Gewinnvortrag Verlustvortrag Jahresüberschuss bzw. Bilanzgewinn Jahresfehlbetrag bzw. Bilanzverlust	
=	bilanzielles Eigenkapital	
- - - - - - + + + + - - -	aktivierte selbst geschaffene immaterielle Vermögensgegenstände des AV (im Fall einer risikoaversen Bilanzanalyse) Geschäfts- oder Firmenwert (im Fall einer risikoaversen Bilanzanalyse) aktiviertes Disagio (im Fall einer risikoaversen Bilanzanalyse) aktive latente Steuern (im Fall einer risikoaversen Bilanzanalyse) unterlassene Pensionsrückstellungen unterlassene sonstige Rückstellungen Unterbewertung bei unfertigen und fertigen Erzeugnissen Unterbewertung bei Vorräten (z. B. durch Lifo-Bewertung) Abschreibung auf Finanzanlagen bei nur vorübergehender Wertminderung sonst. stille Reserven (z. B. bei Fremdwährungsverbindl., Rückstellungen) Rücklage für eigene Anteile (im Fall von Anteilen einer atypischen PersG an ihrem persönlich haftenden Gesellschafter gem. § 264c Abs. 4 HGB) Rücklage für Anteile an einem herrschenden oder mit Mehrheit beteiligten Unternehmen (§ 272 Abs. 4 Satz 1 HGB) zur Ausschüttung vorgesehene Beträge	
=	**Eigenkapital in der Strukturbilanz**	

	Aufbereitung des Fremdkapitals	**€**
	Rückstellungen für Pensionen und sonstige Rückstellungen mit einem erwarteten Erfüllungszeitpunkt in frühestens fünf Jahren	
+	unterlassene Pensionsrückstellungen	
+	Verbindlichkeiten mit einer Laufzeit von länger als fünf Jahren	
=	**langfristiges Fremdkapital in der Strukturbilanz**	
	Verbindlichkeiten mit einer Laufzeit von einem bis fünf Jahren	
+	sonstige Rückstellungen mit einem erwarteteten Erfüllungszeitpunkt in frühestens einem Jahr und spätestens fünf Jahren	
=	**mittelfristiges Fremdkapital in der Strukturbilanz**	
	Verbindlichkeiten mit einer Laufzeit unter einem Jahr	
+	Steuerrückstellungen	
+	sonstige Rückstellungen mit einem erwarteteten Erfüllungszeitpunkt innerhalb eines Jahres	
+	passiver Rechnungsabgrenzungsposten	
+	zur Ausschüttung vorgesehener Betrag	
=	**kurzfristiges Fremdkapital in der Strukturbilanz**	

Aufgabe 17 > Seite 239

3. Aufbereitung der Gewinn- und Verlustrechnung

3.1 Ziele und Instrumente

Die Aufbereitung der Gewinn- und Verlustrechnung ist die Grundlage für die Ergebnisanalyse im Rahmen der erfolgswirtschaftlichen Bilanzanalyse. Von besonderem Interesse ist

- das Zustandekommen des Erfolgs und die Höhe der möglichen Gewinnausschüttung
- die zukünftige Ertragskraft und damit die künftigen Gewinnaussichten.

Ziel ist letztlich die Ermittlung des bereinigten Unternehmenserfolgs unter Offenlegung der die jeweilige Höhe determinierenden Bestandteile.

Instrumente der erfolgswirtschaftlichen Bilanzanalyse sind

1. **Erfolgsspaltung:** Aufteilung in die Ergebnisquellen
   - ordentlicher Betriebserfolg (operatives Ergebnis)
   - Finanz- und Verbunderfolg
   - außerordentlicher Erfolg
   - Bewertungserfolg
2. **Rentabilitätsanalyse** wie z. B. Eigenkapital- oder Umsatzrentabilität
3. Analyse des **Cashflow** als ein von der Bilanzpolitik deutlich unabhängigerer Erfolgsindikator
4. **Vergleich mit der Bewertung durch die Börse:** Börsenwert, Price/Earnings-Ratio, Gewinn je Aktie.

3.2 Aufbau und Inhalt der Gewinn- und Verlustrechnung

3.2.1 Gewinn- und Verlustrechnung nach dem Gesamtkostenverfahren (GKV)

Die einfachste Form der Erfolgsspaltung auf der Basis der GuV-Posten ist die in **betriebliche Erträge und Aufwendungen** einerseits und in **neutrale Erträge und Aufwendungen** andererseits.

Die **betrieblichen Aufwendungen und Erträge** resultieren aus der eigentlichen Zweckerfüllung des Unternehmens, der Verfolgung des Sachziels. Dazu gehören bei einem Industrieunternehmen z. B. die Herstellung und der Vertrieb von Gütern und Dienstleistungen. Sie fallen regelmäßig an und gelten somit als grundsätzlich nachhaltig erzielbar.

Die **neutralen Aufwendungen und Erträge** sind entweder

- **betriebsfremd**, stehen also in keinem ursächlichen Zusammenhang mit der eigentlichen betrieblichen Aufgabe (z. B. Zinserträge und Mieterträge im Industrieunternehmen) oder
- **betrieblich-außerordentlich**, d. h. sie haben ursächlich mit der eigentlichen betrieblichen Tätigkeit zu tun, fallen aber so unregelmäßig an, dass sie nicht kalkuliert werden können und auch nicht dem ordentlichen Betriebsergebnis zugerechnet werden dürfen (z. B. Verkauf von stillgelegten Produktionsanlagen zu einem den Buchwert übersteigenden Preis), oder
- **periodenfremd**, d. h. sie stehen im Zusammenhang mit der eigentlichen betrieblichen Tätigkeit, aber wirtschaftlich sind sie einem anderen Geschäftsjahr zuzurechnen (z. B. nicht abgegrenzte Garantieleistungen).

GuV-Posten	betrieblich	neutral
1. Umsatzerlöse	überw. [1]	
2. Erhöhung oder Verminderung des Bestands an fertigen und unfertigen Erzeugnissen	überw.	
3. andere aktivierte Eigenleistungen	100 %	
4. sonstige betriebliche Erträge	überw.	
5. Materialaufwand		
a) Aufwendungeh für RHB und für bezogene Waren	überw.	
b) Aufwendungen für bezogene Leistungen	100 %	
Rohergebnis (aus 1 - 5)		

[1] überw. = überwiegend dieser Spalte zuzuordnen

6. Personalaufwand		
a) Löhne und Gehälter	100 %	
b) Soziale Abgaben und Aufwendungen für Alterversorgung und Unterstützung	100 %	
► davon für Altersversorgung		
7. Abschreibungen		
a) auf immaterielle Vermögensgegenstände des AV und Sachanlagen sowie auf aktivierte Aufwendungen für die Ingangsetzung und Erweiterung des Geschäftsbetriebs	überw.	
b) auf Vermögensgegenstände des Umlaufvermögens, soweit diese die in der Kapitalgesellschaft üblichen Abschreibungen überschreiten		100 %
8. sonstige betriebliche Aufwendungen	überw.	

Betriebsergebnis (aus 1 - 8)		
9. Erträge aus Beteiligungen		100 %
► davon aus verbundenen Unternehmen		
10. Erträge aus anderen Wertpapieren und Ausleihungen des Finanzanlagevermögens		100 %
► davon aus verbundenen Unternehmen		
11. sonstige Zinsen und ähnl. Erträge		100 %
► davon aus verbundenen Unternehmen		
12. Abschreibungen auf Finanzanlagen und Wertpapiere des UV		100 %
13. Zinsen und ähnl. Aufwendungen		100 %
► davon aus verbundenen Unternehmen		

Finanzergebnis (aus 9 - 13)		100 %
14. EE-Steuern		100 %
15. **Ergebnis nach Steuern**		
16. sonstige Steuern	überw.	
17. **Jahresüberschuss/Jahresfehlbetrag**		

17.	**Jahresüberschuss/Jahresfehlbetrag**
-	14. EE-Steuern
=	**Ergebnis vor Steuern**

Beeinflussbar und aussagefähig hinsichtlich der Unternehmensentwicklung sind das Rohergebnis und das Betriebsergebnis.

Erläuterungen zu einzelnen Posten
(Zusätzliche Erläuterungen zu den einzelnen Posten finden Sie unter den „Arbeitshilfen" ab S. 207).

Posten 1: Umsatzerlöse
Die Abgrenzung der Umsatzerlöse wurde durch das im Jahr 2015 beschlossene BilRUG ausgeweitet. Die bisherige Beschränkung der Umsatzerlöse auf die gewöhnliche Geschäftstätigkeit wurde aufgegeben. Gemäß § 277 Abs. 1 HGB werden nun unter den Umsatzerlösen *„Erlöse aus dem Verkauf und der Vermietung oder Verpachtung von Produkten sowie aus der Erbringung von Dienstleistungen (...) nach Abzug von Erlösschmälerungen und der Umsatzsteuer sowie sonstiger direkt mit dem Umsatz verbundener Steuern“* ausgewiesen.

Damit zählen neu zu den Umsätzen z. B.:

- (geschäftszweigtypische) Verkäufe von überzähligen Rohstoffen
- Mieteinnahmen aus Werkswohnungen
- Erträge aus regelmäßigen Schrottverkäufen
- Erlöse aus gelegentlichen Dienstleistungen (z. B.: Hausmeister übernimmt die Schneeräumung beim Nachbarn).

Als **Erlösschmälerungen** werden z. B. Retouren, Preisnachlässe (Boni, Skonti, Rabatte) abgezogen, soweit diese im Einzelfall nicht als Anschaffungskostenminderungen zu behandeln sind (z. B. nachträgliche Rabattierung einer angeschafften Maschine). Die Umsätze haben zumindest bei dem Verkauf von Produkten eine begriffliche Nähe zum Umlaufvermögen. Somit stellen Erträge aus dem Verkauf von Anlagevermögen „sonstige betriebliche Erträge“ dar.

Da in diesem Posten aufgrund der erweiterten Abgrenzung der Umsatzerlöse auch Erträge auszuweisen sind, die früher als „außerordentliche Erträge“ auszuweisen waren, muss der Bilanzanalyst die Umsatzerlöse dahingehend überprüfen, ob die einzelnen Bestandteile vollständig im Rahmen der gewöhnlichen Geschäftstätigkeit realisiert worden sind und somit als grundsätzlich **nachhaltig** qualifiziert werden können. Der Anhang enthält gem. § 285 Nr. 31 HGB Ausführungen zum Betrag und zur Art einzelner **Umsatzerlöse von außergewöhnlicher Größenordnung oder außergewöhnlicher Bedeutung**, soweit die Beträge nicht von untergeordneter Bedeutung sind. Hilfreich wäre es in diesem Zusammenhang sicherlich auch, wenn der Bilanzersteller von der Möglichkeit zu einer weiteren Untergliederung der Umsatzerlöse nach § 265 Abs. 5 Satz 1 HGB Gebrauch machen und die Umsatzerlöse aus der gewöhnlichen Geschäftstätigkeit separat ausweisen würde.

Posten 4: Sonstige betriebliche Erträge
Die sonstigen betrieblichen Erträge sind von den Umsatzerlösen negativ abzugrenzen. Beispiele wären Erträge aus

- dem Abgang von Vermögensgegenständen des Anlagevermögens (nur im Fall sog. dualer Geschäftsmodelle, bei denen die Verwertung zum Geschäftsmodell gehört, stellen die entsprechenden Erträge Umsatzerlöse dar)
- Zuschreibungen zum Anlagevermögen
- der Auflösung von Einzelwertberichtigungen

- der Auflösung von Rückstellungen im Zuge einer Verringerung des Verpflichtungsumfangs
- Schadenersatz sowie Versicherungsentschädigungen und -erstattungen
- Rückvergütungen und Gutschriften für frühere Geschäftsjahre
- Schuldennachlässen, die nicht auf gesellschaftsrechtlicher Grundlage beruhen.

Der Bilanzanalyst muss die sonstigen betrieblichen Erträge auf ihre **Nachhaltigkeit** überprüfen. Der Anhang enthält gem. § 285 Nr. 31 HGB Ausführungen zum Betrag und zur Art einzelner Erträge von außergewöhnlicher Größenordnung oder außergewöhnlicher Bedeutung, soweit die Beträge nicht von untergeordneter Bedeutung sind. Für periodenfremde Erträge von nicht untergeordneter Bedeutung besteht eine Berichtspflicht gem. § 285 Nr. 32 HGB (kleine und mittelgroße Kapitalgesellschaften sind von dieser Berichtspflicht gem. § 288 Abs. 1 bzw. Abs. 2 HGB befreit).

Im Fall einer vorsichtigen Bilanzanalyse und mangelnden Informationen sollten die einzelnen betrieblichen Erträge als nicht nachhaltig qualifiziert werden. Bei einer risikoneutralen Bilanzanalyse erscheint es sinnvoll, die durchschnittliche Höhe der sonstigen betrieblichen Erträge aus den vergangenen drei bis fünf Jahren zu ermitteln und diese als nachhaltig zu qualifizieren.

Rohergebnis
Der Rohgewinn (Rohergebnis) ist bei Wahl des Gesamtkostenverfahrens der Betrag, um den die Umsatzerlöse, die Bestandsveränderungen an unfertigen und fertigen Erzeugnissen, die anderen aktivierten Eigenleistungen sowie die sonstigen betrieblichen Erträge den Materialeinsatz im Fertigungsbetrieb bzw. den Wareneinsatz im Handelsbetrieb übersteigen (§ 276 HGB). Das Rohergebnis ist eine gebräuchliche Kennzahl für Betriebsvergleiche und für die Kalkulation. Im Fall des Gesamtkostenverfahrens kann das Rohergebnis als die **Wertschöpfung** im Unternehmen aufgefasst werden.

Von dem Wahlrecht zum alleinigen Ausweis des Rohergebnisses dürfen nur kleine und mittelgroße Kapitalgesellschaften sowie kleine und mittelgroße atypische Personengesellschaften Gebrauch machen (§ 276 HGB). Der bei Nutzung dieses Wahlrechts verzichtbare separate Ausweis der Umsatzerlöse schützt gerade Unternehmen, die nur ein Produkt oder wenige Produkte anbieten, vor möglichen Wettbewerbsnachteilen.

Posten 7a: Abschreibungen auf immaterielle Vermögensgegenstände des Anlagevermögens und Sachanlagen
Die Abschreibungen werden in der Bilanz oder im Anhang entsprechend der Gliederung des Anlagevermögens aufgeschlüsselt (§ 284 Abs. 3 HGB). Besondere Bedeutung haben vielfach Höhe und Entwicklung der Abschreibungen auf den Geschäfts- oder Firmenwert, da diese das Jahresergebnis im Einzelfall maßgeblich – auch bilanzpolitisch motiviert – beeinflussen können.

Der Bilanzanalytiker wird ein besonderes Augenmerk auf die Abschreibung für die Abrechnungsperiode und die aufgelaufenen Abschreibungen früherer Abrechnungsperioden legen. Die Aufgliederung erfolgt in einem Anlagenspiegel (s. Kapitel A.2.4). Kleine

Kapitalgesellschaften sind zu dieser Aufgliederung nicht verpflichtet (§ 288 Abs. 1 Nr. 1 HGB).

Außerplanmäßige Abschreibungen werden in der Gewinn- und Verlustrechnung oder im Anhang – allerdings ohne Aufgliederung – gesondert angegeben (§ 277 Abs. 3 HGB). Unter bilanzanalytischen Aspekten stellen diese neutrale Aufwendungen dar.

Posten 7b: Abschreibungen auf Vermögensgegenstände des Umlaufvermögens, soweit diese die in der Kapitalgesellschaft üblichen Abschreibungen überschreiten

Der Posten nimmt Abschreibungen auf Vorräte und Vermögensgegenstände des Umlaufvermögens auf, soweit sie in dem Unternehmen über den bisher üblichen Umfang hinausgehen. Dieser Posten enthält nur neutrale Aufwendungen.

Die **üblichen Abschreibungen** auf

- **unfertige und fertige Erzeugnisse** werden unter dem Posten Nr. 2 „Erhöhung oder Verminderung des Bestands an fertigen und unfertigen Erzeugnissen“
- **Roh-, Hilfs- und Betriebsstoffe** werden unter dem Posten Nr. 5a „Aufwendungen für Roh-, Hilfs- und Betriebsstoffe und für bezogene Waren“
- **Forderungen** werden unter dem Posten Nr. 8 „sonstige betriebliche Aufwendungen“
- **Wertpapiere des Umlaufvermögens** werden unter dem Posten Nr. 12 „Abschreibungen auf Finanzanlagen und Wertpapiere des Umlaufvermögens“

ausgewiesen.

Posten 8: Sonstige betriebliche Aufwendungen

Die sonstigen betrieblichen Aufwendungen enthalten neben den allgemeinen Verwaltungskosten und den Sonderkosten des Vertriebs beispielsweise

- Sonderkosten der Fertigung, soweit sie nicht den Materialkosten zugeordnet werden
- Verpackungsmaterial im Vertriebsbereich, wenn dieses nicht unter dem Materialaufwand ausgewiesen wurde
- Abschreibungen auf Forderungen, soweit diese den üblichen Rahmen nicht überschreiten
- Verluste aus dem Abgang von Gegenständen des Anlagevermögens und des Umlaufvermögens (außer Vorräte und Pauschalwertberichtigungen).

Dieser Posten enthält nun auch Aufwendungen, die vor dem BilRUG noch als „außerordentliche Aufwendungen“ auszuweisen waren. Daher gehören folgende nach der bisherigen Bilanzierungspraxis als „außerordentliche Aufwendungen“ eingeordnete Aufwendungen dazu:

- Verluste aus dem Verkauf oder der Stilllegung von Teilbetrieben, Zweigniederlassungen oder Geschäftsstellen
- Verluste aus dem Verkauf von Grundstücken, die zu den wesentlichen Betriebsgrundlagen gehören

- Aufwendungen für einen Sozialplan (soweit nicht als Personalaufwand erfasst)
- außergewöhnliche Inanspruchnahme aus der Haftung (z. B. Produkthaftung)
- einmalige oder erhebliche Aufwendungen bei der Erschließung neuer Märkte oder der Aufnahme neuer Produkte.

Der Bilanzanalyst muss die sonstigen betrieblichen Aufwendungen **auf ihre Nachhaltigkeit überprüfen**. Der Anhang enthält gem. § 285 Nr. 31 HGB Ausführungen zum Betrag und zur Art einzelner Aufwendungen von **außergewöhnlicher Größenordnung oder außergewöhnlicher Bedeutung**, soweit die Beträge nicht von untergeordneter Bedeutung sind. Für periodenfremde Aufwendungen von nicht untergeordneter Bedeutung besteht eine Berichtspflicht gem. § 285 Nr. 32 HGB (kleine und mittelgroße Kapitalgesellschaften sind von dieser Berichtspflicht gem. § 288 Abs. 1 bzw. Abs. 2 HGB befreit).

Im Fall einer vorsichtigen Bilanzanalyse und mangelnden Informationen sollten die einzelnen betrieblichen Aufwendungen als nachhaltig qualifiziert werden. Bei einer risikoneutralen Bilanzanalyse erscheint es sinnvoll, die **durchschnittliche Höhe** der sonstigen betrieblichen Aufwendungen aus den vergangenen drei bis fünf Jahren zu ermitteln und diese als nachhaltig zu qualifizieren.

Betriebsergebnis
Das Betriebsergebnis hat von allen Ergebnissen die **größte Aussagekraft** hinsichtlich der Beurteilung der Ertragsentwicklung. Das Betriebsergebnis enthält alle Erträge und Aufwendungen, die der Bilanzanalyst als **nachhaltig** qualifiziert. Der Bilanzanalyst wird das ordentliche (bereinigte) Betriebsergebnis ermitteln (weitere Ausführungen unter dem Posten 16), welches weitgehend dem Betriebsergebnis in der kurzfristigen Erfolgsrechnung entspricht.

Finanzergebnis
Das Finanzergebnis ist in erster Linie von den Entwicklungen des Geld- und des Kapitalmarktes und vielfach nur sekundär von der Leistung des Managements abhängig. Es hat insbesondere bei Industrie- und Handelsunternehmen nichts mit der eigentlichen betrieblichen Tätigkeit zu tun.

Neutrales Ergebnis
Das neutrale Ergebnis zeigt alle Erträge und Aufwendungen, die der Bilanzanalyst als **nicht nachhaltig** qualifiziert und somit aus den Umsatzerlösen, den sonstigen betrieblichen Erträgen und sonstigen betrieblichen Aufwendungen eliminiert.

Posten 14: Steuern vom Einkommen und vom Ertrag
Innerhalb dieses Postens werden **sämtliche erfolgsabhängige Steuern** (im Wesentlichen Gewerbe- und Körperschaftsteuer) erfasst – inkl. Steuernachzahlungen, -erstattung und latenten Steuern. Latente Steuern sind gem. § 274 Abs. 2 Satz 3 HGB gesondert auszuweisen, zudem bestehen für latente Steuern besondere Berichtspflichten gem. § 285 Nr. 29 - 31 HGB. Die Höhe des ausgewiesenen Steueraufwands erlaubt zwar Rückschlüsse auf den versteuerten Gewinn, mit Blick auf regelmäßig fehlende Angaben

z. B. zu steuerfreien Einnahmen, steuerlich nicht abzugsfähigen Ausgaben, zur Zinsschranke etc. dürfte es im Rahmen der Bilanzanalyse eines Einzelabschlusses aber nicht möglich sein, den tatsächlich versteuerten Gewinn zu ermitteln. Anders kann sich der Fall der Bilanzanalyse eines Konzernabschlusses darstellen, da dieser eine ausführliche Überleitungsrechnung gem. DRS 18.67 und 18.15 enthält.

Posten 16: Sonstige Steuern
In dieser Position werden die **Kostensteuern** bilanziert, soweit diese nicht im Einzelfall unter den sonstigen betrieblichen Aufwendungen ausgewiesen werden. Hierzu gehören die Verbrauchsteuern (z. B. Kraftfahrzeugsteuer), Verkehrssteuern (z. B. Versicherungssteuer), Grundsteuer, Einfuhrabgaben, Ausfuhrzölle, aber auch die selbst zu tragende Umsatzsteuer (z. B. auf den Eigenverbrauch).

Bereinigter Betriebserfolg nach dem Gesamtkostenverfahren (I)		**€**
	Umsatzerlöse	
+	Bestandsmehrungen	
-	Bestandsminderungen	
+	andere aktivierte Eigenleistungen	
=	a) **Gesamtleistung**	
+	sonstige betriebliche Erträge	
-	neutrale Erträge[1] (z. B. Erträge aus Anlagenabgang, Auflösung von Rückstellungen, Kursgewinnen)	
-	Zuschreibungen	
=	b) **korrigierte betriebliche Erträge für die Bilanzanalyse**	
	Materialaufwand	
+	Personalaufwand	
+	Abschreibungen auf Anlage- und Umlaufvermögen	
-	außerplanmäßige Abschreibungen (außer auf Wertpapiere des UV)	
+	sonstige betriebliche Aufwendungen	
-	neutrale Aufwendungen (z. B. Aufwendung aus Anlagenabgang, Kursverlusten usw.)	
+	sonstige Steuern (bereinigt um Steuernachzahlungen und Steuererstattungen)	
=	c) **korrigierte betriebliche Aufwendungen**	
a) + b) + c) = **ordentliches Betriebsergebnis (operatives Ergebnis)**		

Aufgabe 18 > Seite 241

[1] Die Erträge aus Anlagenabgang und die Auflösung von Rückstellungen müssen besonders kritisch betrachtet werden. Bei diesen Posten könnten bilanzpolitische Maßnahmen zur Ergebnisglättung über die Geschäftsjahre dazu geführt haben, dass die Ausschüttungen auf dem gewünschten Niveau gehalten werden.

International hat sich die folgende Ermittlung durchgesetzt:

	Bereinigter Betriebserfolg nach dem Gesamtkostenverfahren (II)	**€**
	Umsatzerlöse	
+	Bestandsmehrungen	
-	Bestandsminderungen	
+	andere aktivierte Eigenleistungen	
=	a) **Gesamtleistung**	
-	Materialaufwand	
-	Personalaufwand	
-	Abschreibungen auf immaterielle Vermögensgegenstände und Sachanlagen[1]	
+	sonstige betriebliche Erträge	
-	sonstige betriebliche Aufwendungen	
-	sonstige Steuern	
=	b) **EBIT** (Earnings before Interest and Taxes)	
+	Abschreibungen auf den Geschäfts- oder Firmenwert	
=	c) **EBITA** (Earnings before Interest, Taxes and Amortisation)	
+	außerplanmäßige Abschreibungen	
+	unregelmäßig anfallende sonstige betriebliche Aufwendungen	
-	unregelmäßig anfallende sonstige betriebliche Erträge	
-	unterlassene Pensionsrückstellungen	
+	Zinsanteil in den Pensionsrückstellungen	
+	aufgedeckte stille Reserven der Periode	
=	d) **operatives Ergebnis** (Betriebsergebnis)	

3.2.2 Gewinn- und Verlustrechnung nach dem Umsatzkostenverfahren (UKV)

Die Aufteilung in periodengerechte betriebliche und neutrale Bestandteile ist beim Umsatzkostenverfahren im Vergleich zum Gesamtkostenverfahren nur deutlich schwerer möglich.

GuV-Posten		
1.		Umsatzerlöse
2.	-	Herstellungskosten der zur Erzielung der Umsatzerlöse erbrachten Leistungen
3.	=	**Bruttoergebnis vom Umsatz**
4.	-	Vertriebskosten
5.	-	allgemeine Verwaltungskosten
6.	+	sonstige betriebliche Erträge
7.	-	sonstige betriebliche Aufwendungen
	=	**operatives Ergebnis** (Betriebsergebnis)[2]
Die weitere Gliederung entspricht der im Gesamtkostenverfahren.		

1 Die Abschreibung auf den Geschäfts- oder Firmenwert ist für Zwecke der Auswertung ggf. zu korrigieren.

2 Bei der Errechnung des bereinigten Betriebsergebnisses werden zusätzlich die sonstigen Steuern (Posten 15) abgezogen.

Inhalt der GuV-Posten

Posten 1: s. Erläuterungen zu den Umsatzerlösen im vorherigen Kapitel (GKV, Posten 1)

Posten 2: Herstellungskosten der zur Erzielung der Umsatzerlöse erbrachten Leistungen
Diese Position enthält die Herstellungskosten der **verkauften** Produkte und Leistungen, unabhängig davon, in welchem Geschäftsjahr Produktionsaufwendungen angefallen sind. In den Herstellungskosten sind neben den in § 255 Abs. 2 HGB angeführten Kosten auch die herstellungsbedingten periodenfremden Aufwendungen enthalten.

Darüber hinaus sind auch alle jene Kosten für verkaufte Erzeugnisse einzubeziehen, die dem Herstellungsbereich i. w. S. zugerechnet werden können, wie Kosten der Forschung und Produktentwicklung, Gewährleistungskosten und Kosten der Produkthaftpflicht.

Kostenbestandteile für Betriebssteuern und Zinsen (§ 255 Abs. 3 HGB) können ebenfalls in dieser Position berücksichtigt werden, wenn diese den Herstellungsbereich betreffen. Ansonsten sind diese unter den Posten Nr. 12 „Zinsen und ähnliche Aufwendungen" bzw. Nr. 15 „sonstige Steuern" auszuweisen.

Verwaltungskosten dürfen nur insoweit in dieser Position berücksichtigt werden, als dass diese herstellungsbezogen sind (z. B. Verwaltungskosten für die Materialwirtschaft). Für allgemeine Verwaltungskosten gilt ein Ausweis in der Position Nr. 5. Die in der Gewinn- und Verlustrechnung nach dem Umsatzkostenverfahren ausgewiesenen Herstellungskosten weichen deshalb von den Herstellungskosten bei der Bewertung der Bestände ab.

Posten 3: Bruttoergebnis vom Umsatz
Das Bruttoergebnis stellt den Saldo der Position Nr. 1 „Umsatzerlöse" und der Position Nr. 2 „Herstellungskosten der zur Erzielung der Umsatzerlöse erbrachten Leistungen" dar. Die weiten Möglichkeiten zur Abgrenzung der „Herstellungskosten der zur Erzielung der Umsatzerlöse erbrachten Leistungen" erschweren – trotz diesbezüglicher Informationen im Anhang – einen zwischenbetrieblichen Vergleich. Unter der Annahme einer im Zeitablauf konstanten Abgrenzung kann jedoch das Bruttoergebnis im Rahmen eines Zeitvergleiches Aussagen über die Wirtschaftlichkeit des Unternehmens erlauben.

Posten 4: Vertriebskosten
Für Vertriebskosten besteht ein **Aktivierungsverbot** (§ 255 Abs. 2 Satz 4 HGB). Insofern wird hier stets der periodenbezogene Anfall z. B. für Aufwendungen der Verkaufs-, Werbe- und Marketingabteilungen, des Vertreternetzes etc. ausgewiesen. Allerdings kann diese Position auch periodenfremde Aufwendungen und außerplanmäßige Abschreibungen enthalten, die den Vertrieb betreffen (also Abschreibungen z. B. auf reine Handelsware, die nicht durch eigene Herstellungsprozesse veredelt wird, auf Bestände an Verpackungsmaterial oder auf Kundenforderungen). Diese sind ggf. gesondert auszuweisen oder im Anhang anzugeben (§ 277 Abs. 3 HGB).

Posten 5: allgemeine Verwaltungskosten
In dieser Position sind nur die Verwaltungskosten zu zeigen, die **weder den Herstellungskosten noch den Vertriebskosten zuzurechnen** sind. Dazu zählen die Kosten z. B. für die Leitung des Unternehmens, das Rechnungswesen, Personalwesen und die EDV sowie der Finanzabteilung, der Rechtsabteilung und für verschiedene Stabsabteilungen. Im Zweifelsfall sind die „sonstigen betrieblichen Aufwendungen“ unter den Verwaltungskosten (GuV-Posten Nr. 5) auszuweisen und nicht unter den sonstigen betrieblichen Aufwendungen (GuV-Posten Nr. 7). In die allgemeinen Verwaltungskosten gehen auch periodenfremde Aufwendungen und außerplanmäßige Abschreibungen ein, die die Verwaltung betreffen.

Posten 6: sonstige betriebliche Erträge
Dieser Posten entspricht grundsätzlich den „sonstigen betrieblichen Erträgen“ nach dem Gesamtkostenverfahren. Beim Umsatzkostenverfahren kann dieser Posten außerdem Erträge aus aktivierten Eigenleistungen enthalten, was allerdings der Konzeption des Umsatzkostenverfahrens widersprechen würde.

Rohergebnis
Die Posten Nr. 1 - 3 und 6 dürfen in der externen Gewinn- und Verlustrechnung der kleinen und der mittelgroßen Kapitalgesellschaft zu einem sog. „Rohergebnis“ zusammengefasst werden (§ 276 HGB). Dieses ist jedoch nicht mit dem Rohergebnis bei Anwendung des Gesamtkostenverfahrens vergleichbar, da es im Fall des Umsatzkostenverfahrens auch Personalkosten enthält. Eine aussagefähige Bilanzanalyse ist ohne Aufschlüsselung des Rohergebnisses nicht möglich.

Posten 7: sonstige betriebliche Aufwendungen
Dieser Posten darf nur insoweit Aufwendungen zeigen, als dass diese nicht den Funktionsbereichen Herstellung, Verwaltung oder Vertrieb zugeordnet werden können. Hierzu zählen z. B. Abschreibungen auf einen Geschäfts- und Firmenwert, Verluste aus Anlagenabgängen, aber auch Forschungskosten. Der Umfang dieser Position hängt entscheidend von der Abgrenzung der einzelnen Funktionsbereiche und insbesondere der Herstellung ab. Die Höhe der sonstigen betrieblichen Aufwendungen ist bei Anwendung des Umsatzkostenverfahrens regelmäßig geringer als bei Anwendung des Gesamtkostenverfahrens.

Posten 8 - 10
... stimmen mit den gleichnamigen Posten Nr. 9 - 11 der Gewinn- und Verlustrechnung nach dem Gesamtkostenverfahren überein.

Posten 11: Abschreibungen auf Finanzanlagen und Wertpapiere des Umlaufvermögens
... entsprechen grundsätzlich dem des Postens Nr. 12 beim Gesamtkostenverfahren. Abweichungen ergeben sich, wenn unübliche Abschreibungen auf Wertpapiere des UV vorliegen. Diese werden bei Anwendung des Gesamtkostenverfahrens unter Posten Nr. 7b angegeben, beim Umsatzkostenverfahren unter Posten Nr. 11. Der Posten ist vollständig als neutraler Aufwand zu qualifizieren.

Posten 12: Zinsen und ähnliche Aufwendungen, davon an verbundene Unternehmen
Zum Posten 13 beim GKV kann ein Unterschied bestehen, wenn Zinsen zur Finanzierung der Herstellung angefallen sind (§ 255 Abs. 3 HGB), die bei Anwendung des Umsatzkostenverfahrens unter Posten 2 ausgewiesen werden.

Posten 14: sonstige Steuern
Soweit die Betriebssteuern nicht in die Herstellungskosten (Posten 2) einbezogen werden, besteht kein Unterschied zum gleichnamigen Posten 19 des Gesamtkostenverfahrens.

Zusatzangaben im Anhang:
Bei Anwendung des Umsatzkostenverfahrens müssen mittelgroße und große Kapitalgesellschaften im Anhang den Materialaufwand und den Personalaufwand entsprechend der Gliederung nach dem Gesamtkostenverfahren angeben, d. h. entsprechend § 275 Abs. 2 Nr. 5 und Nr. 6 HGB (§ 285 Nr. 8 HGB). Mittelgroße Kapitalgesellschaften müssen die Angaben zum Materialaufwand jedoch nicht publizieren (§ 327 Nr. 2 HGB).

Kleine Kapitalgesellschaften sind von der Angabepflicht befreit (§ 288 HGB). Für Konzerne ist die Publikation nicht vorgeschrieben.

Bei der Aufspaltung in betriebliche und neutrale Bestandteile werden im Falle der GmbH die Gesamtbezüge der geschäftsführenden Gesellschafter i. d. R. als Gehälter für Gesellschafter-Geschäftsführer vielfach beim Personalaufwand bzw. bei den Umsatzkosten abgezogen und den neutralen Aufwendungen zugeordnet.

Ermittlung des Betriebserfolgs nach dem Umsatzkostenverfahren	**€**
Umsatzerlöse	
= a) **Betriebsleistung**	
+ sonstige betriebliche Erträge - betrieblich-außerordentliche und periodenfremde Erträge (z. B. Erträge aus Anlagenabgang, Auflösung von Rückstellungen und aus Kursgewinnen) - Zuschreibungen	
= b) **korrigierte sonstige betriebliche Erträge** für die Bilanzanalyse	
Herstellungskosten + Vertriebskosten + allgemeine Verwaltungskosten + sonstige betriebliche Aufwendungen - betrieblich-außerordentliche und periodenfremde Aufwendungen (z. B. Verluste aus Anlagenabgang, Kursverlusten usw.) + sonstige Steuern (bereinigt um Steuernachzahlungen und Steuererstattungen) - außerplanmäßige Abschreibungen (außer auf Wertpapiere des UV)	
= c) **Betriebsaufwand**	
a) + b) + c) = **ordentliches Betriebsergebnis (operatives Ergebnis)**	

International hat sich die folgende Ermittlung durchgesetzt:

	Ermittlung des Betriebserfolgs nach dem Umsatzkostenverfahren	**€**
	Umsatzerlöse	
-	Herstellungskosten	
-	Vertriebskosten	
-	allgemeine Verwaltungskosten	
-	Kosten für sonstige Funktionsbereiche	
+	sonstige betriebliche Erträge	
-	sonstige betriebliche Aufwendungen	
-	sonstige Steuern	
=	a) **EBIT** (Earnings before Interest and Taxes)	
+	Abschreibungen auf den Geschäfts- oder Firmenwert	
=	b) **EBITA** (Earnings before Interest, Taxes and Amortisation)	
+	außerplanmäßige Abschreibungen	
+	unregelmäßig anfallende sonstige betriebliche Aufwendungen	
-	unregelmäßig anfallende sonstige betriebliche Erträge	
-	unterlassene Pensionsrückstellungen	
+	Zinsanteil in den Pensionsrückstellungen	
+	aufgedeckte stille Reserven der Periode	
=	c) **ordentliches Betriebsergebnis (operatives Ergebnis)**	

3.3 Ergebnisanalyse

Das Gesamtergebnis wird aufgespalten in

- Betriebsergebnis (operatives Ergebnis)
- Finanz- und Verbundergebnis
- außerordentliches (= neutrales) Ergebnis
- Bewertungsergebnis.

Zum Schluss wird der Einfluss aus der Bildung und Auflösung stiller Reserven aus dem Gesamtergebnis herausgerechnet.

Anhand dieser Ergebnisse wird/werden

- der tatsächliche, um bilanzpolitische Einflüsse bereinigte Erfolg ermittelt
- die Erfolgskomponenten Umsatzerlöse, sonstige Erträge, betriebliche und sonstige Aufwendungen überprüft
- im Branchenvergleich besonders hohe und im Periodenvergleich besonders auffällige Veränderungen bei den Aufwands- und Ertragspositionen aufgedeckt
- der Einfluss der bisherigen Entscheidungen der Unternehmensleitung auf den Erfolg bewertet
- die Potenziale für die zukünftige Ertragskraft und die Gewinnaussichten festgestellt.

Die Gewinn- und Verlustrechnung wird in Staffelform erstellt. Die Posten werden so aufbereitet, dass ersichtlich ist, welcher Anteil des Gesamtergebnisses aus der eigentlichen betrieblichen Tätigkeit des Unternehmens (Betriebsergebnis) resultiert und welche Anteile aus der Finanzierung des Unternehmens (Finanzergebnis) oder aus nicht nachhaltigen Aufwendungen und Erträgen (außerordentliches = neutrales Ergebnis) stammen.

Eine Aufspaltung des Ergebnisses in einen betrieblichen und einen neutralen Teil ist auf der Grundlage der Gewinn- und Verlustrechnung nach § 275 HGB mit letzter Sicherheit leider nicht möglich. Die Beurteilung der Nachhaltigkeit von Erträgen und Aufwendungen muss der Bilanzanalyst auf Basis der im Einzelfall vorliegenden und regelmäßig für eine Ergebnisspaltung unvollständigen Informationen vornehmen. In Abhängkeit seiner Risikoeinstellung kann er **im Zweifel von einer mangelnden Nachhaltigkeit ausgehen** sowie entsprechende Erträge und Aufwendungen als neutral qualifizieren.

Unternehmenserfolg i. S. d. Bilanzanalyse ist der um bilanzpolitische Beeinflussungen bereinigte Erfolg vor EE-Steuern. Das Ergebnis vor EE-Steuern führt zu einer besseren Vergleichbarkeit, weil

- Unterschiede der Besteuerung zwischen Personen- und Kapitalgesellschaften
- unterschiedliche Hebesätze bei der Gewerbeertragsteuer
- die Auswirkungen unterschiedlicher Kapitalstrukturen
- Verzerrungen durch Steuernachzahlungen oder -erstattungen sowie
- Unterschiede aus international unterschiedlichen Steuersystemen

aus der Rechnung herausgenommen werden.

3.3.1 Ermittlung des ordentlichen Betriebsergebnisses

Der ordentliche Betriebserfolg ergibt sich aus den Erträgen und Aufwendungen, die durch Tätigkeiten für den eigentlichen Betriebszweck in der zu analysierenden Periode verursacht worden sind. Der Anfall ist **leistungsbedingt**, einigermaßen stetig in der Höhe, regelmäßig und als **grundsätzlich nachhaltig** zu qualifizieren. Die Einzelheiten zur Ermittlung wurden bereits unter 3.2 dargestellt.

3.3.2 Finanz- und Verbundergebnis

Der Finanz- und Verbunderfolg resultiert unabhängig von der eigentlichen betrieblichen Tätigkeit aus Unternehmensverbindungen, Beteiligungen u. a. betriebsfremden finanzwirtschaftlichen Aktivitäten. Der Anfall ist i. d. R. **regelmäßig** und vergleichsweise stetig in der Höhe.

Das Finanz- und Verbundergebnis setzt sich aus folgenden Bestandteilen zusammen:

a) **Finanzerfolg**

- Erträge aus Wertpapieren des Anlagevermögens und aus langfristigen Ausleihungen
- sonstige Zinsen und ähnl. Erträge (z. B. Zinsen und Dividenden aus Wertpapieren des UV)
- Zinsen u. ä. Aufwendungen

b) **Verbunderfolg**

- Erträge aus Gewinnabführungsverträgen
- Erträge aus Beteiligungen einschl. solcher von verbundenen Unternehmen
- Aufwendungen aus Verlustübernahmen.

Finanz- und Verbundergebnis	**€**
Zinsen und ähnl. Erträge - Zinsen und ähnl. Aufwendungen - Zinsanteil in den Pensionsrückstellungen + Erträge aus Wertpapieren und Ausleihungen des AV	
= **a) Finanzergebnis**	
Erträge aus Beteiligungen + Erträge aus Gewinngemeinschaften usw. - Aufwendungen aus Verlustübernahmen	
= **b) Verbundergebnis**	
a)+ b) = **Finanz- und Verbundergebnis**	

3.3.3 Außerordentliches Ergebnis

Mit dem BilRUG aus dem Jahr 2015 sind die Positionen „außerordentliche Erträge", „außerordentliche Aufwendungen" sowie „außerordentliches Ergebnis" sowohl für das Gesamtkostenverfahren als auch für das Umsatzkostenverfahren gestrichen worden. Allerdings müssen gem. § 285 Nr. 31 HGB *„jeweils der Betrag und die Art der einzelnen Erträge und Aufwendungen von außergewöhnlicher Größenordnung oder außergewöhnlicher Bedeutung"* im Anhang angegeben werden, *„soweit die Beträge von nicht untergeordneter Bedeutung sind"*.

Der Bilanzanalyst muss somit die Gewinn- und Verlustrechnung sowie die diesbezüglichen Anhanginformationen unter der Überlegung analysieren, ob und inwieweit Aufwendungen und Erträge nach Art und Höhe ungewöhnlich, eher selten oder gar zufallsbedingt anfallen und **nicht regelmäßig zu erwarten** sind. Diese qualifiziert er dann als außerordentliche Ergebnisbestandteile. Dazu gehören

- Kursgewinne und -verluste
- Sozialplanaufwendungen
- Erträge aus dem Verkauf von Vermögensgegenständen des Anlagevermögens
- außerplanmäßige Abschreibungen (§ 277 Abs. 3 HGB)
- Erträge und Aufwendungen von außergewöhnlicher Größenordnung oder außergewöhnlicher Bedeutung (§ 285 Nr. 31 HGB), auf deren Zusammensetzung im Anhang hingewiesen wird.

Abschreibungen auf Finanzanlagen und Wertpapiere des AV im Fall einer voraussichtlich nicht dauerhaften Wertminderung (§ 253 Abs. 3 Satz 6 HGB) werden in das Bewertungsergebnis übernommen.

Außerordentliches Ergebnis i. S. d. Bilanzanalyse		**€**
	außerordentliche Erträge (lt. gleichnamigem GuV-Posten bis 2015)	
+	untypische und unregelmäßig anfallende Erträge	
=	**außerordentliche Erträge**	
	außerordentliche Aufwendungen (lt. gleichnamigem GuV-Posten bis 2015)	
+	Abschreibungen auf Finanzanlagevermögen und Wertpapiere des UV abzgl. Abschreibungen auf das Finanzanlagevermögen bei voraussichtlich nicht dauerhafter Wertminderung	
+	außerplanmäßige Abschreibungen abzgl. Abschreibungen auf Vermögensgegenstände des UV (gem. § 253 Abs. 4 HGB)	
+	untypische oder unregelmäßig anfallende Aufwendungen	
=	**außerordentliche Aufwendungen**	
a. o. Erträge - a. o. Aufwendungen = **außerordentliches Ergebnis**		

3.3.4 Bewertungsergebnis

Das Bewertungsergebnis resultiert aus rein bilanzpolitisch motivierten oder buchungstechnischen Vorgängen, die nicht mit finanziellen Zu- oder Abflüssen verbunden sind. Zu diesen Vorgängen gehören z. B.:

- Erträge aus der Auflösung von Rückstellungen (sonstige betriebliche Aufwendungen)
- Abschreibungen auf Umlaufvermögen, soweit diese die üblichen Abschreibungen überschreiten (§ 253 Abs. 4 HGB)
- Abschreibungen auf Finanzanlagevermögen bei vorübergehender Wertminderung (§ 253 Abs. 3 Satz 6 HGB).

Bewertungsergebnis		€
	Erträge aus der Auflösung von Rückstellungen	
+	Zuschreibungen	
-	Abschreibungen auf UV, soweit diese die üblichen Abschreibungen überschreiten	
-	Abschreibungen auf Finanzanlagevermögen bei vorübergehender Wertminderung	
=	**Bewertungsergebnis**	

Ergebniswirksame Maßnahmen	Informationsquellen
Zuschreibungen	Anlagenspiegel im Anhang (§ 284 Abs. 3 HGB)
außerplanmäßige Abschreibungen	GuV oder Anhang (§ 277 Abs. 3 HGB)
Verzicht auf außerplanmäßige Abschreibungen bei vorübergehender Wertminderung im Finanzanlagevermögen	Anhang (§ 285 Nr. 18 HGB)

Ein hohes Bewertungsergebnis ist eher Ausdruck einer progressiven (also ergebnisverbessernden) Bilanzpolitik und kann regelmäßig als ein Hinweis auf die Auflösung stiller Reserven verstanden werden. Umgekehrt ist ein niedriges Bewertungsergebnis eher die Folge einer konservativen (also ergebnisverschlechternden) Bilanzpolitik, die mit der Bildung von stillen Reserven einhergeht.

Aufgabe 19 > Seite 242

3.3.5 Ergebnisbeeinflussung durch Bildung und Auflösung stiller Reserven (Bereinigungsrechnung)

Die Ergebnisaufspaltung gruppiert Erträge und Aufwendungen um, damit die einzelnen Bestandteile des Gesamtergebnisses, insbesondere das operative Ergebnis (ordentliches Betriebsergebnis), sichtbar werden. Unabhängig davon müssen die Ergebnisbeeinflussungen durch die Bildung und Auflösung stiller Reserven herausgearbeitet werden. Die Schwierigkeit für den externen Bilanzanalysten besteht aber darin, die Bildung oder auch Auflösung stiller Reserven zu quantifizieren. Grundlage dieser notwendigen Quantifizierung sind entsprechende Informationen im Anhang, wie z. B.:

- Bewertung der Erzeugnisse nur zur Wertuntergrenze (§ 284 Abs. 2 Nr. 1 und 3 HGB)
- überwiegende Anwendung der degressiven Abschreibung (§ 284 Abs. 2 Nr. 1 HGB)
- Auswirkungen der Anwendung von Bewertungsvereinfachungsverfahren (§ 284 Abs. 2 Nr. 3 HGB)
- Folgen der Änderung der Bewertungsmethoden (§ 284 Abs. 2 Nr. 2 HGB)
- Abschreibungen auf Finanzanlagen bei nur vorübergehender Wertminderung (§ 277 Abs. 3 Satz 1 HGB).

Ergebnisbeeinflussung durch stille Reserven	
+	Abschreibung des Finanzanlagevermögens bei vorübergehender Wertminderung
+	überhöhte Abschreibungen beim Anlagevermögen
+	überhöhte Abschreibungen beim Umlaufvermögen
+	Unterbewertung durch Bewertung der Erzeugnisse zur Wertuntergrenze
+	sonstige Unterbewertungen der Aktiva bzw. Überbewertungen der Passiva
=	**Zugänge bei den stillen Reserven**
	Zuschreibungen im Anlage- und Umlaufvermögen
+	unterlassene Zuführung zu den Pensionsrückstellungen
+	Werterhöhungen nach Änderung der Bewertungsmethoden
+	sonstige Wertanhebungen von Aktiva bzw. Wertherabsetzungen von Passiva
=	**Auflösung stiller Reserven**
Zugänge - Auflösungen = **Ergebnisbeeinflussung durch stille Reserven**	

Aufgabe 20 > Seite 243

D. Vergleichende Analyse

Für die vergleichende Analyse müssen die Abschlusszahlen nach einheitlichen Gesichtspunkten aufbereitet werden. Zusätzlich zu den absoluten Werten werden **Verhältniszahlen** (Prozentwerte von der Bilanzsumme) errechnet.

1. Einzelanalyse

Die Einzelanalyse ist eine statische Betrachtung. Ihre Aussagekraft ist darauf beschränkt, die Bedeutung einzelner Posten herauszustellen:

Beispiel

Bilanz der Maschinenbau AG

Aktiva	T€	%	**Passiva**	T€	%
Anlagevermögen			**Eigenkapital**	138	67,7
Sachanlagen	82	40,2			
Finanzanlagen	28	13,7			
(gesamt)	(110)	(53,9)	**Fremdkapital**		
			langfristig	46	22,5
Umlaufvermögen			mittelfristig	8	3,9
Vorräte	58	28,4	kurzfristig	12	5,9
Forderungen	26	12,8	(gesamt)	(66)	(32,3)
Zahlungsmittel	10	4,9			
(gesamt)	(94)	(46,1)			
	204	100		204	100

2. Zeitvergleich

Der **Zeit-** oder **Periodenvergleich** macht durch Gegenüberstellung der Bilanzen mehrerer Geschäftsjahre (Perioden) die bisherige Entwicklung des Unternehmens erkennbar. Daraus lassen sich Schlüsse auf die künftige Entwicklung ziehen.

Beispiel

Aktiva — Bilanzen der Maschinenbau AG — Passiva

	31.12.x1 T€	31.12.x1 %	31.12.x2 T€	31.12.x2 %		31.12.x1 T€	31.12.x1 %	31.12.x2 T€	31.12.x2 %
Anlagevermögen					**Eigenkapital**	138	67,7	150	70,8
Sachanlagen	82	40,2	84	39,6					
Finanzanlagen	28	13,7	29	13,7					
(gesamt)	(110)	(53,9)	(113)	(53,3)					
Umlaufvermögen					**Fremdkapital**				
Vorräte	58	28,4	61	28,8	langfristig	46	22,5	40	18,9
Forderungen	26	12,8	27	12,7	mittelfristig	8	3,9	9	4,2
Flüssige Mittel	10	4,9	11	5,2	kurzfristig	12	5,9	13	6,1
(gesamt)	(94)	(46,1)	(99)	(46,7)	(gesamt)	(66)	(32,3)	(62)	(29,2)
	204	100,0	212	100,0		204	100,0	212	100,0

Für einen Zeitvergleich müssen mindestens zwei aufeinander folgende Geschäftsjahre herangezogen werden. Bei Unternehmen, deren Entwicklung regelmäßigen (konjunkturellen) Veränderungen unterliegt, z. B. in der Bauindustrie, und Unternehmen, mit langfristiger Auftragsfertigung, z. B. Maschinen- und Anlagenbau sowie Werften, hat ein Vergleich über mehr als zwei Jahre eine deutlich höhere Aussagekraft. Im Regelfall sollten **zumindest die vergangenen drei bis fünf Perioden** analysiert werden, um besondere Auffälligkeiten und ggf. auch Trends erkennen zu können.

Bei einem Periodenvergleich besteht die Gefahr, dass **„Schlendrian mit Schlendrian"** verglichen wird *(Schmalenbach)*. Deshalb sollte ergänzend ein Betriebs- oder noch besser ein Vergleich mit den Branchenbesten erfolgen.

Aufgabe 21 > Seite 244

3. Zwischenbetrieblicher Vergleich

Der zwischenbetriebliche Vergleich stellt Bilanzen verschiedener Unternehmen nebeneinander. Bei einem **Betriebsvergleich** wird der Jahresabschluss mit dem eines anderen Unternehmens verglichen. Bei einem **Branchenvergleich** werden Kennzahlen und Eckwerte des zu analysierenden Jahresabschlusses mit den Kennzahlen und Werten der Branche verglichen. Als Vergleichswerte der Branche können Durchschnittszahlen zugrunde gelegt werden. Im Fall eines **externen Benchmarking** bieten sich als Vergleichswerte z. B. die Werte des oberen Quartils oder die des Branchenbesten an.

Im Einzelnen werden untersucht:

- die absoluten Abweichungen bei den Bilanzposten
- die Vermögens- und die Kapitalstruktur
- die absoluten Abweichungen bei den GuV-Posten, insbesondere bei den Aufwendungen
- die Aufwands- und die Ertragsstruktur.

Dabei wird die wirtschaftliche Stellung des Unternehmens im Vergleich zur Konkurrenz sichtbar.

Bei einem zwischenbetrieblichen Vergleich müssen **Unterschiede zwischen den Unternehmen berücksichtigt** werden, die insbesondere resultieren können aus

- der **Größe** des Unternehmens: Klein-, Mittel- und Großbetriebe unterscheiden sich i. d. R. hinsichtlich der Fertigungsverfahren und des Verwaltungsapparates. Zudem ist die Nutzung von Skaleneffekten unmittelbar von der Unternehmensgröße abhängig.
- den **Tätigkeitsschwerpunkten**: Betriebe einer Branche führen in unterschiedlichem Ausmaß auch branchenfremde Nebentätigkeiten (z. B. aus Gründen der Risikodiversifikation) aus.
- der **Rechtsform**: Die Vorstands- oder Geschäftsführergehälter bei Kapitalgesellschaften sind Bestandteil der Personalkosten. Bei Einzelunternehmen und Personengesellschaften werden sie dem ausgewiesenen Gewinn entnommen.

3.1 Betriebsvergleich

Bei einem Betriebsvergleich werden die Bilanzen einzelner Betriebe miteinander verglichen. Dabei können verschiedene Betriebe im gleichen Konzern oder das zu analysierende Unternehmen mit einem Konkurrenzunternehmen verglichen werden.

Beispiel

Aktiva	Vergleich der Bilanzen der Unternehmen A und B								Passiva
	Unternehmen A		Unternehmen B			Unternehmen A		Unternehmen B	
	T€	%	T€	%		T€	%	T€	%
Anlagevermögen					**Eigenkapital**	138	67,7	98	48,5
Sachanlagen	82	40,2	120	59,4					
Finanzanlagen	28	13,7	14	6,9					
(gesamt)	(110)	(53,9)	(134)	(66,3)					
Umlaufvermögen					**Fremdkapital**				
Vorräte	58	28,4	32	15,9	langfristig	46	22,5	60	29,7
Forderungen	26	12,8	18	8,9	mittelfristig	8	3,9	24	11,9
Flüssige Mittel	10	4,9	18	8,9	kurzfristig	12	5,9	20	9,9
(gesamt)	(94)	(46,1)	(68)	(33,7)	(gesamt)	(66)	(32,3)	(104)	(51,5)
	204	100,0	202	100,0		204	100,0	202	100,0

3.2 Branchenvergleich

Der Branchenvergleich ist **grundsätzlich aussagefähiger** als der Betriebsvergleich, da dieser auch die **Stellung** des zu analysierenden Unternehmens **innerhalb der Branche** zum Ausdruck bringen kann. Wesentliche Marktveränderungen nach dem Bilanzstichtag, größere Investitionsvorhaben oder die Einführung neuer Produkte können die Beurteilung auf der Grundlage des Zahlenwerks der Vergangenheit erschweren. Der Branchenvergleich – insbesondere mithilfe von Branchenkennzahlen – kann das Bild von der zukünftigen Entwicklung des Unternehmens festigen oder auf Schwachstellen aufmerksam machen. Stehen die Durchschnittswerte und die jeweils günstigsten und die ungünstigsten Werte der Branche zur Verfügung, wird die Stellung des untersuchten Unternehmens innerhalb der Branche sichtbar.

Werden Kennzahlen des Unternehmens mit Kennzahlen der Branche über mehrere Perioden verglichen (Ausdehnung des Branchenvergleichs zum Periodenvergleich), wird der **Entwicklungstrend des Unternehmens im Vergleich zur Branche** sichtbar. Dabei kann es vorkommen, dass ein schwacher Jahresabschluss im Vergleich zu einer schwierigen Branche als überdurchschnittlich zu bewerten ist und umgekehrt. Branchenkennzahlen helfen zudem, Auffälligkeiten beim zu analysierenden Unternehmen und damit ggf. Manipulationen in den Jahresabschlüssen zu erkennen.

Aufgabe 22 > Seite 244

4. Plan-Ist-Vergleich

Bei einem Plan-Ist-Vergleich werden von **externen** Bilanzanalytikern die vom Unternehmen kommunizierten Planungen mit den tatsächlichen Jahresabschlusswerten verglichen. Bei der **internen** Bilanzanalyse erfolgt – wesentlich detaillierter als bei der externen Analyse möglich – ein Vergleich der Planbilanz und der Plan-Gewinn- und Verlustrechnung aus der (internen) Unternehmensplanung mit den tatsächlich erreichten Werten im Jahresabschluss.

5. Substanzanalyse

Die Substanzanalyse dient zur Überprüfung der Posten des Jahresabschlusses auf ihr Zustandekommen, ihre Zusammensetzung und ihre Entwicklung. Sie macht die wirtschaftliche Entwicklung des Unternehmens sichtbar. Im Rahmen des Zeitvergleichs können Veränderungen der einzelnen Bilanzposten zu folgenden Rückschlüssen führen:

Position	Erhöhung des Bilanzwertes	Minderung des Bilanzwertes
Konzessionen, gewerbliche Schutzrechte und ähnl. Rechte und Werte sowie Lizenzen an solchen Rechten und Werten	Verbesserung und/oder Ausdehnung des Produktionsprogramms, Erhöhung des Umsatzes und der Rendite in Folgejahren	Spezialisierung oder Einschränkung der Produktpalette
Sachanlagen	Erhöhung der Produktionskapazität, Aufnahme neuer Produkte, Erhöhung des Fixkostenblocks, Steigerung des Umsatzes und der Rendite, aber auch mögliche Finanzierungsrisiken	Vorsichtige Abschreibungspolitik, Bildung stiller Reserven, verbesserte Liquidität aus Verkauf nicht betriebsnotwendiger Vermögensteile, Abbau des Fixkostenblocks, Kapazitätsabbau, Aufgabe eines Produktzweiges
Finanzanlagen	Externes Wachstum im Zuge einer M&A-Strategie, Kontrolle über andere Unternehmen bei gleichzeitigem Abbau des Sachanlagevermögens, Übergang zu Holdingstrukturen	Außerordentliche Abschreibung aufgrund einer Wertminderung, Bildung stiller Reserven, Auflösung von Konzernbeziehungen im Zuge einer Strategie der Reduktion auf Kernkompetenzen, Verkauf von Finanzanlagen zur Finanzierung anderen Investitionen oder sonstiger Notwendigkeiten, angespannte Liquiditätslage

Position	Erhöhung des Bilanzwertes	Minderung des Bilanzwertes
Vorräte an RHB	Ausweitung der Produktion, Vorratskäufe (z. B. wegen günstiger Preise oder bei verbesserter Auftragslage), erhöhte Einstandspreise, Beschäftigungs- und Umsatzrückgang, Anstieg der Lagerkosten	Produktionssteigerung, wenn gleichzeitig der Bestand an unfertigen und fertigen Erzeugnissen wächst, Abschreibungen wegen erhöhter Lagerdauer oder Preisverfalls, stille Reserven durch Abschreibungen, Gefahr der Produktionsunterbrechung wegen Materialmangels
Unfertige und fertige Erzeugnisse und Waren	Umsatzsteigerungen bei gleichzeitigem Anstieg des Forderungsbestands, der Vorräte an RHB und der Verbindlichkeiten aus L. u. L., Produktion auf Vorrat, wenn Forderungen aus L. u. L. nicht mitwachsen, Verteuerung der Produktion durch Lohn- oder Materialkostensteigerungen, Kapitalbindung, Gefahr der Illiquidität, Rationalisierungsdruck	Umsatzsteigerungen, Abschreibungen wegen überhöhter Lagerdauer oder wegen Preisverfalls am Absatzmarkt, Auftragsrückgang, unzureichende Fertigungskapazität bei den Sachanlagen und/oder Arbeitskräften, unzureichende Vorräte an RHB, wenn diese gleichzeitig überproportional zurückgegangen sind
Forderungen aus Lieferungen und Leistungen	Umsatzsteigerung, schleppender Zahlungseingang, Verlängerung der Zahlungsziele, zunehmende Gefahr des Forderungsausfalls und der Illiquidität	Umsatzrückgang bei gleichzeitigem Lageraufbau, beschleunigter Zahlungseingang durch Kürzung der Zahlungsziele und Skontogewährung, Abschreibung oder Factoring von Forderungen
Wertpapiere des Umlaufvermögens	Verbesserung der Liquidität, aktuell keine sinnvollen Investitionsvorhaben, Anlage der Überschussliquidität mit Blick auf für die nahe Zukunft geplante Kapazitätserweiterungen	Abbau von Liquiditätsreserven zur Finanzierung von Investitionen oder sonstiger Notwendigkeiten, Nutzung günstiger Einkaufsmöglichkeiten bei gleichzeitigem Anstieg der Vorräte, Abschreibungen (ggf. mit Bildung stiller Reserven), Realisation von Kursgewinnen, Reduktion von Spekulationsgeschäften
Zahlungsmittel	Steigender Zahlungseingang bei gleichzeitigem Abbau der Forderungen, verzögerter Einkauf bei gleichzeitigem Abbau der Vorräte, längere Zahlungsziele bei gleichzeitigem Anstieg der Verbindlichkeiten aus L. u. L., Planung von Investitionen Großeinkäufen oder/und einer hohen Ausschüttung	Verbesserte Auslastung, verstärkter Einkauf bei gleichzeitigem Anstieg der Vorräte, Investitionen wurden getätigt, Tilgung von Schulden bei gleichzeitigem Abbau von Verbindlichkeiten, schleppender Zahlungseingang bei gleichzeitigem Anstieg der Forderungen, Gefahr der Illiquidität
Eigenkapital	Aufnahme neuer Gesellschafter, Kapitalerhöhung oder Selbstfinanzierung aus nicht ausgeschütteten Gewinnen	Verluste, Kapitalherabsetzung, hohe Entnahmen

Position	Erhöhung des Bilanzwertes	Minderung des Bilanzwertes
Rückstellungen	Vorsichtige Bewertung bestehender Risiken, Bildung stiller Reserven, gestiegene Risiken	Gewinnsteigerung durch Auflösung von Rückstellungen bei Wegfall des Grundes, keine Auswirkung auf den Periodenerfolg bei Inanspruchnahme
Verbindlichkeiten ggü. Kreditinstituten		
a) langfristig	Konsolidierung kurzfristiger Schulden bei ungünstiger Liquiditätslage, Finanzierung von Anlagevermögen bei Kapazitätserweiterung oder Beteiligungskäufen Hypotheken und Grundschulden können wegen ihrer Langfristigkeit die mit Eigenkapital vergleichbare Bedeutung haben, belasten jedoch die zukünftige Liquidität.	Rückzahlungen aus liquiden Mitteln der Innenfinanzierung (Gewinne) oder der Außenfinanzierung
b) kurzfristig	Belastung der Liquidität, Belastung des Ergebnisses durch hohe Zinsen, Gefahr kurzfristiger Kündigung bzw. Nicht-Prolongation der Kredite	Verbesserung der Liquidität, kurzfristige Rückzahlung aus Forderungseingängen, Verkauf von Anlagevermögen, Einlagen der Gesellschafter, Erwirtschaftung von Gewinnen, Verlängerung der Zahlungsziele bei der Beschaffung
Erhaltene Anzahlungen auf Bestellungen	Verbesserung der Liquidität, erhöhte Auftragsbestände ggf. mit höheren Gewinnerwartungen	Evtl. Rückgang der Auftragsbestände, Vollendung von Projekten der langfristigen Auftragsfertigung
Verbindlichkeiten aus Lieferungen und Leistungen	Verstärkte Einkaufsaktivität bei gleichzeitiger Zunahme der Anlageninvestitionen und/oder der Vorräte, verlängerte Zahlungsziele, Zahlungsrückstände bei gleichzeitig geringen liquiden Mitteln	Rückgang bei den Einkäufen wegen zu hoher Lagerbestände, Umsatzrückgang mit angespannter Liquiditätslage, Inanspruchnahme von Skonto bei gleichzeitig guter Liquiditätslage, Umstellung auf Bareinkauf

Quelle: *Rinker/Ditges/Arendt (2012, S. 320 - 322)*

Aufgabe 23 > Seite 244

E. Kennzahlengestützte Bilanzanalyse

1. Bedeutung der kennzahlengestützten Bilanzanalyse

Die kennzahlengestützte Bilanzanalyse ist das in der Analysepraxis eindeutig dominierende Analyseinstrument. Kennzahlen und Kennzahlensysteme erleichtern die Vergleichsrechnung, helfen bei der Aufdeckung von Stärken und Schwächen des zu analysierenden Unternehmens und können im Periodenvergleich Trends sichtbar machen. **Voraussetzung** ist jedoch die **Quantifizierung der zu analysierenden Sachverhalte**.

Die Aussagefähigkeit der Kennzahlen ist somit auf die jeweils erfassten quantifizierten Sachverhalte beschränkt. **Nicht quantifizierte bzw. nicht quantifizierbare Informationen** (z. B. hohe Forschungskompetenz eines Unternehmens, äußerst leistungsfähige und motivierte Belegschaft) können sich nicht unmittelbar auf die rechnerische Ermittlung von Kennzahlen auswirken. Diese können erst bei der Interpretation von Kennzahlen berücksichtigt werden. Allerdings besteht hierzu auch eine Pflicht, was das Anforderungsprofil an den Bilanzanalysten deutlich aufwertet.

Kennzahlengestützte Jahresabschlussanalyse darf nicht zu einer blinden Zahlengläubigkeit führen, da die Gefahr von entsprechenden Fehlinterpretationen greifbar ist. Auf der Basis der Auswahl, Gewichtung und Ermittlung von Kennzahlen ist die **Interpretation** von Kennzahlen als **Kernanspruch** der kennzahlengestützten Jahresabschlussanalyse zu qualifizieren. Damit muss auch der Bilanzanalyst die Kompetenz zu einer diesem Anspruch hinreichend genügenden Kennzahleninterpretation aufweisen. Nur dann werden auch Interdependenzen zwischen Kennzahlen und Kennzahlenentwicklungen sachgerecht nachvollzogen und in richtige Rückschlüsse überführt.

Von besonderer Bedeutung ist bei der kennzahlengestützten Jahresabschlussanalyse der **Zeitbezug** der zu analysierenden Sachverhalte. Beziehen sich Kennzahlen auf die Bilanz (= Stichtagsrechnung), wirkt sich das Bilanzstichtagsprinzip auch auf die Aussagefähigkeit der entsprechenden Kennzahlen aus. Beziehen sich Kennzahlen auf die Gewinn- und Verlustrechnung oder die Kapitalflussrechnung (= Stromgrößenrechnung), bilden diese den jeweiligen Abrechnungszeitraum ab.

Die kennzahlengestützte Jahresabschlussanalyse sollte auf der Basis der Jahresabschlüsse der vorhergehenden drei bis fünf Jahre erfolgen, um zunächst mit Kennzahlen die Struktur, die wirtschaftlichen Prozesse und die Entwicklungen des zu analysierenden Unternehmens ex post zu beschreiben. Dabei sind besonders der aktuelle (= letzte) und der vorletzte Jahresabschluss von Bedeutung. Zusätzlich werden die Faktoren bestimmt, die eine besondere Auswirkung auf das Ergebnis haben. Unter Berücksichtigung der zu erwartenden Veränderungen wird dann im Rahmen einer Trendextrapolation die Prognose für die nächsten Jahre erstellt.

2. Wesen und Arten der Kennzahlen

2.1 Begriff, Aufgaben und Merkmale

Kennzahlen sind verdichtete numerische Messgrößen, die sich bei der kennzahlengestützten Jahresabschlussanalyse auf betriebswirtschaftlich relevante Tatbestände im Unternehmen beziehen und diese in konzentrierter Form darstellen. Sie informieren problemorientiert über betriebswirtschaftliche Sachverhalte und erfüllen so wichtige Aufgaben in allen Phasen des unternehmerischen Entscheidungsprozesses.

Kennzahlen trennen Wesentliches vom Unwesentlichen und ermöglichen eine qualifizierte Datenselektion. Sie machen Ursache-Wirkung-Zusammenhänge, die gegenseitige Beeinflussbarkeit und Relationen deutlich. Sie unterstützen die Analyse von Abweichungen im Plan-Ist-Vergleich und weisen auf konkrete Zustände, Stärken und Schwächen hin. In vielen Unternehmen ist die Einführung eines Kennzahlensystems der erste Schritt zur Implementierung eines weitergehenden Informationssystems.

Damit lassen sich insbesondere folgende Merkmale der Kennzahlen festhalten:

- **Verdichtung und Transparenz von Informationen:** Kennzahlen machen durch ihre spezifische Form Zusammenhänge sichtbar, die in dieser Form ansonsten nicht direkt erkennbar sind (z. B. die Rentabilität des eingesetzten Kapitals). Zudem können sie auch komplexe Strukturen und Prozesse auf relativ einfache Weise darstellen, was einen schnellen und umfassenden Einblick in die Betriebsgebarung ermöglicht.
- **Quantifizier- und Operationalisierbarkeit:** Kennzahlen machen Sachverhalte und Zusammenhänge mengenmäßig **messbar**, sodass sie grundsätzlich im Rahmen einer externen Analyse präzise Aussagen sowie im Rahmen einer internen Analyse die Wahrnehmung von Kontroll- und Steuerungsaufgaben ermöglichen.

2.2 Systematisierung

Nach statistisch-methodischen Gesichtspunkten werden Kennzahlen eingeteilt in:

- **Absolute Kennzahlen (Grundzahlen)** besitzen regelmäßig nur eine begrenzte Aussagekraft, weil sie nur absolute Größen wiedergeben, wie Einzelwerte, Summen, Differenzen, Mittel- oder Durchschnittswerte.

  Beispiele

  Anzahl der Mitarbeiter am 31.12., Wert des Anlagevermögens am 31.12., Umsatz in Euro im Geschäftsjahr x1

  Absolute Kennzahlen verkörpern vielfach erst dann Informationen, wenn sie zu anderen ins Verhältnis gesetzt werden.

- **Relative Kennzahlen (Verhältniszahlen)** haben eine höhere Aussagefähigkeit als absolute Kennzahlen, da sie zu einem anderen Wert in Beziehung gesetzt werden. Auf diese Weise werden Vergleichsmöglichkeiten oder Aussagen über eine Entwicklung geschaffen.

Beispiele

Prozent der Bilanzsumme, Prozent vom Umsatz, Veränderung ggü. der Vorperiode

Verhältniszahlen können gleichzeitig Gliederungszahlen, Beziehungszahlen oder Indexzahlen sein.

- **Gliederungszahlen** zeigen das **Verhältnis eines Teils zum Ganzen** und vergleichen Größen, die **nicht gleichrangig** sind. Häufig legen sie als Prozentzahlen strukturelle Verhältnisse offen.

Beispiele

Anteil der Angestellten an der gesamten Belegschaft, Anteil eines Produktes am Gesamtumsatz, Umlaufvermögen im Verhältnis zum Gesamtvermögen

- **Beziehungszahlen** sind wesensverschiedene, also **nicht gleichartige**, zueinander in Beziehung gesetzte sachlich verwandte Größen, die in einem **logisch sinnvollen Zusammenhang** stehen.

Beispiele

Umsatz je m^2 Verkaufsfläche, Umsatz je 1.000 € Gesamtkapital, Lohnkosten je Produkteinheit, Umsatz je Mitarbeiter, Anteil der Materialkosten an der Summe aus Umsatz, Bestandsveränderungen und aktivierten Eigenleistungen

Im Fall von Rentabilitätskennzahlen (z. B. Eigenkapitalrentabilität) zeigt sich ihre Sachlogik in Form eines Ursache-Wirkungs-Zusammenhangs (dem Eigenkapital als Ursache wird das Jahresergebnis als Wirkung gegenübergestellt). Werden Beziehungszahlen im Rahmen eines Periodenvergleichs ermittelt (z. B. die Eigenkapitalrentabilitäten von zwei aufeinander folgenden Jahren) muss für Zwecke ihrer Interpretation stets auf die jeweils erfassten Grundzahlen (s. o.) Bezug genommen werden. So kann die Erhöhung der Eigenkapitalrentabilität dadurch verursacht sein, dass das Eigenkapital bei Konstanz des Jahresergebnisses durch Rückkauf von Aktien am Markt reduziert wurde. Die Erhöhung der Eigenkapitalrentabilität kann aber auch durch einen Anstieg des Jahresergebnisses bei Konstanz des Eigenkapitals verursacht sein. Zudem kann sie aber auch auf einen im Vergleich zum Eigenkapital relativ stärkeren Anstieg sowie relativ schwächeren Reduktion des Jahresergebnisses zurückzuführen sein. Ohne den Bezug auf die Grundzahlen lässt sich über die Ursachen der Veränderung von Beziehungszahlen nur spekulieren.

- **Indexzahlen** zeigen das Verhältnis unterschiedlicher, aber **gleichartiger Größen**, die zu **verschiedenen Zeitpunkten** oder an **verschiedenen Orten** entstanden sind. Eine Größe (der Anfangs-, Mittel- oder Endwert) erhält den Wert 100 und die anderen entsprechend umgerechneten Größen werden an diesem Index gemessen. Indexzahlen verdeutlichen die Entwicklung bestimmter Merkmale.

Beispiele

Preisentwicklung bei Anlagen, Rohstoffen usw., Entwicklung der Löhne und Gehälter, Entwicklung des Unternehmensgewinns, Entwicklung der Lohnkosten im internationalen Vergleich

Reichmann klassifiziert weiter nach:

- **Informationsbasis**, wie Finanzbuchhaltung, Kostenrechnung, Planungsrechnung, betriebswirtschaftliche Sonderauswertungen
- **Zielorientierung**, wie Erfolgs-, Liquiditäts-, Kosten-, Marktkennzahlen
- **Objektbereichen**, z. B. Darstellung gesamtbetrieblicher Sachverhalte und die verschiedenen teilbetrieblichen Untersuchungen entsprechend der organisatorischen Gliederung des Unternehmens
- **Handlungsbezug**, womit die Unterteilung in normative und deskriptive Größen gemeint ist. Normative Kennzahlen geben Ziele oder Standards vor, die einzuhalten sind.

Kennzahlen im Rahmen der Bilanzanalyse

- sind Indikatoren für Sachverhalte
- sind Hilfsmittel der Analyse der wirtschaftlichen und finanziellen Sicherheit
- sind im Rahmen der externen wie der internen Analyse einsetzbar
- liefern verdichtete und damit leicht überschaubare Informationen
- sind Mess- oder Maßgrößen
- stellen zweckorientiertes Wissen für konkrete Entscheidungssituationen bereit
- legen Stärken und Schwächen des Untersuchungsobjektes offen
- sind Instrument für eine objektive, wirksame und aussagefähige Kontrolle.

3. Kennzahlensysteme

Ein Kennzahlensystem ist eine geordnete Gesamtheit einzelner Kennzahlen aus verschiedenen Unternehmensbereichen, die im Rahmen der Unternehmensführung für Zwecke der Planung, Steuerung und Kontrolle, aber auch im Rahmen einer externen Bilanzanalyse eingesetzt werden. Die Bedeutung der Auswertung von Kennzahlensystemen nimmt mit der Größe des zu analysierenden Unternehmens zu, da der Analyst nicht mehr über Auswahl und Gewichtung von Kennzahlen zur sachgerechten Erfassung der Unternehmensbedingungen entscheiden muss.

3.1 Aufbau von Kennzahlensystemen

Wird eine Kennzahl aus dem Gesamtzusammenhang herausgerissen, besteht die Gefahr, dass andere, die Unternehmensentwicklung mitbestimmende Einflussfaktoren unbeachtet bleiben. Um diesen Nachteil zu vermeiden, werden Systeme aufeinander aufbauender und miteinander in Beziehung stehender Kennzahlen gebildet. Dadurch werden die Wechselbeziehungen zwischen einzelnen Kennzahlen und den betriebswirtschaftlichen Zusammenhängen deutlich. Die Konsequenzen von Kennzahlenänderungen für andere Kennzahlen werden erkennbar.

Kennzahlensysteme werden in der Form von Rechensystemen und in der Form von Ordnungssystemen eingesetzt.

Aufgabe 24 > Seite 245

3.1.1 Rechensysteme

Kennzahlen sind rechentechnische Größen, die der Quantifizierung von Informationen für Entscheidungssysteme verschiedenster Art dienen. Die grundlegenden Schritte beim Aufbau eines Kennzahlensystems als Rechensystem sind:

- die **Aufgliederung** oder Zerlegung von Zähler und/oder Nenner in einzelne Teilgrößen, z. B. des Umsatzes in Inlands- und Exportumsatz
- die **Substitution** des Zählers und/oder Nenners, ohne dass die Kennzahl wertmäßig verändert wird, z. B. Ermittlung des Umsatzes als Produkt aus Absatzmenge und Preis
- die **Erweiterung** durch Übernahme einer Kennzahl in den Zähler und/oder Nenner einer anderen Kennzahl, z. B. die Umschlagshäufigkeit der Forderungen wird in den Nenner der Kennzahl zur Laufzeit der Forderungen eingesetzt, oder das Produkt aus den Kennzahlen Kapitalumschlag und Umsatzrendite (Erweiterung des Quotienten Jahresüberschuss/Gesamtkapitel um den Umsatz) ergibt die Kennzahl des Return on Investment (s. Darstellung auf den folgenden Seiten).

Ausgangskennzahl (= Spitzenkennzahl) eines Kennzahlensystems in der Ausprägung eines Rechensystems ist immer eine Kennzahl auf der Ebene der obersten Unternehmensziele. Sie bestimmt das Untersuchungsziel. Auf der Basis der Aufgliederung, Substitution und Erweiterung wird die Spitzenkennzahl in mindestens zwei Unterkennzahlen aufgegliedert und diese wiederum in hierarchischer Ordnung in weitere Unterkennzahlen oder Teilgrößen. Auf diese Weise entsteht ein immer breiter aufgefächerter Kennzahlenbaum. Jede Kennzahl ist rechentechnisch das Ergebnis aus mehreren jeweils vorgelagerten Kennzahlen.

Die **Spitzenkennzahl** eines solchen Systems ist bei den meisten deutschen Unternehmen der **Return on Investment (RoI)**, die Rentabilität des eingesetzten Kapitals als primäres Unternehmensziel. Durch die rechentechnische Zerlegung der Spitzenkennzahl werden dann letztlich die Treiber der Rentabilität i. S. eines Ursache-Wirkungs-Zusammenhangs erkennbar.

Das folgende Beispiel zeigt, wie im Rahmen der Planung auf einfache Weise Alternativrechnungen mithilfe eines Kennzahlenbaums mit der Spitzenkennzahl Return on Investment durchgeführt werden können.

Beispiel

Ein Unternehmen erstellt den folgenden Jahresabschluss:

Aktiva		Bilanz			Passiva
		T€			T€
Grundstücke und Gebäude	500		Eigenkapital		1.000
Techn. Anlagen u. Maschinen	500		Verbindlichkeit ggü. Kreditinstituten		500
Betriebs- u. Geschäftsausstattung	200		Verbindlichkeiten aus L. u. L.	300	
Summe AV		1.200	Sonstige Verbindlichkeiten	200	
Vorräte	500		Summe kurzfristige Verbindl.		500
Forderungen	250				
Zahlungsmittel	50				
Summe Umlaufvermögen		800			
		2.000			2.000

Aufwendungen	GuV		Erträge
	T€		T€
RHB-Aufwend.	1.700	Umsatzerlöse	3.300
Aufwend. für bezogene Leistungen	300		
Personalkosten fix	400		
Personalkosten proportional	400		
Abschreibungen	100		
Fremdkapitalzinsen	40		
Sonstige fixe Kosten	260		
Gewinn	100		
	3.300		3.300

Formel für den Return on Investment:

$$\text{Return on Investment (RoI)} = \frac{\text{Gewinn vor Steuern}}{\text{Umsatz}} \cdot \frac{\text{Umsatz}}{\text{investiertes Kapital}}$$

$$= \frac{\text{Gewinn vor Steuern}}{\text{investiertes Kapital}}$$

Das investierte Kapital entspricht dem Gesamtkapital.

Kapitalertrags-Stammbaum:

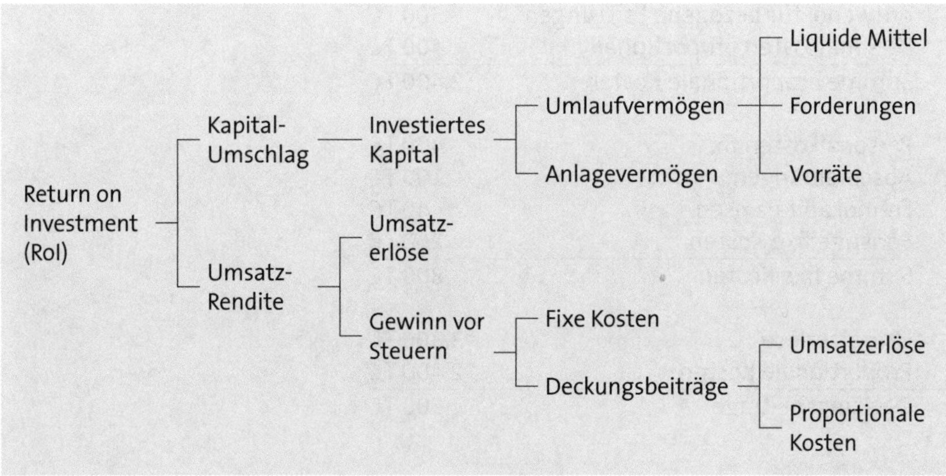

Liquide Mittel sind flüssige Mittel wie Schecks, Kassenbestand, Bundesbankguthaben und Guthaben bei Kreditinstituten.

Aufgabe 25 > Seite 245

Zunächst werden die Werte aus der Bilanz und der Gewinn- und Verlustrechnung in den Kennzahlenbaum übertragen. Anschließend werden die noch fehlenden Werte berechnet.

Beispiel

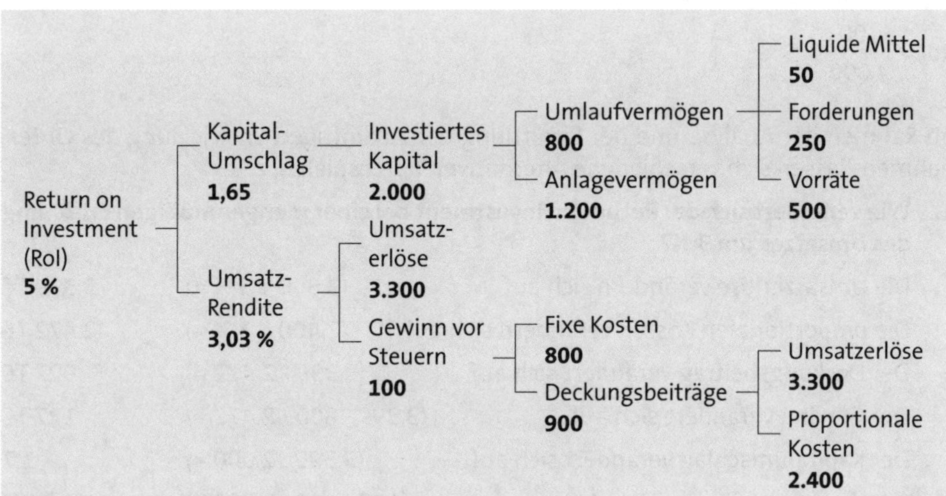

	RHB	1.700 T€
+	Aufwend. für bezogene Leistungen	300 T€
+	Personalkosten proportional	400 T€
=	Summe proportionale Kosten	2.400 T€

	Personalkosten fix	400 T€
+	Abschreibungen	100 T€
+	Fremdkapitalzinsen	40 T€
+	Sonstige fixe Kosten	260 T€
=	Summe fixe Kosten	800 T€

	Umsatzerlöse	3.300 T€
-	Proportionale Kosten	2.400 T€
=	Deckungsbeiträge	900 T€

$$\text{Kapitalumschlag} = \frac{\text{Umsatzerlöse}}{\text{investiertes Kapital}} = \frac{3.300}{2.000} = 1{,}65$$

$$\text{Umsatzrendite} = \frac{\text{Gewinn vor Steuern}}{\text{Umsatz}} = \frac{100}{3.300} = 3{,}03\ \%$$

RoI = 1,65 • 3,03 % = 5 %

oder

$$\text{RoI} = \frac{100}{2.000} = 5\ \%$$

Im Rahmen der Analyse und der Ermittlung der zukünftigen Entwicklung des Unternehmens lassen sich verschiedene Alternativen durchspielen, z. B.:

1. Wie verändert sich der Return on Investment bei einer mengenmäßigen Erhöhung des Umsatzes um 3 %?

Die Umsatzerlöse verändern sich auf	(3.300 + 3 % =)	3.399 T€
Die proportionalen Kosten verändern sich auf	(2.400 + 3 % =)	2.472 T€
Der Deckungsbeitrag verändert sich auf	(3.399 - 2.472 =)	927 T€
Der Gewinn verändert sich auf	(3.399 - 800 - 2.472 =)	127 T€
Der Kapitalumschlag verändert sich auf	(3.399 : 2.000 =)	1,7
Die Umsatzrendite verändert sich auf	(127 • 100 : 3.399 =)	3,74 %
Der RoI verändert sich auf	(1,7 • 3,74 % =)	6,35
bzw. auf	(127 • 100 : 2.000 =)	6,35

2. Wie verändert sich der Return on Investment bei einer wertmäßigen Erhöhung des Umsatzes um 5 %?

Die Umsatzerlöse verändern sich auf	(3.300 + 5 % =)	3.465 T€
Die proportionalen Kosten bleiben unverändert.		
Der Gewinn verändert sich auf	(3.465 - 800 - 2.400 =)	265 T€
Der Kapitalumschlag verändert sich auf	(3.465 : 2.000 =)	1,73
Die Umsatzrendite verändert sich auf	(265 • 100 : 3.465 =)	7,65 %
Der RoI verändert sich auf	(1,73 • 7,65 % =)	13,2 %
bzw. auf	(265 • 100 : 2.000 =)	13,2 %

Aufgabe 26 > Seite 245
Aufgabe 27 > Seite 245

Auf diese Weise können im Rahmen von Prognoserechnungen die Auswirkungen der Veränderung einzelner Werte oder Kennzahlen innerhalb des Kennzahlensystems auf andere Kennzahlen und die Spitzenkennzahl ermittelt werden.

Das sog. DuPont-Kennzahlensystem (s. Kapitel 3.3.1) ist ein typisches Rechensystem.

3.1.2 Ordnungssysteme

Aus Gründen der Übersichtlichkeit können Kennzahlen auch systematisch geordnet werden. Die Zusammenfassung von Kennzahlen richtet sich nach dem **Inhalt** einer Gruppe, wie

- Bilanzkennzahlen und GuV-Kennzahlen
- Rentabilitätskennzahlen
- Umschlagskennzahlen

oder nach **Funktionsbereichen**, wie

- lagerwirtschaftliche Kennzahlen
- fertigungswirtschaftliche Kennzahlen
- personalwirtschaftliche Kennzahlen
- absatzwirtschaftliche Kennzahlen
- finanzwirtschaftliche Kennzahlen.

Dabei entsteht ein **sachlogisch strukturiertes** Ordnungssystem, in dem Kennzahlen entsprechend den betriebswirtschaftlichen Sachzusammenhängen zu Gruppen zusammengefasst werden. Das ZVEI-Kennzahlensystem (s. Kapitel 3.3.2) ist ein solches Ordnungssystem.

Beispiel

A. Spitzenkennzahlen:

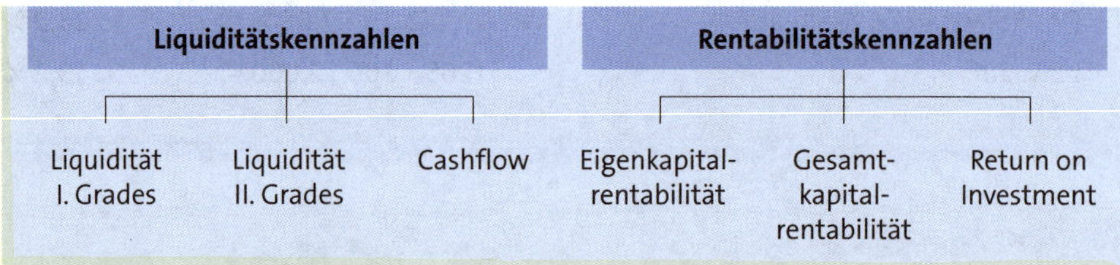

B. Kennzahlen der Funktionsbereiche:

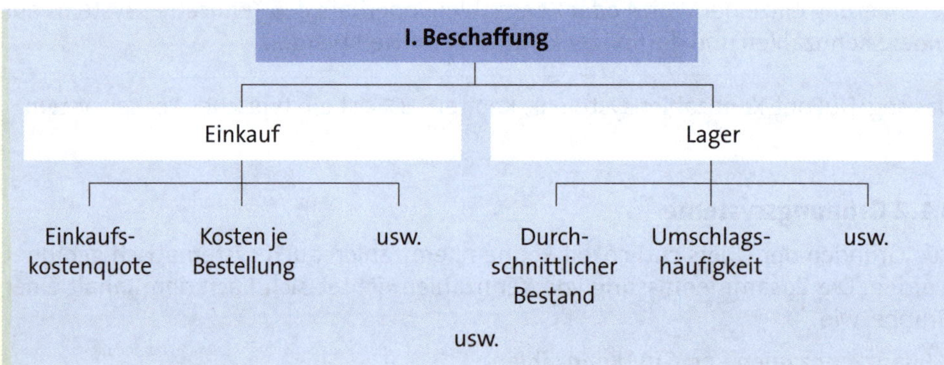

3.2 Aufgaben der Kennzahlensysteme

Kennzahlensysteme sind Hilfsmittel bei der Planung, Steuerung und Kontrolle, bei der Unternehmensanalyse und auch bei der steuerlichen Betriebsprüfung. Sie sind wesentlicher Bestandteil von Management-Informationssystemen.

3.2.1 Entscheidungsinstrument

Kennzahlensysteme dienen der **Informationsgewinnung**, indem sie aus der Fülle der vorhandenen Daten die entscheidungsrelevanten Informationen herausfiltern, verdichten und systematisch aufbereiten. Sie unterstützen die **Entscheidungsfindung**, indem sie mögliche Alternativen in einer übersichtlichen Form erfassen und vergleichbar machen. Im Rahmen der **Entscheidungsdurchsetzung** lassen sie sich als eindeutig formulierte Zielvorgaben an untergeordnete Instanzen weitergeben.

3.2.2 Kontroll- und Steuerungsinstrument

Kennzahlen sind Messgrößen, deren besondere Bedeutung u. a. darin liegt, dass sie bei gleicher Abgrenzung und Ermittlungsmethode direkt vergleichbar sind. Die Analyse der historischen Entwicklung quantitativer Unternehmensdaten bzw. die Heranziehung entsprechender Daten vergleichbarer Unternehmen ermöglichen ein Urteil über die wirtschaftliche Situation des zu analysierenden Unternehmens.

In Form von Kennzahlen ausgedrückte Plangrößen werden später den auf der Basis des realisierten Ist-Zustandes ermittelten Kennzahlen gegenübergestellt. Der Vergleich zeigt ggf. eingetretene Fehlentwicklungen und deckt mögliche Fehlerquellen auf. Kennzahlensysteme dienen damit der Kontrolle von Entscheidungen und ermöglichen insbesondere im Rahmen des Plan-Ist-Vergleichs ein Feedback zur erforderlichen Gegensteuerung.

3.2.3 Führungsinstrument

Kennzahlensysteme geben im Rahmen der Entscheidungsdurchsetzung eindeutig formulierte Ziele vor (Management by Objectives). Die Ziele sind messbar in Form von Planzahlen. Die Erreichung der Ziele kann deshalb durch Gegenüberstellung der Ist-Größen kontrolliert werden. Im Falle von Abweichungen werden die erforderlichen Konsequenzen gezogen.

Aufgabe 28 > Seite 246

3.3 Beispiele für Kennzahlensysteme

3.3.1 DuPont-Kennzahlensystem

Das in der Praxis wohl bekannteste Kennzahlensystem ist das vom US-amerikanischen DuPont-Konzern (in der Langversion: E. I. du Pont de Nemours and Company) entwickelte DuPont-Kennzahlensystem. Die Spitzenkennzahl dieses Systems ist der Return on Investment (RoI), weswegen auch vom RoI-Kennzahlensystem gesprochen wird.

Das DuPont-Kennzahlensystem geht von der Kennzahl **Return on Investment** aus, die den Quotient von ordentlichem Betriebsergebnis und dem im betrieblichen Bereich eingesetzten Kapital (bzw. seines entsprechenden Gegenwertes auf der Aktivseite – also dem betriebsnotwendigen Vermögen) darstellt:

$$\text{Return on Investment (RoI)} = \frac{\text{ordentliches Betriebsergebnis}}{\text{investiertes Kapital}}$$

Dieser Quotient wird mit dem Quotient Umsatz zu Umsatz wie folgt erweitert und umgeformt:

$$\text{RoI} = \frac{\text{ordentliches Betriebsergebnis}}{\text{ø-Gesamtkapital}} \cdot \frac{\text{Umsatz}}{\text{Umsatz}}$$

$$\text{RoI} = \frac{\text{ordentliches Betriebsergebnis}}{\text{Umsatz}} \cdot \frac{\text{Umsatz}}{\text{ø-Gesamtkapital}}$$

$$\text{RoI} = \text{Umsatzrentabilität} \cdot \text{Umschlaghäufigkeit des Kapitals}$$

Das RoI-Kennzahlensystem verbindet somit die Umsatzrentabilität mit der Umschlaghäufigkeit des Kapitals und erklärt deren Interdependenzen mit anderen Erfolgs- und Bilanzpositionen. Als typisches **Rechensystem** ist es sowohl für die **externe als auch interne Analyse** geeignet (s. folgende Abb.).

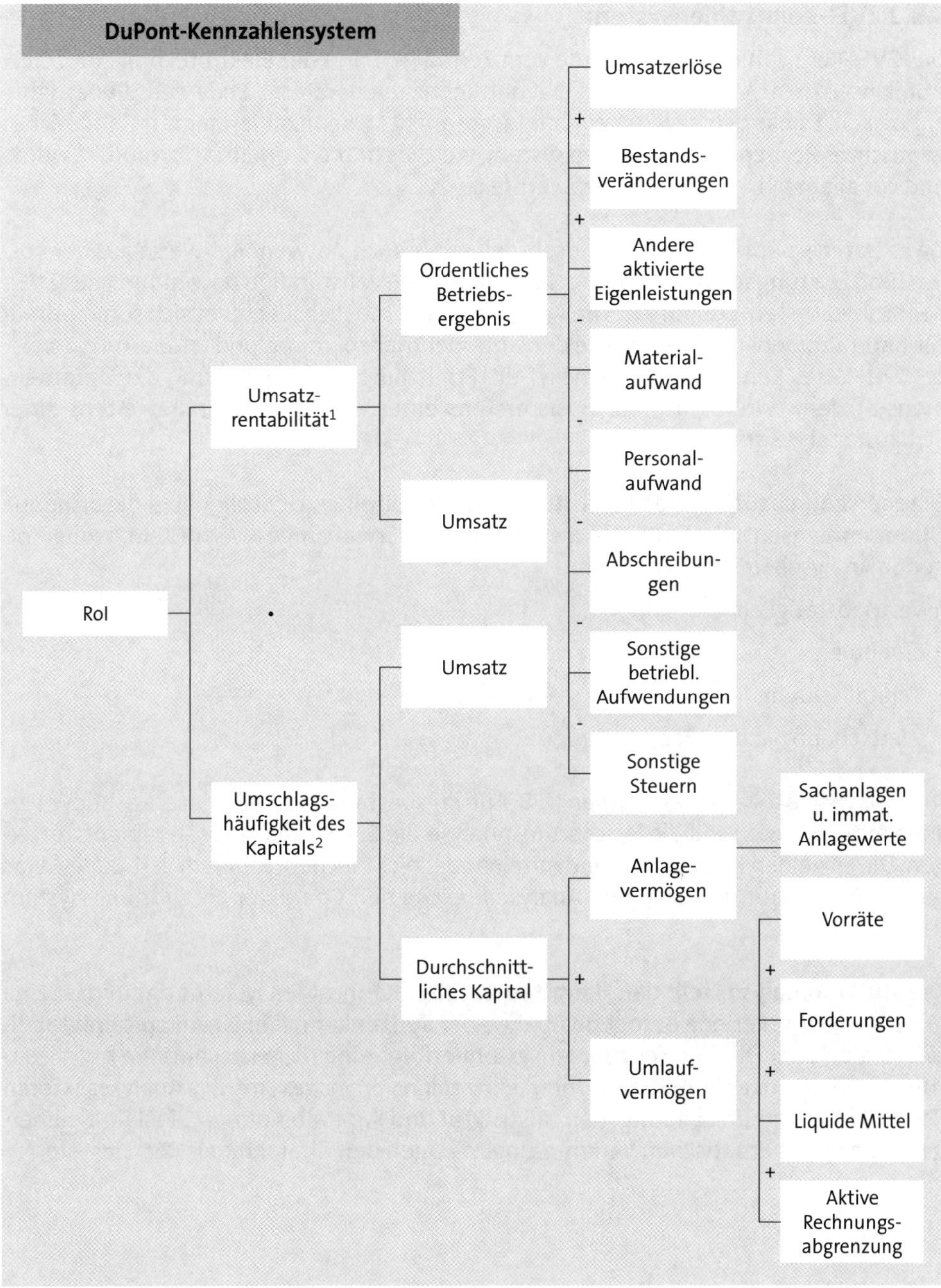

1 $\frac{\text{Betriebsergebnis}}{\text{Umsatzerlöse}}$

2 $\frac{\text{Umsatzerlöse}}{\text{Gesamtkapital}}$

3.3.2 ZVEI-Kennzahlensystem

Das ZVEI-Kennzahlensystem wurde vom Zentralverband der Elektrotechnik- und Elektronikindustrie e. V. auf Basis des DuPont-Kennzahlensystems Ende der 1960er-Jahre entwickelt. Es handelt sich um ein mit insgesamt 210 Kennzahlen sehr umfangreiches **gemischtes Rechen- und Ordnungssystem**, welches branchenneutral formuliert wurde und vor allem in Deutschland weit verbreitet ist.

Da es Daten sowohl aus dem Jahresabschluss als auch notwendigerweise aus der Kosten- und Leistungsrechnung berücksichtigt, ist eine vollständige Anwendung des ZVEI-Kennzahlensystems durch externe Analysten nicht möglich. Es eignet sich somit primär für unternehmensinterne Zwecke der Unternehmensplanung und -steuerung. Oberstes **Ziel** dieses Kennzahlensystems ist die Ermittlung und Beurteilung der **Unternehmenseffizienz**, wobei dies auf Basis erstens einer Wachstums- und zweitens einer Strukturanalyse erfolgt.

Die zuerst durchzuführende **Wachstumsanalyse** soll einen Überblick über die bisherige Unternehmensentwicklung und die zukünftigen Erwartungen vermitteln, wobei folgende Analysebereiche existieren:

- Vertriebstätigkeit
- Ergebnis
- Kapitalbindung
- Wertschöpfung und Beschäftigung.

Anhand von absoluten Kennzahlen (z. B. Auftragsbestand, Umsatzerlöse, Cashflow, Personalaufwand etc.) soll die Wachstumsanalyse die Entwicklung im Zeitablauf aufzeigen. Die einzelnen Kennzahlen sind miteinander nicht rechentechnisch verbunden, was auch mit Blick auf die einzelnen Analysebereiche den Charakter als Ordnungssystem verdeutlicht.

Die **Strukturanalyse** stellt den **Hauptteil** des ZVEI-Kennzahlensystems dar und ist eine auf eine einzige Periode bezogene Analyse der **Spitzenkennzahl Eigenkapitalrentabilität**. Analog zum DuPont-Kennzahlensystem erfolgt eine rechentechnische Aufgliederung dieser Kennzahl in weitere Unterkennzahlen von insgesamt vier Analysesektoren (Rentabilität, Ergebnisbildung, Kapitalstruktur und Kapitalbindung). Die damit einhergehenden mathematischen Verknüpfungen zeigen den Charakter als Rechensystem.

ZVEI-Kennzahlensystem

Wachstumsanalyse:

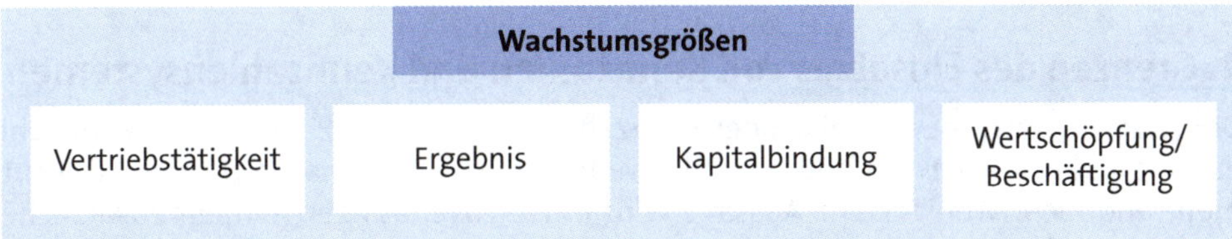

Strukturanalyse:

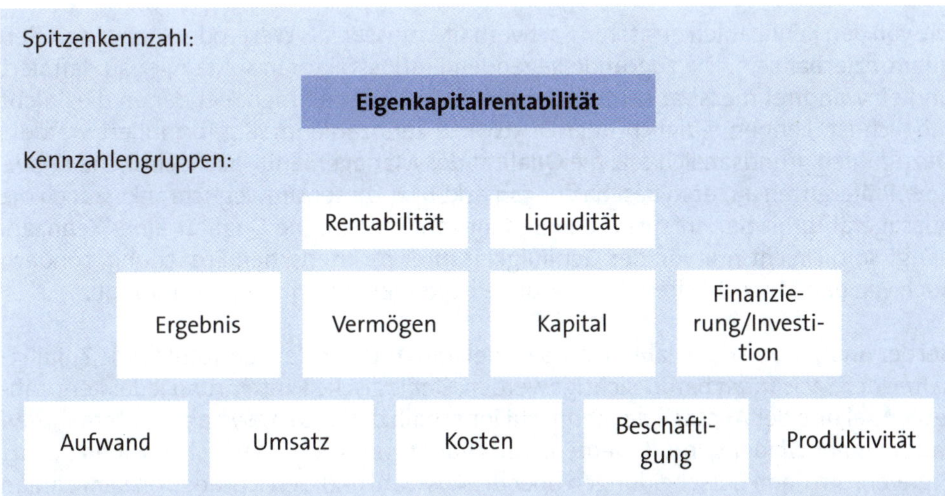

3.3.3 RL-Kennzahlensystem

Das RL-Kennzahlensystem von *Reichmann/Lachnit* baut auf den **zwei zentralen Kenngrößen Rentabilität und Liquidität** auf. Es kommt gänzlich ohne mathematische Verknüpfungen aus und stellt deswegen ein reines Ordnungssystem dar. In Gegenüberstellung zum DuPont- sowie zum ZVEI-Kennzahlensystem besteht das RL-Kennzahlensystem aus vergleichsweise wenigen Kennzahlen.

Der Kernteil enthält nur die Kennzahlen, die die Unternehmensleitung regelmäßig braucht, während Sonderteile des Kennzahlensystems im Einzelfall solche zusätzlichen Aufgaben aufnehmen sollen, die in Abhängigkeit von der jeweiligen Branche, Unternehmensart und Unternehmenssituation erforderlich sind.

Das RL-Kennzahlensystem besteht aus einem allgemeinen Teil und einem Sonderteil. Der **allgemeine Teil** dient der Ermittlung der Rentabilität und der Liquidität. Im **Sonderteil** werden ergänzend zu den allgemeinen Kennzahlen zur Rentabilität, Umschlagshäufigkeit des Kapitals, der Vorräte und der Forderungen, des Return on Investment, des Cashflow, des Working Capital und der Anlagendeckung firmenindividuelle Kennzahlen ermittelt, die der vertiefenden Analyse der Einflussfaktoren auf Rentabilität und Liquidität dienen.

4. Grenzen des Einsatzes von Kennzahlen und Kennzahlensystemen

Der jeweilige Aussagewert einzelner Kennzahlen ist begrenzt. Eine einzelne Kennzahl enthält lediglich *eine* einzelne quantitative Information zu *einem* Sachverhalt, nicht mehr und nicht weniger. Die Aussage wird umso zuverlässiger, je mehr zusätzliche Kennzahlen für die Analyse eines Sachverhalts herangezogen werden. Erst mehrere Kennzahlen im Zusammenhang liefern eine qualitativ hochwertige und entscheidungsrelevante Information.

Die von den Kennzahlen erfassten Sachverhalte müssen als Wert- oder Mengengrößen **quantifizierbar** sein. Die zugrunde liegenden Einflussfaktoren sollten genau definiert und einwandfrei messbar sein. Sachverhalte in Unternehmen, bei denen dies nicht möglich ist, können lediglich über Drittwerte kennzahlenmäßig formuliert werden. Dazu zählen grundsätzlich z. B. die Qualität des Managements, das technische Know-how, Präferenzen auf dem Beschaffungsmarkt u. Ä. Dieser Umweg schränkt jedoch die Aussagefähigkeit der entsprechenden Kennzahl(en) ein, Die Qualität einer Kennzahl hängt somit nicht nur von der Genauigkeit ihrer rechnerischen Ermittlung, sondern auch von den Möglichkeiten des zugrunde liegenden Informationssystems ab.

Bei der Analyse von Kennzahlen müssen **Ziel und Aufgabe** der Kennzahl sowie Zufälligkeiten der Basisdaten berücksichtigt werden. Der logische Hintergrund jeder Kennzahlenformel und der Aussage der Kennzahl innerhalb des Gesamtsystems Unternehmen muss immer wieder geprüft werden. Der Analyst muss somit zunächst seinen Bedarf eruieren, um dann Entscheidungen über die Auswahl und Gewichtung von Kennzahlen zu treffen.

Das Problem, aus der Menge der zur Verfügung stehenden Informationen das Optimum herauszuholen, kann auch zur **Kennzahleninflation** führen. Aussagewert und Erstellungsaufwand müssen aber in einem wirtschaftlich vertretbaren Verhältnis stehen und damit dem Kriterium der Wirtschaftlichkeit genügen.

Ein effizientes Kennzahlensystem muss auf die individuellen Bedürfnisse des Unternehmens zugeschnitten sein, d. h. der Qualitätsstruktur der Mitarbeiter, der Komplexität des Unternehmens, und muss außerdem dem Volumen der Vermögens- und Kapitalwerte entsprechen.

Kennzahlensysteme

- sind eine Zusammenstellung von quantitativen Variablen
- stellen Kennzahlen in eine sachlich sinnvolle Beziehung zueinander
- dienen der integrierten Erfassung von Kennzahlen

- haben im Fall der Vergangenheitsanalyse eine Erklärungsfunktion und im Fall der Analyse zukünftiger Entwicklungen eine Prognosefunktion
- erfassen Abhängigkeiten zwischen den Bereichen und den Zielsetzungen
- bilden in prägnanter, verständlicher und konzentrierter Form betriebswirtschaftliche Vorgänge ab
- vermeiden Mehrdeutigkeiten und Missverständnisse bei der Interpretation
- bilden Zielgrößen ab
- können grundsätzlich sowohl externen wie auch internen Analysten dienen
- sollen einzelne Entscheidungsträger genau und aktuell informieren (Ausnahme im Fall von Kennzahlensystemen für Zeitvergleiche)
- sind Analyse- und Planungsinstrument für die Unternehmenssteuerung.

Aufgabe 29 > Seite 246
Aufgabe 30 > Seite 246

5. Anwendungsbereiche

Der Unternehmer muss jederzeit einen Überblick über die Vermögens-, Finanz- und Ertragslage seines Unternehmens haben. Dazu gehört insbesondere die Beobachtung der Liquidität, der Verschuldung, der Rentabilität und der Bindung des eingesetzten Kapitals.

5.1 Analyse der Vermögens- und Finanzlage

Gegenstand der Vermögens- und Finanzanalyse ist die **Beurteilung der finanziellen Stabilität** des Unternehmens. Daher muss sich der Analyst einen fundierten Eindruck der Vermögens- und Kapitalrelationen, der Zahlungsströme und der Liquidität verschaffen. Ziel ist die Beurteilung der Sicherheit der Einkommensquellen, der finanziellen Unabhängigkeit des Unternehmens und der Fähigkeit, nicht nur finanzielle Engpässe und Anspannungen zu überstehen, sondern auch notwendige Veränderungen und Wachstum finanzieren zu können.

Die finanzwirtschaftliche Analyse stellt im Rahmen der **Vermögens- und Investitionsanalyse** Informationen über die Kapitalverwendung zur Verfügung und im Rahmen der **Liquiditäts- und Finanzanalyse** Informationen über die Kapitalaufbringung. Einen besonderen Stellenwert hat die Ermittlung der Liquidität. Die allein auf die Bilanzposten bezogenen Kennzahlen werden durch Cashflow-Analysen, sog. Stromgrößenbetrachtungen, ergänzt.

Das Unternehmen muss in der Lage sein, bereits eingegangene Zahlungsverpflichtungen aus kurz- und mittelfristigen Verbindlichkeiten und aus der laufenden Geschäftstätigkeit (z. B. Zahlungen für Löhne und Gehälter, Warenlieferungen etc.) kurzfristig nachzukommen. Die finanzielle Stabilität muss auch langfristig gegeben sein, worüber die

Kapitalstruktur und das diesbezügliche Kapitalstrukturmanagement Hinweise vermitteln können. Die Analyse bezieht deshalb die Finanzierungspolitik als Bestandteil der Unternehmenspolitik mit ein.

5.1.1 Bilanzstrukturanalyse

Zunächst sollen die vier klassischen Bereiche zur Bilanzstrukturanalyse behandelt werden. Dabei handelt es sich um die Vermögens- und Kapitalstruktur (vertikale Kennzahlen zum einen für die Aktiv- und zum anderen für die Passivseite), die Anlagendeckung und die Liquiditätsgrade (horizontale Kennzahlen durch gemeinsame Betrachtung von bestimmten Positionen der Aktiv- und Passivseite).

1. **Vermögensstruktur**

   Die Kennzahlen zur Vermögensstruktur geben Aufschluss über die Art und die Zusammensetzung des Vermögens und die Dauer der Kapitalbindung. Jede Investition von Kapital in Anlage- und Umlaufvermögen ist mit Risiken wie technische Überalterung und Schaffung von Überkapazitäten oder von Ladenhütern infolge Veränderungen der Nachfrage und der Verbrauchergewohnheiten verbunden. Das Risiko nimmt ab mit dem Grad der Liquiderbarkeit, d. h. der Möglichkeit, die Vermögensgegenstände zu verwerten und damit wieder in Liquidität zu transformieren.

   Die Kennzahl zum **Vermögensaufbau** (= Vermögensstruktur) erfasst das Verhältnis des Anlagevermögens zum Umlaufvermögen. Diese Relation ist grundsätzlich branchenabhängig und deshalb unterschiedlich auszulegen. Selbst innerhalb einer Branche können Leasing und die Aktivierung selbsterstellter immaterieller Vermögensgegenstände zu Unterschieden führen.

$$\text{Vermögensstruktur} = \frac{\text{Anlagevermögen}}{\text{Umlaufvermögen}}$$

   Die Anlagenintensität und die Umlaufintensität sind jeweils Maßstab für die Anpassungsfähigkeit des Unternehmens.

$$\text{Anlagenintensität} = \frac{\text{Anlagevermögen}}{\text{Gesamtvermögen}}$$

$$\text{Umlaufintensität} = \frac{\text{Umlaufvermögen}}{\text{Gesamtvermögen}}$$

   Da sich das Gesamtvermögen der Strukturbilanz ausschließlich aus Anlage- und Umlaufvermögen zusammensetzt, addieren sich diese beiden Kennzahlen notwendigerweise auf „1".

   Das **Anlagevermögen** verursacht weitgehend fixe Kosten, wie Abschreibungen, Instandhaltungskosten, Versicherungsprämien, Steuern, Zinsen, die sich negativ auf den Erfolg auswirken. Es birgt überdies ein wirtschaftliches und technisches Investitionsrisiko und macht den Betrieb unflexibel. Bei Vorliegen stiller Reserven kann das Anlagevermögen erheblich umfangreicher sein, als der bilanzielle Ausweis vermuten lässt.

Aber auch das **Umlaufvermögen** bindet Kapital, verursacht Lagerkosten und bringt Risiken mit. Da das Umlaufvermögen das Kapital für einen kürzeren Zeitraum bindet als das Anlagevermögen, sinkt der Fixkostenanteil und damit – je nach Finanzierung – auch die Belastung durch Zins- und Tilgungsraten. Eine hohe Umschlagshäufigkeit setzt immer wieder liquide Mittel frei, über die kurzfristig disponiert werden kann. Je kleiner der Anteil des Anlagevermögens bzw. je größer der Anteil des Umlaufvermögens ist, desto größer ist die Liquidität.

Für eine weitere Analyse sind Informationen über die branchenübliche Höhe des Anlagevermögens, über die Auslastung des Unternehmens und Rationalisierungsbestrebungen erforderlich. So könnten

- das **Anlagevermögen** aufgrund von Rationalisierung und Outsourcing, aber auch durch Leasing statt Kauf und
- das **Umlaufvermögen** aufgrund von Standardisierung und Normung, durch Kommissionsläger oder Just-in-Time-Lieferungen

weiter abgebaut werden. Ziel eines jeden Unternehmens muss es sein, das Anlage- und Umlaufvermögen bei Sicherung der Betriebs- und der Lieferbereitschaft so gering wie möglich zu halten, da jede vermeidbare oder gar nicht notwendige Kapitalbindung mit entsprechenden Kosten verbunden ist.

2. **Kapitalstruktur (vertikale Betrachtumg)**
Die **Top-Kennzahl** zur Kapitalstruktur ist die **Eigenkapitalquote**. Die Eigenkapitalquote ist der Anteil des Eigenkapitals am Gesamtkapital:

$$\text{Eigenkapitalquote} = \frac{\text{Eigenkapital}}{\text{Gesamtkapital}}$$

Je höher die Eigenkapitalquote ist, desto solider und krisenfester ist die Finanzierung.

Aufgabe 31 > Seite 246

Vorteile einer hohen Eigenkapitalquote sind:

- Das Eigenkapital wirkt als Verlustpuffer und beugt einer Insolvenz wegen Überschuldung vor.
- Das Eigenkapital kann zwar im Einzelfall kündbar sein, steht aber dem Unternehmen grundsätzlich unbefristet (und damit sehr langfristig) zur Verfügung.
- Eigenkapitalgeber sind i. d. R. am Erfolg beteiligt und verursachen deshalb keine Aufwendungen und keine Liquiditätsbelastung durch Zins- und Tilgungszahlungen, die selbst in Jahren ohne Gewinn aufgebracht werden müssten.

- Das Eigenkapital erhöht die Kreditwürdigkeit, da das in dieser Höhe existierende Nettovermögen für das Fremdkapital haftet.
- Ein hoher Eigenkapitalanteil fördert die Unabhängigkeit von Kreditgebern, da diese grundsätzlich kein Mitspracherecht bei Geschäftsführungsentscheidungen haben.

Die Eigenkapitalquote kann z. B. durch den Abbau der Vorräte und der Forderungen, den Verkauf von Finanzanlagevermögen oder die Veräußerung nicht betriebsnotwendiger Vermögensgegenstände des Sachanlagevermögens positiv beeinflusst werden. Ein „Sale-and-lease-back" des betriebsnotwendigen Vermögens mit anschließender Tilgung von Fremdkapital erhöht ebenfalls die Eigenkapitalquote.

Mit der Verschlankung der Aktiva geht eine Einsparung von Versicherungs-, Miet- und Maintenance-Kosten einher, die sich positiv auf den Jahresüberschuss auswirkt. Eine Eigenkapitalquote von mehr als 30 % ist regelmäßig als gut einzustufen.

Die Statistik der Deutschen Bundesbank zeigt, dass die Eigenkapitalquoten deutscher Unternehmen im Durchschnitt bei 25 % - 30 % liegen, wobei ausschließlich das bilanzielle Eigenkapital ausgewertet wurde und stille Reserven unberücksichtigt blieben. Mit Blick auf das Vorsichtsprinzip, welches die handelsrechtliche Bilanzierung nach den deutschen Normen deutlich prägt, bleibt festzustellen, dass die Eigenkapitalquote unter Berücksichtigung des bilanzanalytischen Eigenkapitals (und nicht des bilanziellen Eigenkapitals wie im Fall der Statistik der Deutschen Bundesbank) noch höher ausfallen dürfte. Auch im internationalen Vergleich ist eine ähnliche Eigenkapitalquote erkennbar, wobei allerdings gerade die IFRS die Bildung stiller Reserven grundsätzlich ablehnen. Insgesamt darf in den meisten Fällen von einer soliden Finanzierung ausgegangen werden.

Die Solidität der Unternehmensfinanzierung gilt als gewährleistet, wenn die folgenden Grundsätze eingehalten sind:

- **Grundsatz der Liquiditätserhaltung:** Das Unternehmen muss jederzeit in der Lage sein, fälligen Zahlungsverpflichtungen nachkommen zu können.
- **Grundsatz der Risikoentsprechung:** Unternehmen, deren Fortbestand weitgehend von der Anpassung an den technischen Fortschritt abhängt oder die vergleichsweise hohe Investitionsrisiken eingegangen sind, sollten über ein entsprechend höheres Haftungskapital verfügen.
- **Grundsatz der Wirtschaftlichkeit der Finanzierung:** Die einzelnen Finanzierungsarten führen zu unterschiedlich hohen Finanzierungskosten, die möglichst niedrig gehalten werden müssen.
- **Grundsatz der Erhaltung der Unabhängigkeit des Unternehmens:** Die Art der Finanzierung kann die Entscheidungsfreiheit der Unternehmensführung beeinflussen. Die Ausgabe junger Aktien kann die Verhältnisse der Mitspracherechte verschieben. Bei hoher Verschuldung stellen die Kreditgeber Bedingungen oder sie wollen bei wesentlichen Entscheidungen mitreden.
- **Grundsatz der optimalen akquisitorischen Wirkung:** Das Bild der Finanzierung in der Bilanz kann sich – wie auch die Rechtsform des Unternehmens – auf das

Verhalten der Geschäftspartner am Absatz- und insbesondere am Beschaffungsmarkt des Unternehmens auswirken. Geschäftspartner am Absatzmarkt könnten sich im Rahmen ihrer Just-in-Time-Fertigung für alternative Lieferanten entscheiden. Geschäftspartner am Beschaffungsmarkt könnten im Fall von Lieferungen und Leistungen auf Barzahlung im Zeitpunkt der Lieferung bzw. Leistungserbringung bestehen.

Weitere Kennzahlen zur Bilanzstruktur sind der Rücklagenanteil und der Selbstfinanzierungsgrad.

$$\text{Rücklagenanteil} = \frac{\text{Summe der Rücklagen}}{\text{Eigenkapital}}$$

Die Höhe des **Rücklagenanteils** zeigt an, in welchem Umfang das haftende Eigenkapital das Unternehmen durch Maßnahmen der Innenfinanzierung (Gewinnthesaurierung) bzw. Außenfinanzierung (Kapitalzuführungen durch Kapitalerhöhungen) gestärkt hat (Stabilitätspolitik des Unternehmens).

Der **Selbstfinanzierungsgrad** gibt an, in welchem Umfang in der Vergangenheit Gewinne thesauriert wurden, d. h. in welchem Umfang die Selbstfinanzierung zur Eigenkapitalstärkung beigetragen hat:

$$\text{Selbstfinanzierungsgrad} = \frac{\text{Gewinnrücklagen}}{\text{Eigenkapital}}$$

Der Selbstfinanzierungsgrad kann somit als Maßstab für die Thesauerierungsbereitschaft und -fähigkeit des Unternehmens qualifiziert werden. Er zeigt allerdings faktisch nur die offene Selbstfinanzierung, da die Analyse der stillen Reserven den bereits aufgezeigten Schwierigkeiten unterliegt.

Im Zusammenhang mit der Finanzierung ist der **Verschuldungsgrad** eine beliebte Kennzahl:

$$\text{Verschuldungsgrad} = \frac{\text{Fremdkapital abzüglich Pensionsrückstellungen}}{\text{bilanzanalytisches Eigenkapital}}$$

Erstrebenswert ist ein Verschuldungsgrad von maximal 100 %. Während ein Verschuldungsgrad von 200 % als noch gesund gilt, erscheinen 300 % als zu hoch.

3. Anlagendeckung (horizontale Betrachtung)

Die gemeinsame Betrachtung von Aktiv- und Passivseite der Bilanz lenkt den Blick auf die Investitionen und deren Finanzierung. Die Passiv- bzw. Kapitalseite zeigt, wer das Kapital in welcher Höhe zur Verfügung gestellt hat. Die Aktiv- bzw. Vermögensseite zeigt, wie dieses Kapital investiert worden ist und inwieweit das Kapital gebunden ist. Nach dem **Grundsatz der Fristenkongruenz** sind die Vermögensteile jeweils mit Finanzmitteln zu finanzieren, die mindestens genau so lange zur Verfügung stehen, wie das Kapital in den Vermögensteilen gebunden ist.

Die gleichzeitige Betrachtung von Mittelverwendung und Mittelherkunft erweist sich allerdings als problematisch, da bis heute keine wissenschaftlich fundierten Regeln für die optimale Finanzierung eines beliebig vorgegebenen Investitionsprogramms existieren. Die Praxis der Bilanzanalyse greift deswegen zur Beurteilung der im Einzelfall vorliegenden Deckungsstrukturen auf im Laufe der Zeit mehr oder weniger bewährte Hilfslösungen zurück, die im Folgenden näher erläutert werden.

Die sog. **Goldene Bilanzierungsregel** vergleicht einzelne in der Bilanz ausgewiesene Aktivposten mit einzelnen in der Bilanz ausgewiesenen Passivposten. Je nach Auswahl der zu betrachtenden Bilanzposten können verschiedene Fassungen der Goldenen Bilanzierungsregel unterschieden werden, die auch als Deckungsgrade bezeichnet werden.

Deckungsgrad I

Der Deckungsgrad I (auch Anlagendeckungsgrad I bzw. Deckungsgrad A genannt) bringt den durch Eigenkapital finanzierten Anteil des Anlagevermögens zum Ausdruck:

$$\text{Deckungsgrad I} = \frac{\text{bilanzanalytisches Eigenkapital}}{\text{Anlagevermögen}}$$

Die Finanzierungsrisiken einer Investition gelten dann als beherrschbar, wenn das gesamte Anlagevermögen mit Eigenkapital finanziert ist. Unter dieser Bedingung kann das Unternehmen i. d. R. auch dann weiter existieren, wenn die Gläubiger ihr finanzielles Engagement kurz- oder mittelfristig deutlich reduzieren.

Vor diesem Hintergrund wurde in der Literatur für den Deckungsgrad I vielfach ein Mindestwert von 100 % gefordert. Für die heutige Praxis werden Mindestwerte eher branchenspezifisch abgegrenzt (z. B. 50 % für die Industrie, aber 100 % für den Großhandel).

Deckungsgrad II

Bei der Beurteilung der Finanzierungsrisiken von Investitionen gilt, dass das langfristige Fremdkapital, wie Pensionsrückstellungen und Kredite mit einer langen Restlaufzeit, die Investitionen fast so gut absichern wie das Eigenkapital. Der Deckungsgrad II drückt dies mit der folgenden Formel aus:

$$\text{Deckungsgrad II} = \frac{\text{bilanzanalytisches Eigenkapital} + \text{langfristiges Fremdkapital}}{\text{Anlagevermögen}}$$

Bei einem Wert von unter 100 % sind Teile des Anlagevermögens nur kurz- oder mittelfristig finanziert. Werden dann kurz- oder mittelfristige Kredite nicht verlängert, kann es zu Liquiditätsengpässen kommen.

Deckungsgrad III

Der Deckungsgrad III berücksichtigt zusätzlich das dauerhaft benötigte Umlaufvermögen, z. B. Mindestbestände im Lager oder bei den liquiden Mitteln.

$$\text{Deckungsgrad III} = \frac{\text{bilanzanalytisches Eigenkapital} + \text{langfristiges Fremdkapital}}{\text{Anlagevermögen} + \text{dauernd benötigtes Umlaufvermögen}}$$

Analog zum Deckungsgrad II wären bei einem Wert von unter 100 % Teile des langfristig gebundenen Vermögens kurz- oder mittelfristig finanziert, sodass im Fall reduzierter oder mangelnder Anschlussfinanzierungen Liquiditätsengpässe nicht ausgeschlossen sind.

Die Deckungsgrade entfalten heute ihre praktische Relevanz und auch eine **normative Wirkung** insbesondere aufgrund der Kriterien im Rahmen einer **Kreditvergabeentscheidung**. Damit Unternehmen als kreditwürdig gelten, sind diese faktisch gezwungen, in ihrer Bilanz auf die Einhaltung der Deckungsgrade zu achten. Umgekehrt bedeutet dies für Unternehmen, die die entsprechenden Relationen nicht einhalten, dass sie aus Sicht eines potenziellen Kapitalgebers kritisch betrachtet werden. Schließlich unterliegen diese Unternehmen der akuten und existenzbedrohenden Gefahr, ihre Kreditwürdigkeit zu verlieren.

Wichtiger als der Vergleich mit dem geforderten Kennzahlenwert von mindestens „1" ist jedoch der **Zeitvergleich** der Deckungsgrade, da dadurch Entwicklungstendenzen der Liquidität erkannt werden können. Eine kontinuierliche Reduktion oder auch ein abrupter Abfall der Deckungsgrade können im Einzelfall auf eine tatsächliche betriebsindividuelle Anspannung in der Zahlungsfähigkeit hinweisen.

Aufgabe 32 > Seite 247
Aufgabe 33 > Seite 247

4. Liquiditätsgrade

Während die Deckungsgrade die finanzielle Stabilität unter langfristigen Aspekten betrachten, dienen die Liquiditätsgrade **zur Beurteilung der (kurzfristigen) Liquidität**. Die Liquidität ist bekanntlich die Fähigkeit eines Unternehmens, jederzeit seinen Zahlungsverpflichtungen nachkommen zu können.

Je mehr liquide Mittel das kurzfristige Fremdkapital decken, desto sicherer ist das Unternehmen im Fortbestand. Zu den **liquiden Mitteln** zählen Kassenbestand, Bundesbank- und Postbankguthaben, Guthaben bei Kreditinstituten und Schecks. Diese können um die diskontfähigen Wechsel und börsengängigen Wertpapiere des Umlaufvermögens ergänzt werden.

Bei den Liquiditätsgraden werden Positionen des Umlaufvermögens zu Positionen des kurzfristigen Fremdkapitals in Relation gebracht. Anhand der folgenden Bilanz werden nun die einzelnen Liquiditätsgrade vorgestellt und ermittelt:

Aktiva	**Auszug aus der Bilanz**			**Passiva**
		Euro		Euro
Vorräte		10.000	Kurzfristiges Fremdkapital	15.000
Forderungen aus L. u. L.		10.000		
– davon Wechsel	5.000 €			
Börsengängige Wertpapiere		5.000		
Flüssige Mittel		5.000		
Summe Umlaufvermögen		30.000		

Liquidität I

Die Liquidität ersten Grades oder **Barliquidität** setzt die liquiden Mittel ins Verhältnis zum kurzfristigen Fremdkapital. Je höher der Wert dieser Kennzahl ist, desto besser ist die Bonität des Unternehmens einzuschätzen. Ein Wert von 100 % wird allerdings in der Praxis (fast) nie erreicht. In der Literatur werden nicht selten Richtwerte von 10 % bis 30 % genannt.

$$\text{Liquidität I} = \frac{\text{liquide Mittel}}{\text{kurzfristiges Fremdkapital}} = \frac{15.000}{15.000} = 100\ \%$$

Liquidität II

Die Liquidität zweiten Grades, die **einzugsbedingte Liquidität**, berücksichtigt zusätzlich die kurzfristigen Forderungen als quasi-liquide Mittel und setzt somit das monetäre Umlaufvermögen ins Verhältnis zum kurzfristigen Fremdkapital. Sie geht davon aus, dass beispielsweise die Forderungen aus L. u. L. eine ähnlich lange Laufzeit haben wie die Verbindlichkeiten aus L. u. L.

$$\text{Liquidität II} = \frac{\text{liquide Mittel + kurzfristige Forderungen}}{\text{kurzfristiges Fremdkapital}} = \frac{20.000}{15.000} = 133\ \%$$

In der Praxis hat sich ein **Normwert von mindestens 100 %** für die Höhe der Liquidität 2. Grades etabliert. Es muss jedoch darauf hingewiesen werden, dass für die Formulierung dieses Normwertes eine wissenschaftliche Fundierung fehlt.

Liquidität III

Die Liquidität dritten Grades (auch Current Ratio oder Working Capital Ratio genannt) setzt das gesamte Umlaufvermögen ins Verhältnis zum kurzfristigen Fremdkapital. In der Literatur werden als **Mindesthöhe** für diese Kennzahl **150 %** oder sogar auch **200 %** (sog. **Banker's Rule**) genannt. Hintergrund für eine den Wert von 100 % übersteigende Mindesthöhe ist, dass das Umlaufvermögen auch Vorräte enthält, die den Sprung zum Absatzmarkt noch nicht geschafft haben und somit im Vergleich zu den anderen Bestandteilen des Umlaufvermögens einen noch längeren Zeitraum bis zum Zahlungsmittelzufluss erwarten lassen. Allerdings ist bei dieser Bewertung zu berücksichtigen, dass das Umlaufvermögen in den Bilanzen deutscher Unternehmen nach dem strengen Niederstwertprinzip (§ 253 Abs. 4 HGB) bewertet werden muss, sodass im Einzelfall stille Reserven vorliegen können. Demgegenüber ist das kurzfristige Fremdkapital grundsätzlich zum Höchstwert zu bewerten.

$$\text{Liquidität III} = \frac{\text{Umlaufvermögen}}{\text{kurzfristiges Fremdkapital}} = \frac{30.000}{15.000} = 200\ \%$$

Aufgabe 34 > Seite 247
Aufgabe 35 > Seite 248

Gründe für eine mangelhafte Liquidität können sein:

- Investitionen im Anlagevermögen
- Aufstockung der Vorräte
- lange Zahlungsziele auf der Absatzseite und kurze Zahlungsziele auf der Beschaffungsseite
- Abbau von Fremdkapital
- Auftragsfertigung mit eigener Vorfinanzierung über einen längeren Zeitraum
- Umsatzrückgang
- saisonbedingte Liquiditätsschwäche
- Ertragsschwäche im Zuge von Kostensteigerungen, die nicht über entsprechend höhere Preise weitergegeben werden (können).

Die Liquidität wird verbessert durch:

- Verlängerung der Zahlungsziele auf der Einkaufsseite
- Verkürzung der Zahlungsziele auf der Verkaufsseite, z. B. durch Gewährung von Skonto
- Verkauf nicht betriebsnotwendiger Vermögensgegenstände des Anlage- oder/und Umlaufvermögens
- Veräußerung von Finanzanlagen und Wertpapieren des Umlaufvermögens
- Vereinbarung von Anzahlungen für länger laufende Aufträge
- Verschiebung von Steuerzahlungen in Folgejahre durch Nutzung aller Abschreibungsmöglichkeiten und
- Nutzung sämtlicher Möglichkeiten zur Aufwandsverrechnung z. B. durch Bildung von zusätzlichen Rückstellungen im Rahmen einer sehr vorsichtigen Bewertung (ein geringeres Jahresergebnis führt c. p. zu geringeren Gewinnausschüttungen und – im Zuge der Maßgeblichkeit der Handels- für die Steuerbilanz – zu geringeren Steuerzahlungen).

Reichen diese Maßnahmen der Innenfinanzierung nicht aus, bestehen weitere Möglichkeiten zur Verbesserung der Liquidität durch Maßnahmen der Außenfinanzierung, wie z. B.

- Aufstockung des Eigenkapitals durch Privateinlagen
- Aufnahme neuer Gesellschafter im Zuge einer Kapitalerhöhung
- Aufnahme eines stillen Gesellschafters
- zusätzliche Kreditaufnahme.

Aufgabe 36 > Seite 249

Eine weitere Kennzahl zur bestandsorientierten Liquiditätsanalyse ist das **Working Capital**, die die Differenz aus Umlaufvermögen und kurz- und mittelfristigem Fremdkapital darstellt. Die Kennzahl berücksichtigt, dass die Liquidität steigt, je längerfristiger die Zahlungsverpflichtungen und je liquiditätsnäher die Vermögensgegenstände sind. Je höher das Working Capital ist, desto besser wird die zukünftige Liquiditätslage sein, da dann Teile des Umlaufvermögens mittel- oder langfristig finanziert sind. Umgekehrt bedeutet ein negativer Kennzahlenwert, dass das Anlagevermögen nicht fristenkongruent finanziert ist, was auch durch die Berechnung der Deckungsgrade erkannt werden sollte. Da das Working Capital eine absolute Kennzahl darstellt, ist sie für Unternehmensvergleiche faktisch nicht geeignet. Im Rahmen eines Zeitvergleichs lassen die Kennzahlenwerte jedoch evtl. Entwicklungen erkennen.

Die Kennzahl **Working Capital Ratio** ermittelt den Anteil des Working Capitals am Umlaufvermögen.

$$\text{Working Capital Ratio} = \frac{\text{Working Capital}}{\text{Umlaufvermögen}}$$

Nicht selten wird in der Literatur ein Wert von ca. 30 % bis 50 % als optimal qualifiziert.

Aufgabe 37 > Seite 249

Die Liquiditätskennzahlen erlauben keine sicheren Aussagen über die Liquiditätsentwicklung eines Unternehmens und schon gar nicht eine abschließende Beurteilung der Zahlungsfähigkeit eines Unternehmens. Hierfür sind folgende Gründe einschlägig:

- Die Kennzahlen sind Ausprägungen der bestandsorientierten Liquiditätsanalyse, d. h. sie beziehen sich auf den Bilanzstichtag. Die Struktur der liquiden und bedingt liquiden Mittel zu den Verbindlichkeiten kann sich bis zum Tag der Bilanzanalyse stark verändert haben.
- Zum Zeitpunkt einer externen Bilanzanalyse sind die in den Kennzahlen verarbeiteten Bilanzzahlen mit Blick auf den Zeitraum zur Aufstellung und Veröffentlichung des Jahresabschlusses (quasi doppelt) veraltet.

- Die unterstellte Fristigkeit ist nur bei Schecks, Kassenbestand und Bankguthaben mit Sicherheit genau bestimmbar. Ansonsten ist die Fristigkeit mit Blick auf die vorliegenden Informationen im Rahmen einer externen Bilanzanalyse auf ein Jahr fixiert, was angesichts von täglich, wöchentlich oder monatlich rollierenden Liquiditätsplanungen als vergleichsweise lang zu qualifizieren ist.
- Es besteht kein kausaler Zusammenhang zwischen der Liquidität am Bilanzstichtag und der zukünftigen Liquidität.

Einen besseren Einblick in die Liquidität gewähren i. d. R. der Cashflow, die Bewegungsbilanz und die Kapitalflussrechnung.

Aufgabe 38 > Seite 250

5.1.2 Cashflow-Analysen

Die Aussagekraft des Jahresergebnisses als Erfolgsindikator ist insbesondere durch die Bildung oder Auflösung stiller Reserven im Rahmen der Bewertungsvorschriften und der bilanzpolitisch motivierten Gestaltung des Jahresabschlusses begrenzt. Zudem werden in der Gewinn- und Verlustrechnung nur Aufwendungen erfasst, die aus den historischen Bewertungsmaßstäben Anschaffungs- und Herstellungskosten abgeleitet sind (also z. B. keine Erfassung von Abschreibungen auf ggf. höhere Wiederbeschaffungskosten). Das Jahresergebnis kann somit auch inflationsbedingte Scheingewinne enthalten, was die Aussagekraft des Jahresergebnisses als Erfolgsindikator entsprechend beeinträchtigt.

Da sich bilanzpolitisch motivierte Bilanzierungsentscheidungen insbesondere in der Abschreibungshöhe sowie der Bildung und Auflösung von Rückstellungen zu Gunsten des Ergebnisses niederschlagen, hat das bilanzanalytische Schrifttum mit dem Cashflow eine Größe entwickelt, die diesen Einfluss zu elimieren versucht.

Zunächst muss festgehalten werden, dass der Cashflow-Begriff in der Literatur nicht einheitlich abgegrenzt ist. Der Cashflow drückt regelmäßig den in einer Periode aus eigener Kraft erwirtschafteten Überschuss der betrieblichen Einnahmen über die betrieblichen Ausgaben und damit die Innenfinanzierungskraft des Unternehmens aus.

Im Rahmen einer in der Analysepraxis üblichen **indirekten Ermittlung des Cashflow** wird das Jahresergebnis um alle Aufwands- und Ertragsposten korrigiert, die in der Abrechnungsperiode nicht zu Ausgaben bzw. Einnahmen geführt haben.

	Jahresergebnis
+	nicht ausgabewirksame Aufwendungen
-	nicht einnahmewirksame Erträge
=	Cashflow

Aufgrund dieser erfolgsnahen Abgrenzung des Cashflow wird diesem auch die **Funktion eines Erfolgsindikators** zuerkannt. Im Rahmen der erfolgswirtschaftlichen Bilanzanalyse dient er einerseits insoweit als **retrospektiver** Erfolgsmaßstab, als dass auf dieser Basis die vergangene erfolgswirtschaftliche Entwicklung des Unternehmens erkannt und beurteilt werden soll. Da der Cashflow allerdings bestimmte Erträge und Aufwendungen negiert und der Erfolg als Differenz zwischen Ertrag und Aufwendungen definiert ist, darf der Cashflow nicht mit dem erzielten Jahreserfolg gleichgesetzt werden. Der Cashflow überzeichnet regelmäßig den erzielten Jahreserfolg, da die Korrektur der Aufwendungen im Allgemeinen die Korrektur der Erträge übersteigt. Somit besteht vielfach die Gefahr einer Überschätzung der erzielten Jahresergebnisse. Die Veränderung des Cashflow im Zeitablauf kann allerdings auf eine entsprechende Änderung des Jahreserfolgs hinweisen, die das Jahresergebnis erst in Zukunft oder evtl. auch gar nicht zeigen wird.

Andererseits dient der Cashflow im Rahmen der erfolgswirtschaftlichen Analyse insoweit als **prospektiver** Erfolgsmaßstab, als dass der Cashflow einen Innenfinanzierungsspielraum indiziert, der grundsätzlich auch für zusätzliche Forschungs- und Wachstumsinvestitionen zur Verfügung steht und somit zu einer Stärkung der zukünftigen Ertragskraft beitragen kann. Ob sich dies allerdings in zukünftig steigenden Jahresergebnissen niederschlagen wird, ist nicht ausschließlich von der Höhe der realisierten Cashflows abhängig. Vielmehr müssen sich in Zukunft erfolgversprechende Investitionsobjekte anbieten, die vom Management als solche auch erkannt und realisiert werden müssen. Vor diesem Hintergrund kann der Cashflow als prospektiver Erfolgsmaßstab nur innerhalb einer detaillierten Investitions- und Finanzanalyse eine ergänzende Funktion ausüben.

Grundsätzlich lassen sich in diesem Zusammenhang Brutto- sowie Netto-Cashflow unterscheiden, die im Folgenden jeweils näher erläutert werden sollen.

1. Cashflow I (Brutto-Cashflow)

Der Brutto-Cashflow entspricht der **Differenz zwischen einnahmewirksamen Erträgen und ausgabewirksamen Aufwendungen**. Im Rahmen der bei einer externen Bilanzanalyse üblichen indirekten Ermittlung ist es von wesentlicher Bedeutung, die Erfolgskomponenten ohne Zahlungswirksamkeit aus dem Jahresergebnis zu eliminieren. Die folgende Darstellung zeigt die Grundform für die Ermittlung des Brutto-Cashflow:

	Jahresergebnis nach Steuern
+	Abschreibungen
-	Zuschreibungen
+	Bildung von langfristigen Rückstellungen
-	Auflösung von langfristigen Rückstellungen
=	Brutto-Cashflow

Durch die zusätzliche Korrektur von ungewöhnlichen zahlungswirksamen Aufwendungen und Erträgen, wie diese der Berichtspflicht gem. § 285 Nr. 31 HGB entnommen werden können (z. B. Verkauf von Sachanlagen zu einem den Buchwert übersteigenden Betrag), wird der realisierte Cashflow in einen eher nachhaltigen

Einnahmenüberschuss überführt, der auch als **Cash Earnings** bezeichnet wird. Je höher der Brutto-Cashflow, desto positiver ist die Liquiditätslage zu beurteilen.

Der Brutto-Cashflow berücksichtigt aber weder periodische Verschiebungen zwischen Einnahmen und Einzahlungen (z. B. unbare Umsatzerlöse, die die Forderungen aus L. u. L. erhöhen und erst in der nächsten Periode einzahlungswirksam werden) noch periodische Verschiebungen zwischen Ausgaben und Auszahlungen (z. B. Einkauf von in der betrachteten Periode verbrauchten Rohstoffen auf Ziel, die die Verbindlichkeiten aus L. u. L. erhöhen und erst in der nächsten Periode auszahlungswirksam werden). Da der Brutto-Cashflow somit kurzfristige Zahlungsverschiebungen nicht berücksichtigt, spiegelt er nicht den exakten Innenfinanzierungsbeitrag der analysierten Periode wider, sondern ist eher als eine periodendurchschnittliche und damit **eher nachhaltige Innenfinanzierungsgröße** zu qualifizieren.

Für Zwecke des Periodenvergleichs sowie als Indikator der nachhaltigen Ertragskraft verwendet die Analysepraxis vielfach nur den **betriebsbedingten Cashflow** (statt des gesamten Cashflow), der der aus der anglo-amerikanischen Finanzanalyse bekannten Kennzahl **EBITDA** entspricht. Die folgende Tabelle zeigt die Grundform für die Ermittlung des betriebsbedingten Cashflow vor und nach Steuern:

	Betriebsergebnis (oder EBIT)
+	Abschreibungen auf immaterielle Vermögensgegenstände des Anlagevermögens sowie auf Sachanlagen
-	Zuschreibungen auf immaterielle Vermögensgegenstände des Anlagevermögens sowie auf Sachanlagen
+	Bildung von langfristigen Rückstellungen
-	Auflösung von langfristigen Rückstellungen
=	**(betriebsbedingter) Brutto-Cashflow vor Steuern**
-	EE-Steuern
=	**(betriebsbedingter) Brutto-Cashflow nach Steuern**

2. Cashflow II (Netto-Cashflow)

Der Netto-Cashflow unterscheidet sich dadurch vom Brutto-Cashflow, als dass **Veränderungen des Netto-Umlaufvermögens zusätzlich zu berücksichtigen** sind, was sich auch in der Bezeichnung Netto-Cashflow ausdrückt. Die folgende Tabelle zeigt die Überführung des Brutto-Cashflow in den Netto-Cashflow:

	Brutto-Cashflow (nach Steuern)
±	Veränderungen der Vorräte
±	Veränderungen der Forderungen aus L. u. L.
±	Veränderungen der Verbindlichkeiten aus L. u. L.
=	**Netto-Cashflow (nach Steuern)**

Der auf Basis des betriebsbedingten Brutto-Cashflow ermittelte Netto-Cashflow ist ein sehr zahlungsorientierter operativer Cashflow, der im Fall einer Kapitalflussrechnung nach den einschlägigen nationalen und internationalen Normen auch als

Cashflow aus operativer (laufender) Geschäftstätigkeit bezeichnet wird. Er zeigt die **Selbstfinanzierung** des Unternehmens **aus dem Umsatzprozess**.

Handelsunternehmen weisen i. d. R. bei gleichem Jahresüberschuss einen niedrigeren Cashflow aus als Produktionsunternehmen, da sie wegen geringerer Anlagenintensität geringere Abschreibungen verrechnen. Produktionsbetriebe können entlang der Wertschöpfungskette ganze Fertigungsbereiche entweder auslagern oder selbst übernehmen. In Abhängigkeit der damit im Einzelfall unterschiedlichen Wertschöpfungstiefe ist das Abschreibungspotenzial nicht vergleichbar.

Im Allgemeinen sind folgende Rückschlüsse aus der Entwicklung des Cashflow grundsätzlich möglich:

- **Konstanter/steigender Jahresüberschuss bei sinkendem Cashflow:** Hinweis auf möglicherweise zu niedrige Abschreibungen und Zurückhaltung bei der Bildung von Rückstellungen (progressive Bilanzpolitik).
- **Steigender Cashflow bei gesunkener, konstanter oder proportional geringerer Steigerung des Betriebserfolgs:** Hinweis auf die Bildung stiller Reserven (konservative Bilanzpolitik).
- **Höherer Cashflow und höhere Abschreibungen mit niedrigerem Jahresüberschuss nach geringeren Abschreibungen in den Vorjahren:** Hinweis auf Ersatzinvestitionen, die sich negativ auf das aktuelle Ergebnis, aber positiv auf den Erfolg der Folgejahre auswirken.

3. **Cashflow-Umsatzverdienstrate**
Die Beziehung des (betriebsbedingten) Netto-Cashflow zum Umsatzerlös ergibt die Cashflow-Umsatzverdienstrate. Sie zeigt den Anteil der Umsatzerlöse an, der für Investitionen, den Kreditdienst (Zinszahlungen und Tilgungen) und Gewinnausschüttungen zur Verfügung steht. Mithilfe dieser Kennzahl lässt sich das künftige Innenfinanzierungspotenzial in Abhängigkeit von der erwarteten Umsatzentwicklung abschätzen.

$$\text{Cashflow-Umsatzverdienstrate} = \frac{\text{Netto-Cashflow (oder auch Brutto-Cashflow)}}{\text{Umsatzerlöse}}$$

4. **Schuldentilgungsdauer**
Unternehmen können die Schulden letztlich nur aus selbst erwirtschafteten Mitteln tilgen. Die Kennzahl Schuldentildungsdauer gibt den Zeitraum in Jahren an, innerhalb dessen das Fremdkapital mittels des Cashflow aus dem Umsatzprozess getilgt werden kann:

$$\text{Schuldentilgungsdauer} = \frac{\text{gesamtes Fremdkapital}}{\text{Cashflow}}$$

oder

$$\text{Schuldentilgungsdauer} = \frac{\text{Effektivverschuldung}}{\text{Cashflow}}$$

Zur Ermittlung der Effektivverschuldung wird das Fremdkapital um das monetäre Umlaufvermögen (insbesondere liquide Mittel, kurzfristige Forderungen und Wertpapiere des Umlaufvermögens) reduziert.

Implizite Voraussetzung dieser Kennzahl sind aber die eher praxisfernen und kumulativ zu erfüllenden Annahmen, dass der gesamte Cashflow zur Schuldentilgung verwendet, der Umfang der Verschuldung laufend abgebaut (also keine zusätzliche Fremdkapitalaufnahme im Zuge einer Umschuldung) und stets ein Cashflow in aktueller Höhe generiert wird. In der Regel dauert die tatsächliche Schuldentilgung länger, da aus dem Cashflow auch Investitionen sowie Gewinnausschüttungen zu finanzieren sind.

Von besonderem Interesse ist bei der Kennzahl der **Zeitvergleich**, da ein (drastisches) Ansteigen des Kennzahlenwertes als **Frühindikator** einer möglichen Insolvenz gewertet werden kann. Gerade in Krisensituationen mit verschlechterter Absatzlage steigt vielfach die Verschuldung, während gleichzeitig der Cashflow sinkt (geringere Umsatzerlöse senken das Jahresergebnis).

Die Grundsätze für die Vergabe von Unternehmenskrediten durch Versicherungsgesellschaften des GDV, an welchen sich auch die BaFin bei ihren Prüfungshandlungen orientiert, verwenden folgende Kennzahlen zur Verschuldung:

$$\text{Level of Debt I} = \frac{\text{Total Debt}}{\text{EBITDA}} < 3 \text{ (näherere Erläuterungen s. u.)}$$

sowie

$$\text{Level of Debt II} = \frac{\text{Net Debt}}{\text{EBITDA}} < 2{,}5 \text{ (näherere Erläuterungen s. u.)}$$

Der **Total Debt (= Finanzschulden)** beinhaltet nach Definition des GDV die zinstragenden Verbindlichkeiten. Der **Net Debt (= Netto-Finanzschulden)** ergibt sich aus den zinstragenden Verbindlichkeiten abzüglich liquider Mittel. Das Ergebnis ist die um die liquiden Mittel bereinigte verzinsliche Schuldenlast. Dabei wird unterstellt, dass die übrigen, nicht verzinslichen Schulden aus Forderungen und Vorräten getilgt werden.

Wenn eine Versicherungsgesellschaft einen Unternehmenskredit in Form eines Schuldscheindarlehens vergeben möchte, muss die Kennzahl Level of Debt I den Wert von 3 und die Kennzahl Level of Debt II den Wert von 2,5 unterschreiten. Anderenfalls ist eine entsprechende Kreditvergabe aufsichtsrechtlich ausgeschlossen.

5. Innenfinanzierungsgrad

Der Innenfinanzierungsgrad stellt das Verhältnis des Cashflow zu den Netto-Investitionen dar und zeigt somit an, inwieweit die vorgenommenen Investitionen aus den vom Unternehmen selbst erwirtschafteten Mitteln finanziert werden. Die Kennzahl hat eine besondere Bedeutung für anlagenintensive, d. h. kapitalintensive Betriebe.

$$\text{Innenfinanzierungsgrad} = \frac{\text{Cashflow}}{\text{Netto-Investitionen}}$$

mit:

	Brutto-Investitionen (= Zugänge im Anlagengitter)
-	Restbuchwerte der Anlagenabgänge
=	Netto-Investitionen

Bei einem Innenfinanzierungsgrad von unter 100 % ist ein Wachstum nur noch durch eine Begleitung von Maßnahmen der Außenfinanzierung möglich. Sollte keine weitere Eigenkapitalzufuhr erfolgen, führt die notwendige Kreditaufnahme zu einer zukünftig steigenden Ergebnis- und Liquiditätsbelastung durch Zins- und Tilgungszahlungen. Im Fall drastischer Konjunktureinbrüche oder einer Unternehmenskrise droht die Gefahr der Illiquidät.

Andererseits kann aber ein Innenfinanzierungsgrad von unter 100 % bei wachsenden Unternehmen über einen überschaubaren Zeitraum erforderlich sein, weil eine Finanzierung aus dem Umsatzprozess anfänglich nicht möglich ist. Ein niedriger Innenfinanzierungsgrad ist stets Ausdruck eines entsprechend erhöhten unternehmerischen Risikos.

Für eine differenziertere Analyse der Wachstumsaussichten ist bei älteren Unternehmen zusätzlich zu den Erweiterungsinvestitionen auch die Notwendigkeit von Ersatzinvestitionen zu beachten.

Aufgabe 39 > Seite 250

5.1.3 Sachanlagenintensität und Investitionstätigkeit

Insbesondere für die Analyse von Industrieunternehmen liefert die sog. Sachanlagenintensität wichtige Informationen, da Sachanlagen z. B. im Vergleich zu Finanzanlagen regelmäßig schwieriger zu liquidieren sind. Die Sachanlagenintensität zeigt den Anteil des Sachanlagevermögens am Gesamtvermögen.

$$\text{Sachanlagenintensität} = \frac{\text{Sachanlagen (zu Buchwerten)}}{\text{Gesamtvermögen}}$$

Eine im Zeitablauf **sinkende Sachanlagenintensität** wird grundsätzlich positiv gewürdigt. Liegt der Grund dieses Rückgangs im sukzessiven Verkauf von Sachanlagen (insbesondere Immobilien, z. B. auch über Sale-and-lease-back-Geschäfte), um dadurch stille Reserven aufzulösen und einen Rückgang des ordentlichen Erfolges zu kompensieren, sollte diese Entwicklung jedoch eher bedenklich stimmen. Unter zusätzlicher Berücksichtigung der Ergebnisse aus der Ergebnisquellenanalyse müsste dies jedoch erkennbar sein.

Eine im Zeitablauf **steigende Sachanlagenintensität** wird regelmäßig als für das Unternehmen ungünstig beurteilt, zumal daraus eine höhere Fixkostenbelastung (z. B. Abschreibungen) resultiert. Positiv zu würdigen wäre ein steigender Verlauf dieser Kennzahl, wenn er z. B. das Ergebnis von Rationalisierungsmaßnahmen wäre, die insgesamt zu einer niedrigeren Kapitalbindung (und damit auch zu einem geringeren Gesamtvermögen) führen, oder wenn in der nahen Vergangenheit größere Investitionen getätigt worden wären, die die Produktivität des Unternehmens erhöhten.

Die Anlagenintensität sinkt c. p. mit dem Alter der abnutzbaren Sachanlagen, da die im Zeitablauf vorzunehmenden planmäßigen Abschreibungen den Buchwert der Sachanlagen mindern. Eine aufgrund des Alters der (in der Zwischenzeit weitgehend abgeschriebenen) Sachanlagen relativ niedrige Anlageintensität wäre negativ zu beurteilen, da evtl. ein Reinvestitionsbedarf mit fraglichen Finanzierungsmöglichkeiten existiert und ältere Anlagen tendenziell eher unwirtschaftlich sind. Vor diesem Hintergrund ist die Sachanlagenintensität stets im Zusammenhang mit der **Altersstruktur** des Sachanlagevermögens zu würdigen, sodass auch zwei Unternehmen mit gleicher Sachanlagenintensität ggf. unterschiedlich beurteilt werden müssten. Die Altersstruktur lässt sich mit folgender Kennzahl näher untersuchen:

$$\text{Anlagenabnutzungsgrad} = \frac{\text{kumulierte Abschreibungen auf das abnutzbare SAV}}{\text{historische AHK des abnutzbaren SAV}}$$

Die Anwendung dieser Kennzahl auf einzelne Gruppen innerhalb des Sachanlagevermögens erlaubt auch eine zumindest grobe Einschätzung des jeweiligen Reinvestitionsbedarfs.

Allerdings darf die Aussagefähigkeit des Anlagenabnutzungsgrades nicht überschätzt werden, da die Abschreibungen insbesondere bei HGB-Jahresabschlüssen durch bilanzpolitische Faktoren (z. B. Wahl der Abschreibungsmethode) beeinflusst sind. Der Einfluss solcher Faktoren auf die Kennzahl lässt sich aber aufgrund mangelnder Informationen im Jahresabschluss regelmäßig nicht vollständig herausrechnen.

Vor diesem Hintergrund müssen stets die vom Unternehmen vorgenommenen Investitionen näher analysiert werden. Eine Vielzahl von Maßnahmen dient der Sicherung der künftigen Gewinnerzielung und Unternehmensexistenz, wie z. B.:

- Forschung und Entwicklung
- Werbung als Investition in den Markt
- Schulung der Mitarbeiter als Investition in das Humankapital
- umfangreiche Projekte zum Umbau der Organisation
- Erweiterung und Verbesserung des Produktions- und Absatzprogramms.

Viele dieser Investitionen unterliegen dem Aktivierungsverbot gem. § 248 Abs. 2 Satz 2 HGB. Soweit die FuE-Kosten oder die Kosten für Werbung bekannt sind, werden bevorzugt die Kennzahlen FuE-Kosten in Prozent vom Umsatz und Werbeaufwand in Prozent vom Umsatz ermittelt und mit Branchenkennzahlen verglichen.

Näher analysierbar sind dagegen stets die aktivierten Investitionen. Im Rahmen der Aufbereitung des Datenmaterials werden die Posten des Anlagevermögens um ggf. erkannte stille Reserven bereinigt. Das Volumen der Investitionen ins Anlagevermögen entspricht regelmäßig den Angaben in der Spalte „Zugänge" im Anlagenspiegel.

Die **Investitionsquote** geht von den Nettoinvestitionen (zur Definition s. die Ausführungen zum Innenfinanzierungsgrad) aus:

$$\text{Investitionsquote} = \frac{\text{Zugänge zum Sachanlagevermögen}}{\text{Anfangsbestand zu Anschaffungs- und Herstellungkosten}}$$

Unternehmenswachstum ist jedoch erst dann gegeben, wenn die Nettoinvestitionen die Abschreibungen übersteigen. Hierüber gibt die Wachstumsquote Auskunft:

$$\text{Wachstumsquote} = \frac{\text{Netto-Investitionen in Sachanlagen}}{\text{Abschreibungen des Geschäftsjahres auf das SAV}}$$

Unterschreitet die Wachstumsquote längerfristig den Wert „1", ist von einem Substanzverzehr auszugehen. Es ist dann zu vermuten, dass die Unternehmenspolitik eher auf Abschöpfung als auf Wachstum ausgerichtet ist, sofern nicht eine Umstrukturierung des Unternehmens z. B. von einem produzierenden Unternehmen zu einem Dienstleistungsunternehmen erkennbar ist.

Die **Investitionsdeckung** gibt an, in welchem Umfang die Nettoinvestitionen aus dem Cashflow finanziert werden.

$$\text{Investitionsdeckung} = \frac{\text{Cashflow}}{\text{Netto-Investitionen in das SAV}} \cdot 100$$

5.1.4 Umschlagskennzahlen

Umschlagskennzahlen dienen der Kontrolle der **Wirtschaftlichkeit des Betriebsprozesses**. Sie informieren über die Umschlagshäufigkeit oder über die Umschlagsdauer, d. h. die durchschnittliche Verweildauer im Betrieb. Die beiden Kennzahlen führen grundsätzlich zu einem vergleichbaren Erkenntnisgewinn.

Die **Umschlagshäufigkeit** bringt stets den Quotienten aus Umsatzerlösen (Wert im Zähler) sowie einer Vermögens- oder Kapitalposition (als Durchschnittswert von Jahresanfangs- und -endbestand im Nenner) zum Ausdruck. Sie gibt an, wie oft eine Vermögens- oder Kapitalposition innerhalb einer Periode durch den Umsatzprozess umgeschlagen wird. Eine hohe Umschlagshäufigkeit führt zu einer besseren Nutzung des Eigen- und Fremdkapitals. Je höher die Umschlagshäufigkeit, desto geringer ist c. p. der Kapitalbedarf.

Die Multiplikation des Kennzahlen-Kehrwerts mit 365 führt dann zur **Umschlagsdauer** (gemessen in Tagen). Sie zeigt den Zeitraum der Mittelbindung z. B. in Vorräten und Forderungen. Ein Abbau der Mittelbindung setzt liquide Mittel frei, die für zusätzliche Investitionen oder für die Tilgung von Fremdkapital verwendet werden können. Je länger z. B. die Vorräte im Lager verweilen, desto höher sind die Kapitalbindung und damit die Zinsbelastung.

1. **Umschlagshäufigkeit des Kapitals**
   Die Kennzahl Umschlaghäufigkeit des Kapitals gibt an, wie oft das eingesetzte Eigen- und Fremdkapital im Geschäftsjahr durch Absatzprozesse umgesetzt worden ist:

   $$\text{Umschlagshäufigkeit des Kapital} = \frac{\text{Umsatz}}{\text{ø-Kapital}}$$

   Eine steigende Umschlagshäufigkeit ist Ausdruck einer entsprechend sich verbessernden Produktivität des Kapitaleinsatzes. Dies wiederum würde c. p. den Einsatz von weniger Kapital erlauben, was wiederum die Höhe der Kapitalkosten entlasten könnte.

2. **Umschlagshäufigkeit und Umschlagsdauer der Vorräte**
   Die beiden Kennzahlen Umschlagshäufigkeit der Vorräte und Umschlagsdauer der Vorräte (auch **Vorratsreichweite, Vorratsdauer** oder **Days Inventory Held** genannt) berechnen sich wie folgt:

$$\text{Umschlagshäufigkeit der Vorräte} = \frac{\text{Umsatzerlöse}}{\text{ø-Vorrätebestand}}$$

$$\text{Umschlagsdauer der Vorräte in Tagen} = \frac{\text{ø-Vorrätebestand}}{\text{Umsatzerlöse}} \cdot 365$$

Bei der Interpretation dieser Kennzahlen im **Betriebsvergleich** müssen Branchenunterschiede, eine mögliche unterschiedliche saisonabhängige Geschäftstätigkeit und Unterschiede in den angewendeten Bilanzierungsmethoden beachtet werden. Besonders im internationalen Vergleich können sich zusätzlich Verzerrungen infolge unterschiedlicher Bestandteile der Herstellungskosten zur Bewertung der Vorräte und unterschiedlicher Ansätze der Gewinnrealisierung in den Umsatzerlösen ergeben. Soweit erhaltene Anzahlungen auf Bestellungen nicht bereits aktiv abgesetzt sind, werden sie von den Vorräten abgezogen.

Von besonderer Bedeutung sind Veränderungen der Kennzahlenwerte im **Zeitvergleich**. Ein Anstieg der Vorratsbestände bei höherer Umschlagshäufigkeit (bzw. niedrigerer Umschlagsdauer) kann auf wachsende Umsätze und Expansion hinweisen.

Kritisch zu würdigen ist jedoch ein **Rückgang der Umschlagshäufigkeit (bzw. Anstieg der Umschlagsdauer)**. Dieser deutet vielfach auf eine suboptimale Lagerhaltung hin, deren Gründe entweder in einem vernachlässigten Beschaffungswesen oder in der Überschätzung der Absatzmöglichkeiten liegen können. Wird der Rückgang der Umschlagshäufigkeit (bzw. Anstieg der Umschlagsdauer) durch den Anstieg der Vorräte bei annähernder Konstanz der Umsatzerlöse begleitet, kann dies aber auch auf einen bewussten Lageraufbau im Zuge des vom Mangement erwarteten Absatzaufschwungs sein. Die die Bilanzanalyse begleitenden Informationen über den Auftragsbestand sowie konjunkturelle Entwicklungen sollten diese Überlegung dann aber stützen.

Bei Unternehmen der Investitionsgüterindustrie, die nach den HGB-Normen bilanzieren, wird der Zeitvergleich mitunter durch **länger laufende Auftragsfertigung** verzerrt. Während der Auftragsfertigung wachsen die Herstellungskosten der unfertigen Erzeugnisse über einen längeren Zeitraum an. Dabei können sich die noch nicht verarbeiteten auftragsgebundenen Rohstoffe und Fertigteile je nach Organisation in den Beständen an Rohstoffen und Fertigteilen oder in den Beständen an unfertigen Erzeugnissen niederschlagen.

Bei der Beurteilung dieser Kennzahlen muss auch ein Blick auf die Liquidität und die Verschuldung geworfen werden. **Liquiditäts- und Finanzierungsschwierigkeiten** können die Ursache für einen Abbau der Vorräte und eine Erhöhung der Umschlagshäufigkeit (bzw. Reduktion der Umschlagsdauer) sein.

3. Umschlagshäufigkeit der Forderungen und Kundenziel

Die beiden Kennzahlen Umschlagshäufigkeit der Forderungen sowie das Kundenziel (auch Debitorenlaufzeit oder **Days Sales Outstanding** genannt) berechnen sich wie folgt:

$$\text{Umschlagshäufigkeit der Forderungen} = \frac{\text{Umsatzerlöse}}{\text{ø-Forderungsbestand aus L. u. L.}}$$

$$\text{Kundenziel in Tagen} = \frac{\text{ø-Bestand an Forderungen aus L. u. L.}}{\text{Umsatzerlöse}} \cdot 365$$

Eine steigende Umschlagshäufigkeit der Forderungen (bzw. ein Rückgang des Kundenziels) führt zu einer sinkenden Mittelbindung und damit zu einer Entlastung bei den Kapitalkosten. Der Verkauf von Forderungen (Factoring) kann sich positiv auswirken. Eine sinkende Umschlagshäufigkeit (bzw. ein Anstieg des Kundenziels) kann branchen- oder konjunkturell bedingt sein, aber auch auf eine Verschlechterung der Wettbewerbsposition hinweisen. Direkte Ursachen sind i. d. R. eine Verlängerung der Zahlungsziele, Lieferung an Kunden mit schlechterer Bonität, Kürzungen von Skontigewährungen oder auch generell Absatzschwierigkeiten mit Umsatzeinbußen.

4. Lieferantenziel

Das Lieferantenziel (auch **Kreditorenlaufzeit, Verbindlichkeitsreichweite** oder **Days Payables Outstanding** genannt) berechnet sich wie folgt:

$$\text{Lieferantenziel} = \frac{\text{ø-Bestand an Verbindlichkeiten aus L. u. L.}}{\text{Wareneingang}} \cdot 365$$

Der Wareneingang lässt sich nicht der Bilanz entnehmen, da Waren gemeinsam mit den fertigen Erzeugnissen ausgewiesen werden. Allerdings kann eine näherungsweise Berechnung des Wareneingangs erfolgen durch:

	Aufwendungen für RHB sowie für bezogene Waren
+	Zunahme (- Abnahme) des Bestandes an (fremdbezogenen) RHB
=	Wareneingang

Im Fall des Gesamtkostenverfahrens sind die für die Berechnung erforderlichen Zahlen in der Position 5 **Materialaufwand** aufgeführt. Im Fall des Umsatzkostenverfahrens sind entsprechende Angaben aufgrund der Berichtspflicht gem. § 285 Nr. 8 HGB regelmäßig dem Anhang eines Einzelabschlusses zu entnehmen (kleine Kapitalgesellschaften sind von dieser Berichtspflicht gem. § 288 Abs. 1 Nr. 1 HGB befreit). In diesem Zusammenhang bleibt festzuhalten, dass eine entsprechende Berichtspflicht weder für den HGB- noch für den IFRS-Konzernabschluss explizit formuliert ist.

5. **Cash Conversion Cycle**

Der Cash Conversion Cycle (auch **Cash-to-Cash Cycle** oder **Liquiditätskreislauf** genannt) führt die Kennzahlen Kundenziel, Umschlagsdauer der Vorräte und Lieferantenziel zu einer Kennzahl zusammen. Es gilt:

	Kundenziel
+	Umschlagsdauer der Vorräte
-	Lieferantenziel
=	Cash Conversion Cycle

Der Kennzahlenwert gibt die durchschnittliche Dauer an, in der das Unternehmen die für den Wareneinkauf eingesetzten Finanzmittel durch den Umsatzprozess zurück erhält. Der Cash Conversion Cycle beginnt mit der Zahlung der bestellten Waren (Lieferantenziel); die Weiterverarbeitung mit Produktionsstart und -ende sowie die Zeit bis zum Verkauf der Waren bzw. Erzeugnisse sind in der Umschlagsdauer der Vorräte enthalten. Nach dem Verkauf der Waren bzw. Erzeugnisse erfolgt der Zahlungseingang ggf. erst später (Kundenziel).

Ein **positiver Kennzahlenwert** zeigt somit die **Dauer des** für die Umsatzerzielung notwendigen **Vorfinanzierungsbedarfes**. Mit steigendem Kennzahlenwert ergeben sich negative Auswirkungen auf den Cashflow, auf die Unternehmensliquidität und schließlich im Fall alternativer Finanzierungen über die Kapitalkosten auch auf das Jahresergebnis.

Ist die Summe aus Kundenziel und Umschlagsdauer der Vorräte kleiner als das Lieferantenziel wird die Kennzahl einen **negativen Wert** aufweisen. In der Praxis kommt dies nicht selten bei den Lebensmitteldiscountern vor. Gründe hierfür können die hohe Verhandlungsmacht des Unternehmens sowohl auf dem Beschaffungs- wie auch auf dem Absatzmarkt, ein sehr effektives Forderungsmanagement oder auch eine sehr effiziente Produktion (z. B. im Rahmen einer Just-in-Time-Fertigung) sein. Insgesamt muss der Bilanzanalyst dies als einen Hinweis auf ein **sehr erfolgreiches Working-Capital-Management** werten.

Aufgabe 40 > Seite 250

5.2 Analyse der Ertragslage

Erwerbswirtschaftlich geführte Unternehmen verfolgen zumindest langfristig das Ziel der Gewinnmaximierung. Gewinnstreben und Gewinnerzielung sind notwendige Voraussetzungen für den Erhalt der Leistungsfähigkeit und der Wachstumsfinanzierung. Gewinne erhöhen – wie bereits ausgeführt – zum einen den Innenfinanzierungsspielraum. Zum anderen verbessern sie auch die Möglichkeiten der Außenfinanzierung. Fremdkapitalgeber können die vertragskonforme Bedienung der Kreditverträge erwarten und Eigenkapitalgeber beteiligen sich in Abhängigkeit von der Aussicht auf Kursgewinne und/oder Gewinnausschüttungen eher am Unternehmen.

Die Beurteilung der nachhaltigen Gewinnerzielungsfähigkeit und damit der Ertragskraft ist Gegenstand der erfolgswirtschaftlichen Analysen. Grundlage ist die Analyse der Ertragslage, wobei die einzelnen Teilgebiete der erfolgswirtschaftlichen Analysen in der folgenden Abbildung aufgeführt sind:

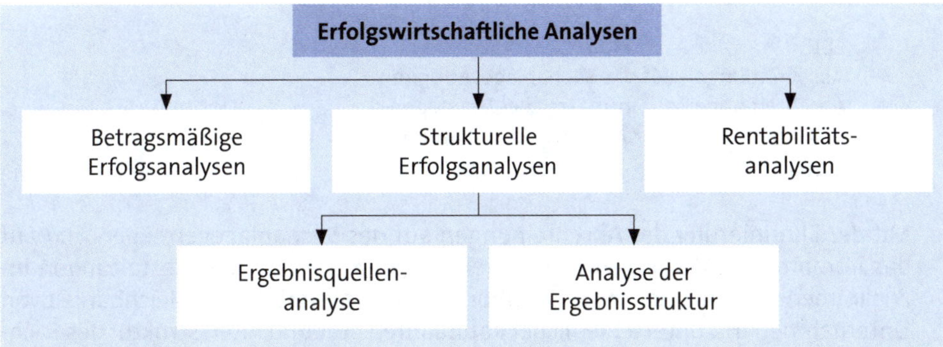

5.2.1 Betragsmäßige Erfolgsanalysen

Bei der Ergebnisbetragsanalyse wird das ausgewiesene Jahresergebnis um einige darin enthaltene Erfolgskomponenten mit dem Ziel bereinigt, eine unter zeitlichen und auch zwischenbetrieblichen Aspekten verbesserte Vergleichbarkeit zu erreichen. Die Maßnahmen zur Bereinigung des Jahresergebnisses sind weder nach den HGB-Normen noch nach den IFRS verbindlich geregelt, sodass diese dem subjektiven Ermessen bei der Bilanzanalyse im Einzelfall unterliegen.

Vor diesem Hintergrund werden die bereinigten Ergebniszahlen auch **Pro-forma-Ergebnisse** bzw. **Pro-forma-Kennzahlen** genannt. In der Veröffentlichungs- und Analysepraxis sind insbesondere die beiden folgenden Kennzahlen gebräuchlich:

1. **Earnings before Interest and Taxes (EBIT)**
   Bei den Earnings before Interest and Taxes (kurz EBIT) wird im Allgemeinen das ausgewiesene Jahresergebnis um den Ertragsteueraufwand sowie das Finanz- und Verbundergebnis bereinigt. Es ist jedoch ebenfalls nicht unüblich, das Jahresergebnis zusätzlich noch um die außerordentlichen und damit nicht nachhaltigen Ergebniskomponenten zu bereinigen. In diesem Fall kann das EBIT als Ausdruck der nachhaltigen operativen Ertragskraft interpretiert werden.

	Jahresergebnis
+	EE-Steuern
±	außerordentliches Ergebnis
±	Finanz- und Verbundergebnis
=	**EBIT**

2. **Earnings before Interest, Taxes, Depreciation and Amortization (EBITDA)**
Bei den Earnings before Interest, Taxes, Depreciation and Amortization (kurz EBITDA) wird das EBIT zusätzlich noch um Abschreibungen auf das Sachanlagevermögen (= Depreciation) sowie Abschreibungen auf immaterielles Vermögen einschließlich Geschäfts- und Firmenwerten (= Amortization) bereinigt.

	EBIT
+	Abschreibungen auf das Sachanlagevermögen
+	Abschreibungen auf immaterielles Vermögen
+	Abschreibungen auf Geschäfts- oder Firmenwerte
=	**EBITDA**

Mit der Eliminierung der Abschreibungen auf das Sachanlagevermögen und auf das immaterielle Vermögen werden jegliche bilanzpolitischen Gestaltungen im Zusammenhang mit diesen Abschreibungen neutralisiert. Die Vergleichbarkeit von Unternehmen mit unterschiedlicher Kapitalintensität und Altersstruktur des Sachanlagevermögens nimmt somit zu. Auch die Bereinigung des EBIT um die Abschreibungen auf Geschäfts- oder Firmenwerte erhöht die Vergleichbarkeit von Unternehmen, da es nun unerheblich ist, ob das Unternehmen organisch oder durch M&A-Aktivitäten wächst.

Die Eliminierung der o. g. Abschreibungen aus dem Jahresergebnis korrigiert dieses um nicht zahlungswirksame Aufwendungen, sodass das EBITDA eine Annäherung an den Cashflow darstellt. Damit ist das EBITDA weniger eine Erfolgs- als vielmehr eine Finanzkennzahl. Das EBITDA ist als Erfolgsgröße kritisch zu würdigen, da es wesentliche in der betrachteten Geschäftsperiode verursachte Aufwendungen nicht mehr abbildet.

Die Pro-forma-Kennzahlen stehen im Ruf, dass deren Bekanntgabe an externe Dritte ein nur als „schlecht" zu würdigendes Ergebnis letztlich durch die Eliminierung ausgewählter Aufwendungen verbessern soll. In den USA wird das EBITDA aufgrund der von Wirtschaftsprüfern bei Worldcom nicht bemerkten Ergebnismanipulationen etwas scherzhaft auch als *„earnings before I tricked (the) dumb auditor"* bezeichnet.

Eine besondere Bedeutung erfahren die beiden Kennzahlen EBIT und EBITDA durch ihre Berücksichtigung in Kennzahlen zum Zinsdeckungsgrad (vgl. Kapitel 5.1.1 1. Kennzahlen zum Finanz- und Verbunderfolg).

5.2.2 Ergebnisquellen- und -strukturanalyse

Die Analyse der Ergebnisquellen beginnt mit der Ergebnisspaltung (s. Kapitel C.3.3). Dabei werden die Quellen des Erfolgs sichtbar. Dann werden Aufwands- und Ertragspositionen der Gewinn- und Verlustrechnung zueinander in Beziehung gesetzt.

1. **Kennzahlen zum Finanz- und Verbunderfolg**
Zur Darstellung der Erträge und Aufwendungen, die sich aus den Beteiligungen, sonstigen Finanzanlagen und Unternehmensverträgen ergeben, werden die beiden Kennzahlen **Beteiligungsergebnisanteil** und **Beteiligungsrendite** errechnet.

Die **Beteiligungsergebnisquote** kann zu einer Risikostreuung und zu Diversifikationserfolgen führen, sofern sich der Gesamterfolg im Zuge der Bildung eines Konglomerats auf unterschiedliche Branchen verteilt.

$$\text{Beteiligungsergebnisquote} = \frac{\text{Beteiligungsergebnis}}{\text{Jahresüberschuss vor EE-Steuern}}$$

In der aktuellen Börsenlandschaft werden jedoch Konglomerate nicht hoch gehandelt; vielmehr leidet nicht selten die Börsenbewertung von Konglomeraten unter dem sog. Konglomeratsabschlag. Investoren suchen eher „Pure Player", die ihre Kräfte bei den jeweiligen Kernkompetenzen bündeln und Wettwerbsvorteile ggü. Konkurrenten aufbauen. Die Risikodiversifikation soll nicht auf Ebene des Unternehmens, sondern im Portfolio des Investors durch die Auswahl der Wertpapiere erfolgen.

Die **Beteiligungsrendite** zeigt die Verzinsung des in verbundene Unternehmen und Beteiligungen investierten Kapitals. Die (historischen) Anschaffungskosten des investierten Kapitals zu Beginn des Geschäftsjahres können dem Anlagenspiegel entnommen werden.

$$\text{Beteiligungsrendite} = \frac{\text{Beteiligungsergebnis}}{\text{ø-Anteile an verbund. Unternehmen + ø-Beteiligungen}}$$

Die **Finanzergebnisquote** zeigt, welcher Anteil des Ergebnisses durch Finanzaktivitäten (und damit außerhalb der eigentlichen betrieblichen Tätigkeit) erzielt worden ist. Bei Unternehmen mit langfristiger Auftragsfertigung besteht – soweit keine Anzahlungen geleistet wurden – wegen der Vorfinanzierung der Fertigung eine gegenseitige Beeinflussung von Betriebs- und Finanzergebnis.

$$\text{Finanzergebnisquote} = \frac{\text{Finanzergebnis}}{\text{Jahresergebniss vor EE-Steuern}}$$

Das **Zinsergebnis** zeigt den Einfluss der Verschuldung auf die Ertragslage. Ein langfristig steigendes Zinsergebnis macht auf eine evtl. Verschiebung der Unternehmenstätigkeit und -finanzierung aufmerksam. Dies wird vielfach bestätigt durch ein wachsendes Finanzanlagevermögen bei stagnierendem oder rückläufigem Anlagevermögen. Bei sinkenden Verbindlichkeiten trotz steigender Zinsaufwendungen kann auf eine Tilgung der (insbesondere kurzfristigen) Verbindlichkeiten kurz vor dem Bilanzstichtag geschlossen werden. Selbstverständlich wirkt sich auch das allgemeine Zinsniveau (mit einer gewissen zeitlichen Verzögerung) auf diese Kennzahl aus.

$$\text{Zinsaufwandsquote} = \frac{\text{Zinsergebnis}}{\text{Jahresergebniss vor EE-Steuern}}$$

Die Kennzahl **Zinsbelastung** zeigt die Kosten der Fremdfinanzierung. Ein Vergleich mit der Gesamtkapitalrentabilität gibt Einblick in die Effizienz des Mitteleinsatzes.

$$\text{Zinsbelastung} = \frac{\text{Zinsaufwand}}{\text{ø-Finanzverbindlichkeiten}^{1}}$$

Die beiden folgenden Kennzahlen zum **Zinsdeckungsgrad** stammen aus den vom GDV verfassten Grundsätzen für die Vergabe von Unternehmenskrediten durch Versicherungsgesellschaften:

$$\text{EBITDA Interest Coverage} = \frac{\text{EBITDA}}{\text{Zinsergebnis}} > 4{,}5$$

$$\text{EBIT Interest Coverage} = \frac{\text{EBIT}}{\text{Zinsergebnis}} > 3{,}5$$

Beide Kennzahlen weisen auf die Ertragskraft des Unternehmens hin und bringen mit zunehmendem Kennzahlenwert die Fähigkeit des Unternehmens zum Ausdruck, die Zinslast aus betrieblichen Erträgen zu tragen. Werden die o. g. jeweiligen Werte nicht überschritten, dürfen Versicherungsgesellschaften grundsätzlich kein Schuldscheindarlehen an das entsprechende Unternehmen vergeben.

2. Kennzahlen zum Betriebserfolg

Die Analyse des Betriebsergebnisses beginnt mit der Umsatzanalyse nach Produktgruppen, Tätigkeitsbereichen und Absatzregionen. Eine entsprechende Aufgliederung ergibt sich aus dem Anhang (§ 285 Nr. 4 HGB) oder aus der im Einzelfall vorliegenden Segmentberichterstattung. Der entsprechende **Umsatzspiegel** zeigt die Entwicklung der einzelnen Produktgruppen und Tätigkeiten auf den verschiedenen Märkten und erlaubt eine differenzierte Einschätzung der Stabilität des Umsatzes.

Die **Bestandsveränderungen** lassen erkennen, in welchem Maße die Umsatzerlöse zu Veränderungen bei den Vorräten an unfertigen und fertigen Erzeugnissen geführt haben, ob „auf Lager produziert wurde" oder ob die Nachfrage im Vergleich zur Produktion höher war.

Die **Betriebsergebnisquote** zeigt, welcher Anteil des Ergebnisses im Rahmen der eigentlichen betrieblichen Tätigkeiten erwirtschaftet worden ist.

$$\text{Betriebsergebnisquote} = \frac{\text{Betriebsergebnis}}{\text{Jahresergebnis vor EE-Steuern}}$$

[1] Verbindlichkeiten aus Anleihen, Verbindlichkeiten ggü. Kreditinstituten, aus der Annahme gezogener Wechsel und der Ausstellung eigener Wechsel, ggü. verbundenen Unternehmen und Verbindlichkeiten ggü. Unternehmen, mit denen ein Beteiligungsverhältnis besteht

Die **Kennzahlen zur Aufwandsstruktur** untersuchen vornehmlich die Zusammensetzung des in der Erfolgsspaltung abgegrenzten Betriebsergebnisses. Mithilfe von sog. Intensitäts- bzw. Quotenkennzahlen sollen die Bedeutung der für das Betriebsergebnis kritischen Aufwandsarten und deren Einfluss auf das Betriebsergebnis herausgestellt werden. Hierzu wird eine Aufwandsgröße ins Verhältnis zur Gesamtleistung (Gesamtkostenverfahren) bzw. zum Umsatz (Umsatzkostenverfahren) gesetzt.

Bei zwischenbetrieblichen Vergleichen müssen Bewertungsunterschiede und Unterschiede beim Ausweis in der Gewinn- und Verlustrechnung beachtet werden, z. B. beim Ausweis von Sozialaufwendungen unter dem Personalaufwand, den sonstigen betrieblichen Aufwendungen und dem außerordentlichen Aufwand.

Zu achten ist auch auf den Ausweis der sonstigen Steuern, die manche Betriebe teilweise den sonstigen betrieblichen Aufwendungen zurechnen, sowie auf die Verrechnung von Steuererstattungen mit den Steueraufwendungen. Besonders bei einem Vergleich von Unternehmen, die ihre Gewinn- und Verlustrechnung nach dem Gesamtkostenverfahren erstellen, mit Unternehmen, die ihre Gewinn- und Verlustrechnung nach dem Umsatzkostenverfahren erstellen, wird es zu einer unterschiedlichen Zuordnung der betrieblichen Aufwendungen kommen.

Bei der Aufwandsstrukturanalyse ist vor allem der **Zeitvergleich** von besonderem Interesse, weil hierüber Veränderungen der Wirtschaftlichkeit einzelner Produktionsfaktoren sichtbar gemacht werden können. Normwerte für die absolute Höhe der einzelnen Kennzahlen existieren jedoch nicht, zumal die Höhe der Kennzahlen bilanzpolitisch gestaltbar ist.

Wesentliche Kennzahlen der Aufwandsstruktur sind die **Personalintensität** (auch **Personalaufwandsquote** genannt), die **Materialintensität** (auch **Materialaufwandsquote** genannt) sowie die **Abschreibungsintensität** (auch **Abschreibungsquote** oder **Kapitalintensität** genannt).

Personalintensität bei Abrechnung nach dem **Gesamtkostenverfahren**:

$$\text{Personalintensität} = \frac{\text{Personalaufwand}}{\text{Gesamtleistung}}$$

Personalintensität bei Abrechnung nach dem **Umsatzkostenverfahren**:

$$\text{Personalintensität} = \frac{\text{Personalaufwand}}{\text{Umsatzerlöse}}$$

Liegt die Gewinn- und Verlustrechnung nach dem Umsatzkostenverfahren vor, müssen die Personalkosten dem Anhang entnommen werden (§ 285 Nr. 8b HGB), da der Personalaufwand in der Gewinn- und Verlustrechnung auf die Bereiche Herstellung, Verwaltung und Vertrieb verteilt ausgewiesen wird.

Der Personalaufwand setzt sich zusammen aus den Löhnen und Gehältern, den sozialen Abgaben und den Aufwendungen für Altersversorgung und für Unterstützung. Die Kennzahl zeigt die Abhängigkeit des Betriebs von der Entwicklung der

Lohn- und Gehaltskosten. Im zwischenbetrieblichen Vergleich gibt sie Aufschluss über das Niveau der Automatisierung.

Im Zeitvergleich kann die Entwicklung der **Wirtschaftlichkeit des Personaleinsatzes** analysiert werden. Eine sinkende Personalintensität kann auf erfolgreich umgesetzte Maßnahmen der Restrukturierung oder auch der Rationalisierung hinweisen. Im Fall der Restrukturierung ist allerdings darauf hinzuweisen, dass entsprechende Maßnahmen regelmäßig mit Abfindungszahlungen einhergehen, die zunächst den Personalaufwand steigen lassen, bevor es dann zu der angestrebten Reduktion des Personalaufwands kommt. Eine steigende Personalintensität weist nicht selten auf Unwirtschaftlichkeiten beim Einsatz des Produktionsfaktors Arbeit hin. Insbesondere ein sprunghafter Anstieg der Personalintensität ist regelmäßig als eine Verschlechterung der Ertragskraft zu qualifizieren, wenn diese nicht durch Einmalfaktoren (z. B. Nachholung von Pensionsrückstellungen) begründet werden. Ein kontiniuerlicher Anstieg kann aber auch auf eine sukzessiv höhere Qualifizierung der Beschäftigten hinweisen, die mit einer fortschreitenden Rationalisierung der Produktionsprozesse einhergeht.

Gerade bei der Analyse personalintensiver Unternehmen ist es zur Würdigung der Ertragskraft sinnvoll, die Personalintensität durch Erweiterung um die Anzahl der im Analysezeitraum durchschnittlich beschäftigten Personen in der folgenden Form auszudrücken:

$$\text{Personalintensität} = \frac{\text{Lohnniveau}}{\text{Arbeitsproduktivität}}$$

mit

$$\text{Lohnniveau} = \frac{\text{Personalaufwand}}{\text{ø-Anzahl der Beschäftigten}}$$

und

$$\text{Arbeitsproduktivität} = \frac{\text{Gesamtleistung}}{\text{ø-Anzahl der Beschäftigten}} \quad \text{(Gesamtkostenverfahren)}$$

bzw.

$$\text{Lohnniveau} = \frac{\text{Umsatzerlöse}}{\text{ø-Anzahl der Beschäftigten}} \quad \text{(Umsatzkostenverfahren)}$$

Grundlage hierfür ist die Kenntnis der durchschnittlichen Belegschaft, für die gem. den §§ 285 Nr. 7 sowie 314 Abs. 1 HGB eine Berichtspflicht im Anhang besteht.

Die Aufschlüsselung zeigt die **Ursachen einer veränderten Personalintensität** deutlich. So kann eine steigende Personalintensität durch den Rückgang der Arbeitsproduktivität bei Konstanz des Lohnniveaus, durch den Anstieg des Lohnniveaus bei

Konstanz der Arbeitsproduktivität, aber auch durch einen im Vergleich zum Lohnniveau schwächereren Anstieg der Arbeitsproduktivität begründet sein.

Die **Aussagefähigkeit** dieser Kennzahl ist allerdings bei einem verstärkten Einsatz von Leih- und Zeitarbeitern eingeschränkt, da die diesbezüglichen Aufwendungen in den „sonstigen betrieblichen Aufwendungen" (und nicht im „Personalaufwand") ausgewiesen werden. Im Fall einer näheren Aufschlüsselung der sonstigen betrieblichen Aufwendungen im Anhang sollte dies jedoch zumindest qualitativ erkennbar sein. Annahmen über die durchschnittlich zu erwartenden Lohn- und Gehaltsaufwendungen (inkl. Sozialabgaben) sowie über die geschätzten branchenüblichen Produktivitätssteigerungen erlauben aber eine zumindest grobe Prognose der zukünftigen Personalintensität.

Die Höhe der **Materialintensität** zeigt an, welcher Anteil der Gesamtleistung bzw. des Umsatzes für den Materialeinsatz verbraucht wird.

Materialintensität bei Abrechnung nach dem **Gesamtkostenverfahren**:

$$\text{Materialintensität} = \frac{\text{Materialaufwand}}{\text{Gesamtleistung}}$$

Materialintensität bei Abrechnung nach dem **Umsatzkostenverfahren**:

$$\text{Materialintensität} = \frac{\text{Materialaufwand}}{\text{Umsatzerlöse}}$$

Materialaufwand ist der Aufwand an Roh-, Hilfs- und Betriebsstoffen und für bezogene Waren (§ 275 Abs. 2 Nr. 5a HGB) sowie für bezogene Leistungen (§ 275 Abs. 2 Nr. 5b HGB). Bei einer Gewinn- und Verlustrechnung nach dem Umsatzkostenverfahren sind die Materialkosten regelmäßig dem Anhang zu entnehmen (§ 285 Nr. 8a HGB).

Die Kennzahl gibt Auskunft über die Wirtschaftlichkeit des Materialeinsatzes, die Abhängigkeit von Preisveränderungen am Beschaffungsmarkt sowie die Fertigungstiefe des Unternehmens.

Im Allgemeinen liegt bei einer hohen (niedrigen) Materialintensität eine geringe (hohe) Fertigungstiefe der Produktion vor. Ein steigender oder sinkender Kennzahlenwert ist oft die Folge von Veränderungen in der Produktion mit Änderungen der Fertigungstiefe. Vorteile einer vergleichsweise hohen Fertigungstiefe bei geringer Materialintensität sind die tendenzielle Unabhängigkeit von den Zulieferunternehmen sowie die grundsätzliche Existenz von erhöhten Synergiepotenzialen (insbesondere Kostensynergien in der Fertigung).

Eine vergleichsweise hohe Fertigungstiefe hat aber z. B. den Nachteil, dass das Unternehmen eher unflexibel auf Absatzschwankungen durch Änderungen des Absatzprogramms und des zugehörigen Produktionssapparates reagieren kann. Erkennt der Bilanzanalyst ein Absinken der Fertigungstiefe, dann muss er kontrollieren, ob der damit regelmäßig einhergehende Anstieg der Materialintensität mit einer Reduktion der Personalintensität (s. o.) verbunden ist. Ist dies nicht der Fall, kommt es c. p. unweigerlich zu Ergebnisbelastungen, die die Ertragskraft des Unternehmens (evtl. sogar nachhaltig) schwächen. Im Fall von steigenden Materialintensitäten mit abnehmender Fertigungstiefe drohen evtl. Abhängigkeiten (z. B. von Zulieferunternehmen oder von Wechselkursen bei einer Materialbeschaffung in einer Fremdwährung).

Die Höhe der **Abschreibungs- bzw. Kapitalintensität** zeigt an, welcher Anteil der Gesamtleistung bzw. des Umsatzes durch den Einsatz von Sachanlagen und immateriellem Vermögen erzielt wird:

$$\text{Kapitalintensität} = \frac{\text{Abschreibungen des Geschäftsjahres}}{\text{Gesamtleistung}} \quad \text{(Gesamtkostenverfahren)}$$

bzw.

$$\text{Kapitalintensität} = \frac{\text{Abschreibungen des Geschäftsjahres}}{\text{Umsatzerlöse}} \quad \text{(Umsatzkostenverfahren)}$$

Eine im Zeitablauf steigende Kapitalintensität kann grundsätzlich als Signal auf eine intensivere Nutzung der Produktionskapazitäten aufgefasst werden. Insoweit erhält der Bilanzanalyst mit dieser Kennzahl Hinweise auf den Rationalisierungsgrad des Unternehmens. Allerdings muss in diesem Zusammenhang auf die nicht unerhebliche bilanzpolitische Gestaltbarkeit hingewiesen werden (Festlegung der Nutzungsdauer, Methodenwahlrechte etc.), sodass ein Anstieg auch auf die Bildung stiller Reserven hinweisen kann.

Demgegenüber stellt ein Rückgang der Kapitalintensität mit geringeren Abschreibungen grundsätzlich ein Alarmzeichen dar. Mithilfe weiterer Untersuchungen muss herausgefunden werden, ob durch eine Änderung der Abschreibungspolitik das ausgewiesene Jahresergebnis verbessert werden sollte.

Beispiel

Die Abschreibungsintensität geht bei unveränderter Gesamtleistung bzw. unverändertem Umsatz zurück, wenn die Produktionskapazitäten nach einem Sale-and-lease-back (d. h. nach einem Verkauf und dem anschließenden Rückmieten) im Rahmen eines Operate-lease-Vertrages genutzt werden. Dem Wegfall von Abschreibungen mit einem Rückgang der Kapitalintensität stehen dann höhere (in den „sonstigen betrieblichen Aufwendungen“ auszuweisende) Leasingaufwendungen gegenüber.

Hinweis: In der Praxis wird bei der Ermittlung der Material-, der Personal- und der Abschreibungsintensität auch der Material-, Personal- oder Abschreibungsaufwand nicht zur Gesamtleistung bzw. zu den Umsatzerlösen, sondern zu den Gesamtaufwendungen ins Verhältnis gesetzt. Entsprechend ermittelte Kennzahlen werden als **Aufwandsstrukturkennzahlen** bezeichnet (also Material-, Personal- oder Abschreibungsaufwandsstruktur). Mit dieser Kennzahlendefinition ist allerdings kein besonderer Erkenntnisgewinn verbunden.

Die einzelnen Kennzahlenwerte zeigen lediglich die Bedeutung des betrachteten Aufwands für das Unternehmen auf. Weiterführende Erkenntnisse i. S. einer würdigenden Ursachenanalyse sind angesichts der Gefahr, „Schlendrian mit Schlendrian" zu vergleichen, ausgeschlossen. So würden Personalkostensteigerungen im Zuge von Lohnerhöhungen c. p. zu einem Anstieg der Personalaufwandsstruktur und zu einer Reduktion der anderen Aufwandsstrukturkennzahlen führen. Unwirtschaftlichkeiten in den anderen Aufwandsarten wären deutlich schwieriger zu erkennen, als wenn die einzelnen Aufwendungen in das Verhältnis zur Gesamtleistung bzw. zu den Umsatzerlösen gesetzt werden. Bei den Intensitätskennzahlen ist der Ursache-Wirkungs-Zusammenhang zwischen Zähler (= Aufwandsart) und Nenner (Gesamtleistung bzw. Umsatzerlöse) deutlich ausgeprägter.

Die Analyse einer Gewinn- und Verlustrechnung in Form des Umsatzkostenverfahrens erlaubt in Ergänzung zu den bisherigen Kennzahlen noch die Bildung von Kennzahlen, die die Bedeutung der jeweiligen Funktionsbereiche ausdrücken und in einer gemeinsamen Betrachtung verlässliche Hinweise auf die funktionale Kostenstruktur des betrachteten Unternehmens vermitteln:

$$\text{Herstellungsintensität} = \frac{\text{Herstellungskosten}}{\text{Umsatzerlöse}}$$

$$\text{Vertriebsintensität} = \frac{\text{Vetriebskosten}}{\text{Umsatzerlöse}}$$

$$\text{Vewaltungsintensität} = \frac{\text{Verwaltungskosten}}{\text{Umsatzerlöse}}$$

Ein Zeitvergleich dieser Kennzahlen zeigt bei gemeinsamer Betrachtung die **Veränderungen der Unternehmenseffizienz**. Jede Erhöhung (Minderung) einer Intensitätskennzahl mindert (erhöht) die Ertragskraft. Im Rahmen eines Betriebsvergleichs könnte sich der Bilanzanalyst an Benchmarks von Wettbewerbern orientieren. Die Beurteilung der Herstellungsintensität wird im Fall einer Gewinn- und Verlustrechnung nach deutschen Normen aber angesichts des Wahlrechts gem. § 255 Abs. 2 und 3 HGB erschwert.

Gründe für einen Anstieg bzw. eine außergewöhnliche Höhe der Vertriebsintensität können beispielsweise Absatzprobleme, Neuprodukteinführungen, verbesserungsbedürftige Vertriebskanäle und -formen oder aber auch ein ausuferndes Vertriebsanreizprogramm sein. Bei einem Anstieg bzw. einer außergewöhlich hohen Verwaltungsintensität sollte der Bilanzanalyst der Frage nachgehen, ob nicht Möglichkeiten zur Durchführung von Rationalisierungsmaßnahmen bestehen, die dann die Realisation von Größendegressionseffekten (sog. Economies of Scale) erlauben.

Bezüglich der Forschungs- und Entwicklungskosten existiert nach deutschen Normen keine quantitative Berichtspflicht. Lediglich im Lagebericht besteht die Pflicht zur verbalen Erläuterung (§§ 289 Abs. 2 Nr. 3 sowie 314 Abs. 2 Nr. 3 HGB). Allerdings enthält ein IFRS-Abschluss entsprechende quantitative Angaben in den sog. Notes. Sollte die Höhe der FuE-Kosten bekannt sein, bietet sich die Berechnung der folgenden Kennzahl an:

$$\text{FuE-Intensität} = \frac{\text{FuE-Kosten}}{\text{Umsatzerlöse}}$$

Aufgabe 41 > Seite 251

5.2.3 Renditekennzahlen

Die Rentabilitätsanalyse gibt Aufschluss über die Ertragskraft eines Unternehmens. Sie stellt den Erfolg des Unternehmens und dessen Entwicklung in Abhängigkeit von anderen Größen durch Bildung entsprechender Verhältniszahlen dar. Die für die Analyse einschlägigen Kennzahlen haben die Gemeinsamkeit, dass einem im Zähler aufgeführten wirtschaftlichen Erfolg eine im Nenner erfasste (und den Erfolg verursachende) Größe gegenübergestellt wird.

Ein Problem liegt für den externen Bilanzanalytiker in der Ermittlung des „richtigen" Erfolgs, da der Jahresabschluss nur den verteilungsfähigen Gewinn in Form eines Ertragsüberschusses zeigt. Dieser ist aber bekanntlich eine rein pagatorische Größe, der durch die Bildung oder Auflösung stiller Reserven sowie durch außerordentliche, betriebsfremde und periodenfremde (sonstige) Aufwendungen und Erträge beeinflusst ist.

Im Fall der Analyse eines Jahresabschlusses von Einzelfirmen bzw. Personengesellschaften besteht die Besonderheit, dass ein Teil des ausgewiesenen Jahresergebnisses unter bilanzanalytischen Gesichtspunkten nicht als Gewinn qualifiziert werden kann, da er das Äquivalent für den kalkulatorischen Unternehmerlohn darstellt. Einzelfirmen und Personengesellschaften kürzen daher den Jahresüberschuss zunächst um den **(kalkulatorischen) Unternehmerlohn** für die mitarbeitenden Inhaber bzw. Gesellschafter. Es gilt:

$$\text{Unternehmergewinn} = \text{Jahresüberschuss} - \text{(kalkulatorischer) Unternehmerlohn}$$

Die Höhe des kalkulatorischen Unternehmerlohns muss sich am Arbeitsmarkt orientieren. Er entspricht dem Entgelt zuzüglich aller Sozialaufwendungen, die das Unternehmen einem Mitarbeiter mit vergleichbarer Tätigkeit in der entsprechenden Branche zahlen würde.

1. Eigenkapitalrentabilität

Die Eigenkapitalrentabilität gibt Auskunft über die Rendite des von den Anteilseignern eines Unternehmens zur Verfügung gestellten Kapitals und ist damit eine der wesentlichen Zielgrößen der erwerbswirtschaftlich tätigen Unternehmen. Es gilt folgende Grundform:

$$\text{Eigenkapitalrentabilität} = \frac{\text{Jahresüberschuss (vor EE-Steuern)}}{\text{ø-Eigenkapital}}$$

Zur Würdigung der Eigenkapitalrentabilität ist zum einen der Vergleich mit alternativen Anlageformen des Investors sinnvoll. Unter rein finanzwirtschaftlichen Aspekten wird er die Anlageform wählen, welche die höchste Eigenkapitalrentabilität erwirtschaftet. Allerdings muss bei der Würdigung auch das vom Eigenkapital zu übernehmende spezifische unternehmerische Risiko berücksichtigt werden. Der ausschließliche Renditevergleich unter Ausblendung des Risikogehaltes ist daher als nicht sachgerecht zu qualifizieren.

Die Rentabilität des Eigenkapitals sollte größer sein als der markt-, landes- oder banküblich Zinssatz für langfristig angelegte Gelder. Sie muss neben der Verzinsung des Eigenkapitals eine Prämie für das Unternehmerwagnis enthalten. Die Eigenkapitalrentabilität hängt wesentlich von der Eigenkapitalquote ab. Mit abnehmender Eigenkapitalquote steigt die Eigenkapitalrentabilität, solange die Kosten des Fremdkapitals unter der Gesamtkapitalrentabilität liegen (Leverage-Effekt).

Aufschlussreich ist auch ein Zeitvergleich, der die Entwicklung der nahen Vergangenheit widerspiegelt. Zur Neutralisierung unterschiedlicher steuerlicher Rahmenbedingungen im internationalen Kontext oder auch im nationalen Bereich beim Vergleich von Unternehmen unterschiedlicher Rechtsformen bietet es sich zudem an, die **Eigenkapitalrentabilität vor Steuern** zu berechnen, indem der in der Gewinn- und Verlustrechnung erfasste Ertragsteueraufwand zum Jahresergebnis addiert wird.

Bei der Analyse der Eigenkapitalrentabilität von Einzelunternehmen und Personengesellschaften bleibt festzuhalten, dass sich diese regelmäßig durch einen aus steuerlichen Gründen minimierten Eigenkapitalausweis auszeichnen. Dies wird auch nicht mit Blick auf Kreditaufnahmen sanktioniert, da häufig Teile des Privatvermögens bei der Beschaffung von Firmenkrediten als Sicherheiten eingebracht werden. Ein unmittelbarer Vergleich mit den Eigenkapitalrentabilitäten von Kapitalgesellschaften ist daher als eher problematisch zu qualifizieren.

2. Gesamtkapitalrentabilität

Den Eigenkapitalgebern steht, wirtschaftlich gesehen, das Jahresergebnis zu. Demgegenüber haben die Fremdkapitalgeber einen Anspruch auf Zinszahlungen, die in der Gewinn- und Verlustrechnung als Aufwand und damit das Jahresergebnis mindernd verrechnet werden. Werden diese Überlegungen in einer Kennzahl zusammengefasst, ergibt sich die Gesamtkapitalrentabilität. Diese gibt Auskunft über die **Rendite des von allen Kapitalgebern zur Verfügung gestellten Kapitals** und damit über die **Effizienz des Kapitaleinsatzes**. Es gilt folgende Grundform:

$$\text{Gesamtkapitalrentabilität} = \frac{\text{Jahresüberschuss (vor EE-Steuern)} + \text{Fremdkapitalzinsen}}{\text{Ø-Gesamtkapital}}$$

Durch die Addition der Fremdkapitalzinsen im Zähler ist die Gesamtkapitalrentabilität unabhängig von der Zinsentwicklung, auf die das Management des Unternehmens regelmäßig keinen eigenständigen Einfluss hat. Die Gesamtkapitalrentabilität ist aber auch unabhängig von der Kapitalstruktur des Unternehmens (also des Verhältnisses von Eigen- zu Fremdkapital), was die Möglichkeiten des Unternehmensvergleiches verbessert. Bei internationalen Vergleichen sowie bei einem Vergleich von Unternehmen unterschiedlicher Rechtsformen bietet es sich aufgrund unterschiedlicher steuerlicher Rahmenbedingungen an, die **Gesamtkapitalrentabilität vor Steuern** zu ermitteln, indem dem Zähler der Ertragsteueraufwand hinzugerechnet wird.

Liegt die Gesamtkapitalrentabilität über dem marktüblichen Zinssatz für langfristige Kredite, könnte sich der Einsatz zusätzlichen Fremdkapitals zur Gewinnsteigerung und zur Erhöhung der Eigenkapitalrentabilität lohnen (Leverage-Chance). Allerdings müssen für die Anlage dieser zusätzlichen Finanzmittel auch Investitionsmöglichkeiten existieren, die eine entsprechende Rendite erwirtschaften lassen. Sollten sich die mit dem zusätzlichen Fremdkapital finanzierten Investitionen als weniger rentabel erweisen, ist trotzdem der (höhere) Fremdkapitalzins zu zahlen, was die Gesamtkapitalrendite entsprechend mindert (Leverage-Risiko).

Häufig umfasst der Zähler der Gesamtkapitalrentabilität auch nur das (ordentliche) Betriebsergebnis bzw. das EBIT. Die entsprechende Kennzahl wird vielfach als **Return on Investment** bezeichnet. Werden nun Zähler und Nenner der Kennzahlenformel um den Umsatz erweitert, gilt:

$$\text{Return on Investment} = \frac{\text{Betriebsergebnis}}{\text{Ø-Gesamtkapital}}$$

$$= \frac{\text{Betriebsergebnis}}{\text{Umsatzerlöse}} \cdot \frac{\text{Umsatzerlöse}}{\text{Ø-Gesamtkapital}}$$

$$= \text{Umsatzrentabilität} \cdot \text{Kapitalumschlag}$$

Die folgende Übersicht zeigt diverse Kombinationen von Umsatzrentabilität und Kapitalumschlag, die entweder einen Return on Investment von 5 % („5 %-RoI-Isoquante") oder einen Return on Investment von 15 % („15 %-RoI-Isoquante") ergeben:

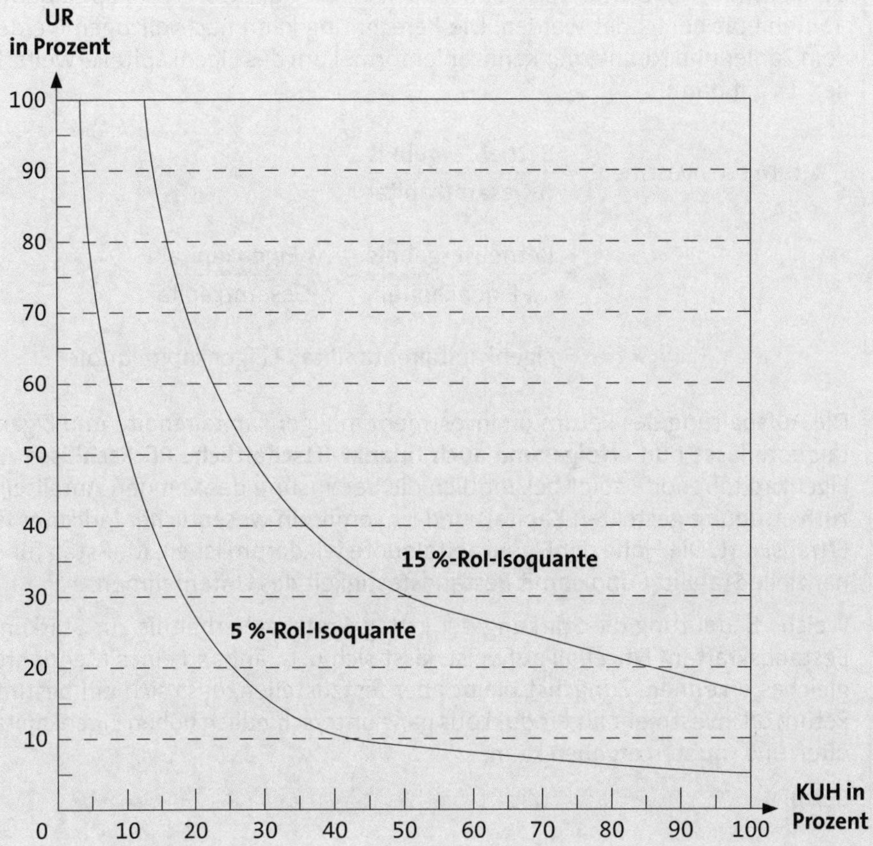

Quelle: *Baetge u. a. (2004, S. 509)*

Ein Zeitvergleich zeigt nun, inwieweit eine Veränderung des Return on Investment eher durch eine Veränderung der Umsatzrentabilität oder/und der Kapitalumschlagshäufigkeit begründet werden kann. Daran können sich dann weitere Ursachenforschungen anschließen.

Beispiele

- Eine verbesserte Umsatzrentabilität kann durch eine Reduktion der Herstellungsaufwendungen als Folge erfolgreicher Rationalisierungsmaßnahmen, aber auch durch eine Erhöhung des Umsatzes als Folge einer Erhöhung des Absatzmarktpreises bzw. der Absatzmengen bedingt sein.
- Eine verbesserte Kapitalumschlagshäufigkeit kann ebenfalls durch eine Erhöhung des Umsatzes, aber auch durch eine Reduktion des eingesetzten Kapitals (z. B. durch eine Aussiedlung des Lagers im Zuge einer Umstellung auf eine Just-in-Time-Produktion) verursacht sein.

Der Return on Investment kann aber auch als Produkt von Eigenkapitalquote und -rentabilität berechnet werden. Die Berechnung kann nachvollzogen werden, indem Zähler und Nenner der Kennzahlenformel um das Eigenkapital erweitert werden. Es gilt dann:

$$\text{Return on Investment} = \frac{\text{Betriebsergebnis}}{\text{ø-Gesamtkapital}}$$

$$= \frac{\text{Betriebsergebnis}}{\text{ø-Eigenkapital}} \cdot \frac{\text{ø-Eigenkapital}}{\text{ø-Gesamtkapital}}$$

$$= \text{Eigenkapitalrentabilität} \cdot \text{Eigenkapitalquote}$$

Die Aufspaltung des Return on Investment in Eigenkapitalrendite und Eigenkapitalquote lässt nun **erfolgs- und auch finanzwirtschaftliche Rückschlüsse** zu. Die Eigenkapitalrendite zeigt bekanntlich die Verzinsung des von den Anteilseignern zur Verfügung gestellten Kapitals und ist somit ein wesentlicher Indikator für die Ertragskraft. Die Höhe der Eigenkapitalquote wiederum ist ein Maßstab für die finanzielle Stabilität und damit Bestandsfestigkeit des Unternehmens.

Welche Bedeutung die Stärkung der Ertragskraft im Verhältnis zur Stärkung der Bestandskraft im Einzelfall aufweist, lässt sich u. U. anhand eines Mehrjahresvergleiches erkennen. Zunächst bleibt aber festzustellen, dass sich ein bestimmter Return on Investment als Produkt aus ganz unterschiedlich hohen Eigenkapitalrenditen und -quoten ergeben kann.

Beispiel

Ein Return on Investment von 5 % kann z. B. durch eine Eigenkapitalrendite von 10 % und eine Eigenkapitalquote von 50 % erreicht werden, aber auch mit einer Eigenkapitalrendite von 20 %, wenn die Eigenkapitalquote 25 % beträgt.

Die folgende Abbildung zeigt den dargestellten Zusammenhang zwischen Eigenkapitalrendite und -quote auf. Die beiden eingetragenen RoI-Isoquanten zeigen alle denkbaren Kombinationen von Eigenkapitalrendite und -quote auf, die einem Return on Investment von 5 % bzw. von 15 % entsprechen:

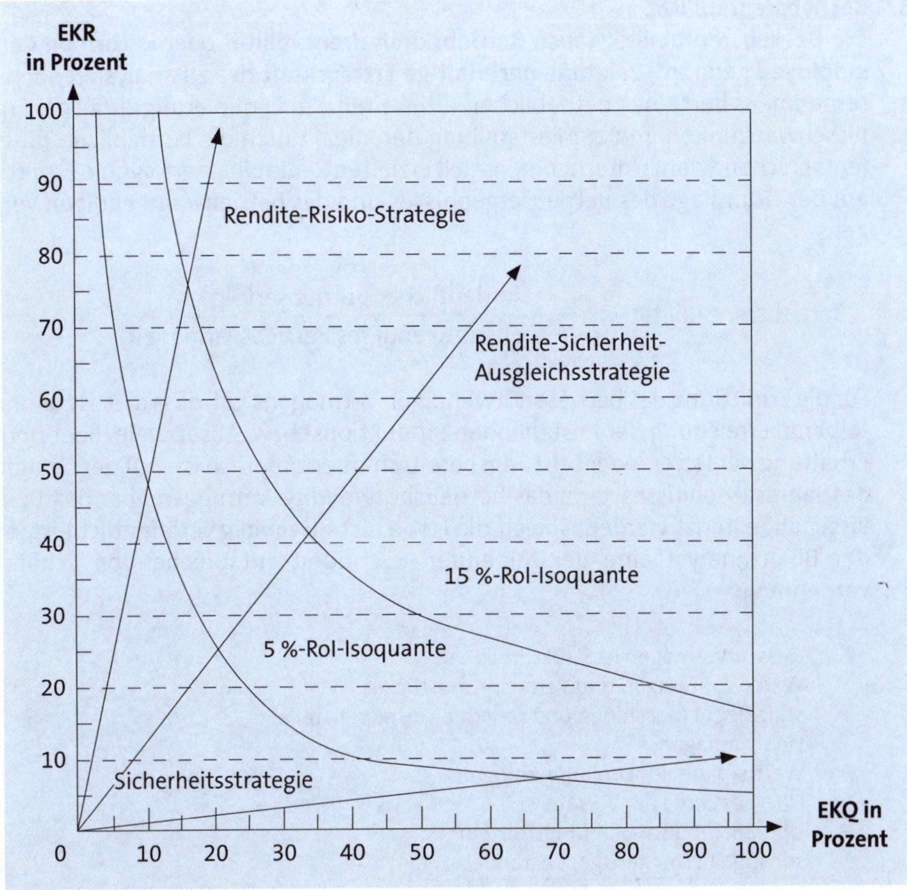

Quelle: *Baetge u. a. (2004, S. 506)*

Ein Zeitvergleich der in der jüngeren Vergangenheit realisierten Return on Investment kann Aufschluss über die bislang vom Unternehmen verfolgte Strategie bezüglich der Ziele „Stärkung der Ertragskraft" sowie „Stärkung der Bestandsfestigkeit" vermitteln. Hierbei lassen sich drei Grundsatzstrategien unterscheiden:

1. **extreme Sicherheitsstrategie,** bei der eine Erhöhung des Return on Investment nahezu ausschließlich durch eine **Erhöhung der Eigenkapitalquote** begründet ist und die Eigenkapitalrendite vergleichsweise konstant bleibt
2. **einseitige Rendite-Risiko-Strategie,** bei der eine Erhöhung des Return on Investment nahezu ausschließlich durch eine **Erhöhung der Eigenkapitalrendite** begründet ist und die Eigenkapitalquote vergleichsweise konstant bleibt, und
3. **Rendite-Sicherheits-Ausgleichsstrategie,** bei der eine Erhöhung des Return on Investment durch eine **Erhöhung von Eigenkapitalrendite und -quote gleichermaßen** begründet ist.

3. Betriebsrentabilität

Die Betriebsrentabilität (auch **Betriebskapitalrentabilität** oder **Return on Capital employed** genannt) zeigt die **nachhaltige Ertragskraft** des zu analysierenden Unternehmens bei seinen betrieblichen Tätigkeiten. Zur Eliminierung zufälliger Ergebnisschwankungen und zur Feststellung der allein durch die betriebliche Tätigkeit (entsprechend dem Unternehmensziel) erzielten Rentabilität erfolgt die Ermittlung auf der Grundlage des Betriebsergebnisses und des betriebsnotwendigen Vermögens.

$$\text{Betriebsrentabilität} = \frac{\text{ordentlicher Betriebserfolg}}{\text{ø-betriebsnotwendiges Betriebsvermögen}}$$

Für die Ermittlung des betriebsnotwendigen Vermögens gilt, dass dieses zur unmittelbaren Erreichung der bestehenden Produktions- bzw. Absatzziele dient und zur Erhaltung der Liefer- oder Leistungsbereitschaft erforderlich ist. Auf der Grundlage des Jahresabschlusses kann das betriebsnotwendige Vermögen aber nicht zuverlässig abgegrenzt werden. Soweit die Höhe nicht freiwillig veröffentlicht ist, muss der Bilanzanalyst eine der folgenden Rechnung entsprechenden Schätzung vornehmen:

	Gesamtvermögen lt. Strukturbilanz
-	Werkswohnungen und Vorratsgrundstücke[1]
-	stillgelegte Maschinen und sonstige Vermögensteile[1]
-	Finanzanlagen
-	Wertpapiere des Umlaufvermögens
-	Überbestände der Vorräte
-	Überbestände an Zahlungsmitteln[1]
-	sonstige Vermögensgegenstände
=	betriebsnotwendiges Vermögen

Die **Aussagekraft** der Betriebsrentabilität ist faktisch **auf den Zeitvergleich eingeschränkt**. Veränderungen des Kennzahlenwertes dürften unweigerlich auch mit **Veränderungen der zukünftigen Ertragskraft** einhergehen, da der Zähler den nachhaltigen Erfolg aus der Erfolgsspaltung enthält. Entsprechende Ursachen müsste der Bilanzanalytiker zu eruieren versuchen. So könnte ein Rückgang der Betriebsrentabilität ein Alarmzeichen darstellen, wenn z. B. ein oder mehrere Wettbewerber mit einem besseren Produkt-/Leistungsangebot die Konkurrenzfähigkeit des zu analysierenenden Unternehmens beeinträchtigen. Vielleicht ist der Rückgang der Betriebsrentabilität auch nur als „Normalisierung" der Verhältnisse zu qualifizieren, wenn z. B. das bisherige Alleinstellungsmerkmal für das bisherige Produkt-/Leistungsangebot des zu analysierenden Unternehmens im Zuge eines zunehmenden Wettbewerbs weggefallen ist. Ein solcher Fall sollte sicherlich zu einer erhöhten Aufmerksamkeit führen, stellt aber nicht notwendigerweise ein Alarmzeichen dar.

[1] Regelmäßig nur im Rahmen der internen Bilanzanalyse feststellbar, wenn sich nicht Hinweise aus einem Branchenvergleich ergeben.

4. Umsatzrentabilität

Die Umsatzrentabilität (auch **Umsatzverdienstrate** genannt) zeigt die durchschnittliche aus dem Umsatz erwirtschaftete Marge an:

$$\text{Umsatzrentabilität} = \frac{\text{Jahresergebnis}}{\text{Umsatzerlöse}}$$

oder

$$\text{Umsatzrentabilität} = \frac{\text{ordentliches Betriebsergebnis}}{\text{Umsatzerlöse}}$$

Die Umsatzrentabilität auf Basis des (ordentlichen) Betriebsergebnisses wird auch als **Gewinnspanne** bezeichnet und weist auf die **Effienz des Unternehmens bezüglich der Produkt-/Leistungserstellung** unter Berücksichtigung der Aktionen auf den relevanten Beschaffungs- und Absatzmärkten hin.

Die Höhe der Umsatzrentabilität wird im Wesentlichen von der Kostenstruktur des zu analysierenden Unternehmens bestimmt und ist stark branchenabhängig. Während sie sich im Dienstleistungsbereich nicht selten auch im höheren zweistelligen Bereich bewegen kann, beträgt sie im Handel regelmäßig nur wenige Prozent. Veränderungen der Umsatzrentabilität können sowohl unternehmensinterne Gründe (besonderes gutes oder schlechtes Management) als auch unternehmensexterne Ursachen (z. B. konjunkturelle Entwicklungen) haben, was die **Ursachenanalyse im Rahmen eines Zeitvergleichs erschwert**.

Von besonderem Interesse ist ein Betriebsvergleich der Umsatzrentabilität auf Basis des ordentlichen Betriebserfolgs. Eine vom Branchendurchschnitt abweichende Umsatzrentabilität dürfte insbesondere auf eine besonders gute oder schlechte Leistungsfähigkeit des zu analysierenden Unternehmens zurückzuführen sein. Eine sinkende Umsatzrentabilität bei unveränderter Gesamtkapitalrentabilität ist nur bei einer höheren Kapitalumschlagshäufigkeit möglich. Eine solche Konstellation kann auf sinkende Marktchancen und eine Verlagerung der Unternehmenstätigkeit hinweisen.

Aufgabe 42 > Seite 252

5. Kurs-Gewinn-Verhältnis

Das Kurs-Gewinn-Verhältnis (KGV), auch **Price-Earnings-Ratio (PER)** genannt, stellt den Quotienten aus Börsenkurs sowie Jahresüberschuss je Aktie dar:

$$\text{Kurs-Gewinn-Verhältnis} = \frac{\text{Börsenkurs}}{\text{Jahresüberschuss je Aktie}}$$

oder

$$\text{Kurs-Gewinn-Verhältnis} = \frac{\text{Börsenkurs} \cdot \text{Zahl der Aktien}}{\text{Jahresüberschuss}}$$

Die Kennzahl zum Kurs-Gewinn-Verhältnis gib an, in wie vielen Jahren das Unternehmen – unter der Annahme eines gleichbleibenden Jahresüberschusses – seinen Börsenkurs erwirtschaftet. Je höher also das KGV bzw. die PER ist, desto teurer ist aktuell die Aktie.

Im Fall eines niedrigen, einstelligen KGVs erscheint die Aktie somit preisgünstig. Nicht selten reflektiert der Börsenkurs jedoch negative Erwartungen des Kapitalmarktes für die weitere Unternehmensentwicklung (also Erwartungen von in Zukunft sinkenden Jahresüberschüssen). Der Kauf einer Aktie mit niedrigem KGV kann somit nur dann (ex post) als preiswert qualifiziert werden, wenn die vom Kapitalmarkt erwartete (negative) Unternehmensentwicklung später nicht eintritt.

Umgekehrt erscheint eine Aktie im Fall eines hohen, zweistelligen KGVs teuer. Der aktuell aber hohe Börsenkurs kann jedoch Wachstumserwartungen des Kapitalmarktes für die weitere Unternehmensentwicklung einpreisen (also Erwartungen von in Zukunft steigenden Jahresüberschüssen). Der Kaufpreis einer Aktie mit hohem KGV kann sich aber im Fall einer in Zukunft noch dynamischeren Unternehmensentwicklung schneller durch den vom Unternehmen erzielten Jahresüberschuss amortisieren, als es das KGV im Zeitpunkt des Kaufs ausdrückt.

Die **besondere Aussagekraft** erfährt das KGV im Rahmen von Betriebsvergleichen. Falls das KGV des zu analysierenden Unternehmens vom Branchendurchschnitt abweicht, drückt ein vergleichsweise höheres KGV die besondere positive Einschätzung des Kapitalmarktes und ein vergleichsweise niedrigeres KGV die eher kritische Einschätzung des Kapitalmarktes bezüglich der zukünftigen Unternehmensentwicklung aus. Da sich aber der Kapitalmarkt auch irren kann und die Informationseffizienz der Kapitalmärkte allenfalls in einem mehr oder weniger eingeschränkten Umfang vorliegt, muss der Bilanzanalyst sich eine eigene fundierte Meinung über den Börsenkurs (und damit über die Wachstumserwartungen des Unternehmens) erarbeiten.

6. Kennzahlen zur Früherkennung

Unter Früherkennung wird die Erreichung des Analyseziels, die Bestandsfestigkeit eines Unternehmens einzuschätzen, verstanden. Auf der Grundlage einer Jahresabschlussanalyse der vergangenen mindestens drei Geschäftsjahre ist dabei von besonderem Interessen, eine bestandsgefährende Unternehmenskrise möglichst frühzeitig (evtl. schon drei Jahre vor der Insolvenz) zu erkennen.

Kennzahlen zur Früherkennung sind insbesondere:

- **Kapitalkraft:** die Eigenkapitalquote und der Cashflow
- **Liquidität:** der Cashflow und die Kapitalumschlagshäufigkeit
- **Rentabilität:** Eigenkapital- und Gesamtkapitalrentabilität, Cashflow-Umsatzverdienstrate und Return on Investment
- **Ertragskraft:** Cashflow und dynamischer Verschuldungsgrad
- **Investitionen:** Investitions-, Wachstums- und Abschreibungsquote (-intensität).

Die betriebswirtschaftliche Forschung bemüht sich um die Entwicklung neuer Methoden für eine zunehmend zuverlässigere Krisenfrüherkennung. Zudem ist die Forschung auf die Entwicklung von Analyseinstrumenten ausgerichtet, die bezogen auf ggf. unterschiedliche Analyseziele Aussagen über die wahrscheinliche zukünftige Unternehmensentwicklung ermöglichen. Vgl. zu weiteren Ausführungen auch Kapitel G.

Aufgabe 43 > Seite 252

7. Einheitliche Verwendung bestimmter Basis-Kennzahlen

Viele Kennzahlen sind oft unmittelbar in den veröffentlichten Geschäftsberichten nachlesbar und sogar kommentiert. Die Arbeit mit diesen Kennzahlen wird allerdings erschwert durch inhaltliche Unterschiede, nicht selten allein durch unterschiedliche Bezeichnungen, wie „-intensität" statt „-quote" u. Ä. Der Arbeitskreis **Externe Unternehmensrechnung** der Schmalenbach-Gesellschaft empfiehlt deshalb eine Auswahl von zwölf sog. Basiskennzahlen, die zu einer einheitlichen Terminologie sowohl im Rahmen der Analyse als auch in der Kommunikation von Geschäftsberichten beitragen sollen. Ausgewählt wurden solche Kennzahlen, die

- nicht nur einen Teilausschnitt des Unternehmens isoliert betrachten, sondern solche, die durch eine größere Anzahl von Faktoren beeinflusst werden

  und

- die bei der internen Steuerung und der Durchführung von Betriebsvergleichen allgemein Verwendung finden.

Dynamik kommt in den Betriebsvergleich, wenn die Kennzahlen gleichzeitig auch im Zeitvergleich analysiert werden, da dabei auch konjunkturelle Einflüsse sowie Entwicklungen transparent werden. Voraussetzung ist, dass die Kennzahlen der Anzahl und dem Inhalt nach über die Jahre unverändert bleiben. Die im Anhang anzugebenden Hinweise auf eine Durchbrechung der Stetigkeit bei den Bilanzierungs- und Bewertungsmethoden (§ 284 Abs. 2 Nr. 1 und 2 HGB) müssen auch bei der Analyse der Kennzahlen beachtet werden.

Den Unternehmen wird empfohlen, individuell aus den folgenden Kennzahlen die für ihren Abschluss geeignetsten auszuwählen und diese zur Unterstützung eines Zeitvergleichs durch den Bilanzanalysten stetig zu verwenden:

1. Kennzahlen zur Analyse der Vermögens- und Finanzlage

1.1 Sachanlagenintensität

$$\text{Sachanlagenintensität} = \frac{\text{Sachanlagen lt. Bilanz (Buchwerte)}}{\text{Gesamtkapital lt. Bilanz}}$$

1.2 Umschlagshäufigkeiten

a)

$$\text{Umschlagshäufigkeit der Vorräte} = \frac{\text{Umsatzerlöse}}{\text{Vorratsbestände}}$$

b)

$$\text{Umschlagshäufigkeit der Forderungen} = \frac{\text{Umsatzerlöse}}{\text{Forderungen aus L. u. L.}}$$

c)

$$\text{Umschlagshäufigkeit des Kapitals} = \frac{\text{Umsatzerlöse}}{\text{Gesamtkapital}}$$

1.3 Eigenkapitalquote

$$\text{Eigenkapitalquote} = \frac{\text{Eigenkapital}}{\text{Gesamtkapital}}$$

1.4 Innenfinanzierungsgrad

$$\text{Innenfinanzierungsgrad} = \frac{\text{Mittelzufluss/-abfluss aus lfd. Geschäftstätigkeit}^{1}}{\text{Mittelzufluss/-abfluss aus Investitionstätigkeit}^{1}}$$

1.5 Dynamischer Verschuldungsgrad

$$\text{Dynamischer Verschuldungsgrad} = \frac{\text{Netto-Finanzschulden}}{\text{Mittelzufluss/-abfluss aus lfd. Geschäftstätigkeit}}$$

2. Kennzahlen zur Analyse der Ertragslage

2.1 Umsatzrentabilität

$$\text{Umsatzrentabilität} = \frac{\text{Ergebnis vor Ertragssteuern und Zinsaufwand}}{\text{Umsatzerlöse}}$$

[1] Werte aus der Kapitalflussrechnung (vgl. Kapitel E.8.2)

2.2 Eigenkapitalrentabilität

$$\text{Eigenkapitalrentabilität} = \frac{\text{Ergebnis nach Ertragssteuern}}{\text{Eigenkapital}}$$

2.3 Gesamtkapitalrentabilität

$$\text{Gesamtkapitalrentabilität} = \frac{\text{Ergebnis vor Ertragssteuern und Zinsaufwand}}{\text{Gesamtkapital}}$$

3. **Kennzahlen zur Aufwands- und Ertragsstruktur**

3.1 Materialintensität (bei Anwendung des Gesamtkostenverfahrens)

$$\text{Materialintensität} = \frac{\text{Materialaufwand}}{\text{Gesamtleistung}}$$

3.2 Personalintensität (bei Anwendung des Umsatzkostenverfahrens)

$$\text{Personalintensität} = \frac{\text{Personalaufwand}}{\text{Umsatzerlöse}}$$

3.3 Personalintensität (bei Anwendung des Umsatzkostenverfahrens)

$$\text{Personalintensität} = \frac{\text{Personalaufwand}}{\text{Umsatzerlöse}}$$

3.4 Finanzergebnisquote (bei Anwendung des Umsatzkostenverfahrens)

$$\text{Finanzergebnisquote} = \frac{\text{Finanzergebnis}}{\text{Ergebnis vor EE-Steuern}}$$

Aufgabe 44 > Seite 252

8. Finanzierungsrechnungen

Finanzierungsrechnungen umfassen in Anlehnung an das diesbezügliche Begriffsverständnis des Arbeitskreises „Finanzierungsrechnung" der Schmalenbach-Gesellschaft für Betriebswirtschaft e. V. das **finanzwirtschaftliche oder liquditätsorientierte Teilsystem des Rechnungswesens**. Damit ist die Finanzierungsrechnung der Oberbegriff für Informationsinstrumente, die Zahlungsströme und Finanzmittelbestände erfassen.

Finanzierungsrechnungen existieren in verschiedenen Ausprägungen, die sich nach dem Betrachtungszeitraum und den Einsatzfeldern unterscheiden lassen. So genannte

prospektive Finanzierungsrechnungen legen einen zukünftigen Zeitraum zugrunde, um eine Planungsfunktion zu erfüllen. Demgegenüber erfassen sog. **retrospektive** Finanzierungsrechnungen einen vergangenen Zeitraum für Zwecke der Dokumentation, Rechenschaftslegung und Kontrolle der Planung. Für Zwecke der externen Rechnungslegung und finanzwirtschaftlichen Bilanzanalyse erfahren die **Bewegungsbilanz** sowie die **Kapitalflussrechnung** eine besondere Bedeutung.

8.1 Bewegungsbilanzen

Die Bewegungsbilanz zeigt die Veränderung der einzelnen Bilanzposten zwischen zwei Bilanzstichtagen. Dabei werden Erhöhungen von Aktivposten (z. B. Lageraufbau) und Minderungen von Passivposten (z. B. Tilgung von Verbindlichkeiten) auf der Aktivseite und damit als **Mittelverwendung** gezeigt. Demgegenüber werden Minderungen von Aktivposten (Abbau der Forderungen) bzw. Erhöhungen von Passivposten (z. B. Erhöhung der Verbindlichkeiten ggü. Kreditinstituten) auf der Passivseite und damit als **Mittelherkunft** erfasst.

Die Analyse der Finanzierungsströme macht grundsätzlich transparent, woher zusätzliches Kapital stammt und worin es investiert wurde. Die Aussagekraft der Bewegungsbilanzen einschränkend muss jedoch darauf hingewiesen werden, dass die Bewegungsbilanz auch **diverse zahlungsunwirksame Sachverhalte** zum Ausdruck bringt:

1. **erfolgswirksame**, aber zahlungsunwirksame Sachverhalte: Zum Beispiel zeigt ein Warenverkauf auf Ziel auf der Aktivseite einen Mittelabfluss durch den Aufbau von Forderungen und auf der Passivseite einen Mittelzufluss durch den Lagerabbau, während in der Gewinn- und Verlustrechnung Umsatzerlöse auszuweisen sind.
2. zahlungsunwirksamer **Aktiv- oder Passivtausch**: Zum Beispiel zeigt die unbestrittene Anmeldung der Inanspruchnahme einer bislang als nicht sicher, aber wahrscheinlich angesehenen Schuld für eine ausgesprochene Ausfallbürgschaft auf der Aktivseite eine Mittelverwendung für die Minderung der bislang dafür angesetzten Rückstellung und auf der Passivseite eine Mittelherkunft durch die nun statt der Rückstellung zu bilanzierende Verbindlichkeit.
3. zahlungsunwirksame **Bilanzkürzungen oder -verlängerungen**: Zum Beispiel zeigt ein Rohstoffkauf auf Ziel auf der Aktivseite eine Mittelverwendung durch den Aufbau der Vorräte und auf der Passivseite eine Mittelherkunft durch den Aufbau von Verbindlichkeiten auf L. u. L.).

Eine Gliederung der Bewegungsbilanz könnte wie folgt aussehen:

Mittelverwendung	**Bewegungsbilanz**	**Mittelherkunft**
1. Langfristige Mittelverwendung		**1. Langfristige Mittelherkunft**
1.1 Erhöhung der Aktiva Sachinvestitionen Eigene Anteile Beteiligungen Ausleihungen		***1.1 Erhöhung der Passiva*** Einlagen (Kapitalerhöhung) Jahresergebnis Aufnahme langfristigen Fremdkapitals Zuführung zu den Rückstellungen
1.2 Minderung der Passiva Einlagen (Kapitalerhöhung) Jahresergebnis Tilgung langfristigen Fremdkapitals Inanspruchnahme von Rückstellungen		***1.2 Minderung der Aktiva*** Abgänge Anlagevermögen Abbau langfristiger Forderungen
2. Kurz- und mittelfristige Mittelverwendung		**2. Kurz- und mittelfristige Mittelherkunft**
2.1 Erhöhung der Aktiva Vorräte Forderungen aus L. u. L. Ford. an verbundene Unternehmen und Beteiligungen Sonstige Vermögensgegenstände		***2.1 Erhöhung der Passiva*** Aufnahme von Fremdkapital Verbindlichkeiten aus L. u. L. Zuführungen zu den Rückstellungen Sonstige Verbindlichkeiten
2.2 Minderung der Passiva Tilgung von Krediten Begleichung von Verbindlichkeiten aus L. u. L. Sonstige Verbindlichkeiten		***2.2 Minderung der Aktiva*** Abbau von Vorräten Zahlungseingang für Forderungen aus L. u. L. Sonstige Vermögensgegenstände
Summe Mittelverwendung		**Summe Mittelherkunft**

Besonderes Charakteristikum dieser Gliederung ist, dass Mittelherkunft und Mittelverwendung entsprechend ihrer Fristigkeit gegenübergestellt werden.

Die Bewegungsbilanz zeigt u. a. unter 1.1 Erhöhung der Aktiva, in welcher Höhe Sachinvestitionen getätigt worden sind, und unter 1.1 Erhöhung der Passiva, aus welchen Mitteln die Investitionen finanziert worden sind. Einlagen, Kapitalerhöhung, Verwendung des Jahresergebnisses weisen auf Selbstfinanzierung hin, eine Zunahme der langfristigen Kredite auf Fremdfinanzierung.

Ist beispielsweise die Summe der Veränderung unter der langfristigen Mittelverwendung höher als die Summe der Veränderung unter der langfristigen Mittelherkunft, dann sind Posten der langfristigen Mittelverwendung teilweise über Posten der kurz- und mittelfristigen Mittelherkunft finanziert worden. Es liegt keine fristenkongruente Finanzierung vor. Das Unternehmen läuft ggf. Gefahr, in Liquiditätsschwierigkeiten zu geraten.

Weiter ist erkennbar, in welchem Maße

- Investitionen getätigt worden sind
- Desinvestitionen (Abgänge bei den Aktiva) vorliegen
- flüssige Mittel durch Kapitalfreisetzung zugeflossen sind (Innenfinanzierung)
- Fremdkapital aufgenommen oder zurückgezahlt wurde
- die Vorräte sich verändert haben
- Forderungen und Verbindlichkeiten sich verändert haben
- Rückstellungen gebildet oder aufgelöst worden sind.

Es gibt keine Vorschriften zur Gliederung der Bewegungsbilanz. Die folgende Darstellung zeigt eine alternativ denkbare Gliederung:

Mittelverwendung	**Bewegungsbilanz**	**Mittelherkunft**
A. Ausschüttung		A. Zusätzliche Kapitaleinlagen
B. Investitionen im Anlagevermögen		B. Desinvestitionen
C. Zunahme des Umlaufvermögens		C. Brutto-Cashflow
D. Tilgung von Fremdkapital		D. Abnahme des Umlaufvermögens
E. Zunahme der liquiden Mittel		E. Erhöhung des Fremdkapitals
		F. Abnahme der liquiden Mittel

Dies sind nur zwei der grundsätzlich möglichen Gliederungs-Schemata einer Bewegungsbilanz. Eine vertiefende Darstellung und Erläuterung des Themas Bewegungsbilanz würde jedoch den Rahmen dieses Kompakt-Trainings sprengen.

Aufgabe 45 > Seite 254

8.2 Kapitalflussrechnungen

Die Kapitalflussrechnung ist eine Weiterentwicklung der Bewegungsbilanz. Sie ist gem. § 297 Abs. 1 Satz 1 HGB sowie des Jahresabschlusses einer kapitalmarktorientierten Kapitalgesellschaft gem. § 264 Abs. 1 Satz 2 HGB ein integraler Bestandteil des Konzernabschlusses, der die Bilanz sowie Gewinn- und Verlustrechnung um die Besonderheiten der finanzwirtschaftlichen Aspekte im betrachteten Geschäftsjahr ergänzen soll.

Das HGB enthält jedoch keine Vorgaben zum Aufbau und Inhalt der Kapitalflussrechnung. Nähere Einzelheiten sind allerdings dem maßgebenden Deutschen Rechnungslegungsstandard Nr. 21 „Kapitalflussrechnung" (DRS 21) aus dem Jahr 2014 zu entnehmen. Inhaltlich orientiert er sich stark an IAS 7 an, der auch für einen nach IFRS erstellten Konzernabschluss eine Kapitalflussrechnung verlangt.

Die Kapitalflussrechnung soll gem. DRS 21.1 den Einblick in die Fähigkeit des Unternehmens verbessern, künftig

- Finanzüberschüsse zu erwirtschaften
- seine finanziellen Verpflichtungen zu erfüllen und
- Gewinnausschüttungen an die Anteilseigner zu leisten.

Angesichts dieser Zielsetzung soll die Kapitalflussrechnung gem. DRS 21.1 die in der betrachteten Periode geflossenen Zahlungsströme abbilden und dabei aufzeigen,

- wie das Unternehmen Finanzmittel aus der laufenden Geschäftstätigkeit generiert hat und
- welche zahlungswirksamen Investitionen sowie Finanzierungsmaßnahmen umgesetzt wurden.

Ausgangspunkt der Kapitalflussrechnung ist der **Finanzmittelfonds am Periodenanfang** (DRS 21.15), der nur die Zahlungsmittel und Zahlungsmitteläquivalente beinhaltet (DRS 21.33). Anschließend sind die **Cashflows** der betrachteten Periode aufzuzeigen, wobei diese entsprechend der jeweiligen wirtschaftlichen Tätigkeit des Unternehmens einen der drei folgenden Bereiche zuzuordnen sind (DRS 21.16):

1. **laufende Geschäftstätigkeit**
2. **Investitionstätigkeit**
3. **Finanzierungstätigkeit.**

Der **Cashflow aus der laufenden Geschäftstätigkeit** kann einerseits direkt durch unsaldierte Angabe der einzelnen Ein- und Auszahlungen dargestellt werden (DRS 12.38a). Somit sind dann sämtliche zahlungswirksame Aufwendungen und Erträge aus dem Beschaffungs-, Produktions-, Verwaltungs- und Vertriebsbereich unsaldiert anzugeben.

Die folgende Übersicht zeigt den Cashflow aus der laufenden Geschäftstätigkeit nach dieser sog. **direkten Methode** (DRS 21.39):

Cashflow aus der laufenden Geschäftstätigkeit: Direkte Methode		
1.		Einzahlungen von Kunden für den Verkauf von Erzeugnissen, Waren und Dienstleistungen
2.	-	Auszahlungen an Lieferanten und Beschäftigte
3.	+	Sonstige Einzahlungen, die nicht der Investitions- oder Finanzierungstätigkeit zuzuordnen sind
4.	-	Sonstige Auszahlungen, die nicht der Investitions- oder Finanzierungstätigkeit zuzuordnen sind
5.	+	Einzahlungen aus außerordentlichen Posten
6.	-	Auszahlungen aus außerordentlichen Posten
7.	±	Ertragsteuerzahlungen
8.	=	Cashflow aus der laufenden Geschäftstätigkeit (Summe aus 1 - 7)

Andererseits besteht die in der Praxis regelmäßig angewendete Möglichkeit zur Anwendung der **indirekten Methode**. Dabei wird in einer Überleitungsrechnung das Periodenergebnis um alle nicht zahlungswirksamen Aufwendungen und Erträge, um Bestandsveränderungen bei Posten des Nettoumlaufvermögens (ohne Finanzmittelfonds) und um alle Posten, die Cashflows aus der Investitions- oder der Finanzierungstätigkeit sind, korrigiert (DRS 21.38b).

Die folgende Übersicht zeigt die alternativ erlaubte indirekte Abbildung der Cashflows aus der laufenden Geschäftstätigkeit (DRS 21.40):

Cashflow aus der laufenden Geschäftstätigkeit: Indirekte Methode		
1.		Periodenergebnis
2.	±	Abschreibungen/Zuschreibungen auf Gegenstände des Anlagevermögens
3.	±	Zunahme/Abnahme der Rückstellungen
4.	±	Sonstige zahlungsunwirksame Aufwendungen/Erträge
5.	±	Zunahme/Abnahme der Vorräte, der Forderungen aus L. u. L. sowie anderer Aktiva, die nicht der Investitions- oder Finanzierungstätigkeit zuzuordnen sind
6.	±	Zunahme/Abnahme der Verbindlichkeiten aus L. u. L. sowie anderer Passiva, die nicht der Investitions- oder Finanzierungstätigkeit zuzuordnen sind
7.	±	Gewinn/Verlust aus dem Abgang von Gegenständen des Anlagevermögens
8.	±	Zinsaufwendungen/Zinserträge
9.	-	sonstige Beteiligungserträge
10.	±	Aufwendungen/Erträge aus außerordentlichen Posten
11.	±	Ertragsteueraufwand/-ertrag
12.	+	Einzahlungen aus außerordentlichen Posten
13.	-	Auszahlungen aus außerordentlichen Posten
14.	±	Ertragsteuerzahlungen
15.	=	Cashflow aus der laufenden Geschäftstätigkeit (Summe aus 1 - 14)

Die Darstellung der **Cashflows aus der Investitionstätigkeit** hat nach der direkten Methode zu erfolgen, wobei folgende Mindestgliederung einzuhalten ist (DRS 21.42 und DRS 21.46):

Cashflow aus der Investitionstätigkeit		
1.		Einzahlungen aus Abgängen von Gegenständen des immateriellen Anlagevermögens
2.	-	Auszahlungen für Investitionen in das immaterielle Anlagevermögen
3.	+	Einzahlungen aus Abgängen von Gegenständen des Sachnlagevermögens
4.	-	Auszahlungen für Investitionen in das Sachanlagevermögen
5.	+	Einzahlungen aus Abgängen von Gegenständen des Finanzanlagevermögens
6.	-	Auszahlungen für Investitionen in das Finanzanlagevermögen
7.	+	Einzahlungen aus Abgängen aus dem Konsolidierungskreis
8.	-	Auszahlungen für Zugänge zum Konsolidierungskreis
9.	+	Einzahlungen aufgrund von Finanzmittelanlagen im Rahmen der kurzfristigen Finanzdisposition
10.	-	Auszahlungen aufgrund von Finanzmittelanlagen im Rahmen der kurzfristigen Finanzdisposition
11.	+	Einzahlungen aus außerordentlichen Posten
12.	-	Auszahlungen aus außerordentlichen Posten
13.	+	erhaltene Zinsen
14.	+	erhaltene Dividenden
15.	=	Cashflow aus der Investitionstätigkeit (Summe aus 1 - 14)

Die Darstellung der **Cashflows aus der Finanzierungstätigkeit** hat ebenfalls nach der direkten Methode zu erfolgen, wobei folgende Mindestgliederung einzuhalten ist (DRS 21.47 und 21.50):

Cashflow aus der Finanzierungstätigkeit		
1.		Einzahlungen aus Eigenkapitalzuführungen von Gesellschaftern des Mutterunternehmens
2.	+	Einzahlungen aus Eigenkapitalzuführungen von anderen Gesellschaftern
3.	-	Auszahlungen aus Eigenkapitalherabsetzungen an Gesellschafter des Mutterunternehmens
4.	-	Auszahlungen aus Eigenkapitalherabsetzungen an andere Gesellschafter
5.	+	Einzahlungen aus der Begebung von Anleihen und der Aufnahme von (Finanz-)Krediten
6.	-	Auszahlungen aus der Tilgung von Anleihen und (Finanz-)Krediten
7.	+	Einzahlungen aus erhaltenen Zuschüssen/Zuwendungen
8.	+	Einzahlungen aus außerordentlichen Posten
9.	-	Auszahlungen aus außerordentlichen Posten
10.	-	gezahlte Zinsen
11.	-	gezahlte Dividenden an Gesellschafter des Mutterunternehmens
12.	-	gezahlte Dividenden an andere Gesellschafter
13.	=	Cashflow aus der Finanzierungstätigkeit (Summe aus 1 - 12)

Die Summe aus dem Cashflow aus der laufenden Geschäftstätigkeit, dem Cashflow aus der Investitionstätigkeit sowie dem Cashflow aus der Finanzierungstätigkeit entspricht den **zahlungswirksamen Veränderungen des Finanzmittelfonds** in der betrachteten Periode. Unter zusätzlicher Berücksichtigung des Finanzmittelfonds am Periodenanfang ergibt sich dann (unter Vernachlässigung von im Folgenden nur genannten, hier aber nicht näher erläuterten Sonderposten) der Periodenendbestand des Finanzmittelfonds:

	Cashflow aus der laufenden Geschäftstätigkeit
±	Cashflow aus der Investitionstätigkeit
±	Cashflow aus der Finanzierungstätigkeit
=	**Zahlungswirksame Veränderungen des Finanzmittelfonds**
±	Wechselkurs- und bewertungsbedingte Änderungen des Finanzmittelfonds
±	Konsolidierungskreisbedingte Änderungen des Finanzmittelfonds
+	Finanzmittelfonds am Anfang der Periode
=	**Finanzmittelfonds am Ende der Periode**

Aufgabe 46 > Seite 256

F. Berichterstattung

Die Berichterstattung über die Abschlussprüfung erfolgt schriftlich in Form des Prüfungsberichts sowie des Management Letters (vgl. Kapitel F.1) und auch mündlich (vgl. Kapitel F.2).

1. Schriftliche Berichterstattung

1.1 Prüfungsbericht

Unter dem Begriff „Prüfungsbericht" werden die schriftlichen und mit der gebotenen Klarheit vorgenommenen Darlegungen über Art und Umfang sowie das Ergebnis aus Jahres- und Konzernjahresabschluss-, Lageberichts- und Konzernlageberichtsprüfungen i. S. v. § 321 Abs. 1 Satz 1 HGB verstanden.

Der Prüfungsbericht hat insbesondere die Funktion, den Aufsichtsrat bzw. die GmbH-Gesellschafter bei der Überwachung der gesetzlichen Vertreter zu unterstützen. Angesichts der Notwendigkeit zur Thematisierung von zum Teil sehr vertraulichen Informationen, die der schutzwürdigen Geheimspähre des Unternehmens zugerechnet werden können, ist der Adressatenkreis grundsätzlich auf die Leitungs- und Kontrollorgane des Unternehmens beschränkt. Eine Offenlegung des Prüfungsberichts erfolgt nur in besonderen Fällen (§ 321a HGB).

Der deutsche Gesetzgeber gibt für den Prüfungsbericht in § 321 HGB die folgende **Grundstruktur** vor:

Berichtsteil	Geforderte Berichtsinhalte
Vorwegbericht (§ 321 Abs. 1 HGB)	► Stellungnahme zur Lagebeurteilung durch die gesetzlichen Vertreter ► bei Prüfungsdurchführung festgestellte Unrichtigkeiten und Verstöße sowie bestandsgefährdende oder entwicklungsbeeinträchtigende Tatsachen und schwerwiegende Verstöße
Hauptteil (§ 321 Abs. 2 HGB)	► Feststellungen zu Buchführung, weiteren geprüften Unterlagen, Jahresabschluss, Lagebericht, Konzernabschluss und Konzernlagebericht ► Bericht über Beanstandungen, die nicht zu einer Einschränkung oder Versagung des Bestätigungsvermerks geführt haben ► Aussage, ob der Abschluss insgesamt unter Beachtung der Grundsätze ordnungsmäßiger Buchführung und sonstiger maßgeblicher Rechnngslegungsgrundsätze ein den tatsächlichen Verhältnissen entsprechendes Bild der VFE-Lage vermittelt ► Aussage zu wesentlichen Bewertungsgrundlagen inkl. Einfluss von entsprechenden Änderungen, der Ausübung von Bilanzierungs- und Bewertungswahlrechten, der Ausnutzung von Ermessensspielräumen sowie sachverhaltsgestaltende Maßnahmen ► Darstellung, ob die gesetzlichen Vertreter die verlangten Aufklärungen und Nachweise erbracht haben

Besondere Abschnitte (§ 321 Abs. 3 und 4 HGB)	► Gegenstand, Art und Umfang der Prüfung inkl. angewandter Rechnungslegungs- und Prüfungsgrundsätze (§ 321 Abs. 3 HGB) ► bei Beurteilung der dem Vorstand einer AG obliegenden Maßnahmen und der Wirksamkeit des Überwachungssystems auch Aussage, ob Verbesserungen im internen Überwachungssystem erforderlich sind (§ 321 Abs. 4 HGB)

Mit dem **IDW PS 450** existiert ein Prüfungsstandard der diese gesetzlichen Vorgaben konkretisiert und folgende **Empfehlung für die Gliederung** des Prüfungsberichts formuliert (IDW PS 450.12):

1. Prüfungsauftrag
2. grundsätzliche Feststellungen
3. Gegenstand, Art und Umfang der Prüfung
4. Feststellungen und Erläuterungen zur Rechnungslegung
5. Feststellungen zum Risikofrüherkennungssystem
6. Feststellungen aus Erweiterungen des Prüfungsauftrags
7. Bestätigungsvermerk.

Unter bilanzanalytischen Aspekten sind folgende Berichtsinhalte von besonderer Bedeutung:

1. Berichterstattung über entwicklungsbeeinträchtigende oder bestandsgefährdende Tatsachen im Vorwegbericht (§ 321 Abs. 2 Satz 3 HGB):

   Wenn die gesetzlichen Vertreter bei der Bilanzierung von der Fortführung der Unternehmenstätigkeit ausgehen und der Prüfer Zweifel an dieser Annahme aufgrund der Existenz von entwicklungsbeeinträchtigenden oder bestandsgefährdenden Tatsachen hat, bestehen vertiefte Erläuterungspflichten. Indikatoren können in diesem Zusammenhang (ggf. auch erst durch ihr kumulatives Auftreten und Zusammenwirken) sein:

   - eingetretene oder drohende Zahlungsschwierigkeiten
   - drohender Entzug von Fremdkapital ohne Substituierungsmöglichkeiten
   - extreme Fristeninkongruenzen bei der Finanzierung von Investitionen
   - äußerst umfangreiche (spekulative) Terminpositionen
   - erhebliche laufende Verluste ohne Aussicht auf eine Verbesserung
   - deutlich verschlechterte Rentabilität z. B. im Zuge eines Konjunktureinbruchs am Geschäftsjahresende oder auch langfristiger Regulierungsauflagen.

   Solche (Risiko-)Tatsachen sind schon zu thematisieren, wenn sie die weitere Unternehmensentwicklung ernsthaft beeinträchtigen bzw. den Unternehmensbestand gefährden können und nicht erst bei Eintritt entsprechender Unternehmensrisiken (IDW PS 450.36).

2. Berichterstattung über die Ordnungsmäßigkeit der Rechnungslegung im Hauptteil (§ 321 Abs. 2 Satz 3 HGB):

   Der Prüfer muss auf der Basis einer ausführlichen Begründung darlegen, ob der Abschluss und (Konzern-)Lagebericht unter Beachtung der GoB ein den tatsächlichen Verhältnissen entsprechendes Bild der Vermögens-, Finanz- und Ertragslage vermittelt. Beurteilungsgrundlage können zusammenfassende Übersichten z. B. zur Struktur der Bilanz oder der Gewinn- und Verlustrechnung sein (IDW PS 450.30).

   Der Prüfer muss gem. § 321 Abs. 2 HGB seine Gesamtaussage auch mit Blick auf die vom Jahresabschlussersteller gewählten Bewertungsannahmen und -methoden sowie der sachverhaltsgestaltenden Maßnahmen begründend treffen (IDW PS 450.72). Sollten durch bilanzpolitische Maßnahmen Änderungen der wirtschaftlichen Lage nicht oder nur schwer erkennbar sein, wird der Prüfer eine vergleichende Bilanzanalyse auf Basis der von ihm alternativ ermittelten Jahresabschlussgrößen (ohne Bilanzpolitik) vornehmen. Der Prüfungsbericht stellt dann die bilanzanalytischen Kennzahlen des geprüften Jahresabschlusses den bilanzanalytischen Kennzahlen der alternativ ermittelten Jahresabschlussgrößen (ohne Bilanzpolitik) vergleichend gegenüber. Zur Wahrung der Übersichtlichkeit des Prüfungsberichts ist dieser Analyseteil entweder in einen eigenständigen, entsprechend zu bezeichnenden Abschnitt des Prüfungsberichts oder in eine Anlage zum Prüfungsbericht aufzunehmen (IDW PS 450.102).

   Ein wesentlicher Punkt des Analyseteils ist der Kennzahlenspiegel. Gegliedert z. B. in die Gruppen Erfolgskennzahlen, Finanzierungs- und Liquiditätskennzahlen, Bilanzstrukturzahlen und sonstige Kennzahlen werden die wesentlichen Kennzahlen gegenübergestellt. Sonstige Kennzahlen sind z. B. Gesamtkapitalumschlag, Investitionsquote, Abschreibungsquote, Selbstfinanzierungsquote usw.

   Die folgende Übersicht zeigt ein Beispiel für den Kennzahlenspiegel.

Beispiel

Kennzahlenspiegel

Lfd. Nr.	Kennzahl	zum 31.12.x1	zum 31.12.x2	Kurz-Kommentar
1.	**Erfolgskennzahlen**			
1.1	Eigenkapitalrentabilität			
1.2	Gesamtkapitalrentabilität			
1.3	Umsatzrentabilität			
1.4	Cashflow-Rate			
1.5	Rohertragquote[1]			
1.6	Personalintensität			
1.7	Materialintensität			
1.8	Abschreibungsintensität			
1.9	Zinsaufwandsquote			
1.10	Umsatz je Mitarbeiter			
1.11	Rohertrag je Mitarbeiter[1]			

1 Diese Kennzahlen sind für das Umsatzkostenverfahren nicht geeignet.

Lfd. Nr.	Kennzahl	zum 31.12.x1	zum 31.12.x2	Kurz-Kommentar
2.	**Finanzierungs- und Liquiditätskennzahlen**			
2.1	Anlagendeckung			
2.2	Kurzfristige Liquidität			
2.3	Dynamischer Verschuldungsgrad			
2.4	Debitorenlaufzeit			
2.5	Kreditorenlaufzeit			
2.6	Lagerdauer			
3.	**Bilanzstrukturkennzahlen**			
3.1	Eigenkapitalquote			
3.2	Kurzfristige Verschuldung			
3.3	Anlagenintensität			
4.	**Sonstige Kennzahlen**			
4.1	Gesamtkapitalumschlag			
4.2	Investitionsquote			

3. Aufgliederung und ausreichende Erläuterung der Abschlussposten im Hauptteil (§ 321 Abs. 2 Satz 5 HGB):

   Insbesondere risikobehaftete Posten und Posten, die einem erheblichen bilanzpolitisch nutzbaren Gestaltungsspielraum unterliegen (z. B. Rückstellungen, Forderungen), müssen aufgegliedert und eingehend erläutert werden. Eine vergleichbare tiefere Berichtspflicht besteht aber auch für Posten mit eher ungewöhnlichen Inhalten. Was aber letztlich unter diesem Aspekt im Prüfungsbericht zu thematisieren ist, orientiert sich streng an den Interessen der Berichtsadressaten.

1.2 Management Letter

Der Management Letter drückt Feststellungen der Wirtschaftsprüfer aus, die entweder als nicht wesentlich i. S. d. Prüfungsauftrags zu qualifizieren sind oder keinen Gegenstand der Abschlussprüfung darstellen. Die Inhalte betreffen somit nicht die Redepflicht des Abschlussprüfers i. S. v. § 321 HGB, d. h. nicht die Erstellung des Prüfungsberichts. Es besteht aber die Erwartung, dass die Kenntnisnahme von diesen Feststellungen für das geprüfte Unternehmen von Nutzen ist.

Die Entscheidung, was im Prüfungsbericht und was im Management Letter aufgenommen wird, trifft der Abschlussprüfer eigenverantwortlich. Da der Management Letter im Einzelfall **separat zum Prüfungsbericht erstellt** wird, also keinen Bestandteil des Prüfungsbericht darstellt, ist dieser an die Unternehmensführung zu richten.

Dieser eng abgegrenzte Adressatenkreis wird insoweit kritisch gesehen, als dass die Kontrollorgane des Unternehmens von den Inhalten des Management Letter nicht notwendigerweise Kenntnis erhalten, obwohl dieser für die Überwachungsaufgabe relevante Informationen beinhalten kann. Deswegen besteht die Empfehlung, dass die Unternehmensführung den Management Letter auch dem Aufsichtsrat (zumindest dem Vorsitzenden des Aufsichtsrats) zur Kenntnis vorlegt. Parallel existiert ein Recht des Aufsichtsrats auf Einsichtnahme gem. § 111 Abs. 2 Satz 1 AktG.

Der Management Letter hat faktisch die **Hauptfunktion**, der Unternehmensführung *„getrennt vom Prüfungsbericht organisatorische oder sonstige Hinweise aus Anlass der Prüfung“* (IDW PS 450.17) zu geben, wie z. B.:

- Schwachstellen im internen Kontrollsystem, soweit diese nicht berichtspflichtig sind
- Schwachstellen in Verarbeitungssystemen, in der Ablauf- oder Aufbauorganisation sowie Anregungen zu deren Verbesserung
- Schwachstellen im Bereich der Rechnungslegungs- oder Berichterstattungserfordernisse sowie Anregungen zu deren Verbesserung
- Anregungen zur Umsetzung der Bilanzpolitik sowie zu sonstigen rechtlichen Gestaltungsfragen (z. B. steuerliche Gestaltungsfragen)
- Anforderungen für Folgeprüfungen (entweder i. S. v. Bedingungen, um Folgeprüfungen durchführen zu können, oder aber i. S. v. Wünschen zur erleichterten Durchführung von Folgeprüfungen)
- Beratung der Unternehmensführung über den bestehenden Prüfungsauftrag hinausgehende Sachverhalte, deren Kenntnis der Abschlussprüfer im Rahmen seiner Prüfungstätigkeit erlangt hat (z. B. Anregungen aus einer SWOT-Analyse).

Eine weitere Funktion des Management Letter ist es, die Unternehmensführung um Stellungnahmen zu im Prüfungsprozess getroffenen Feststellungen bzw. zu aus dem Prüfungsprozess abgeleiteten Empfehlungen zu bitten, sodass diese dann in die weitere Berichterstattung integriert werden können.

2. Bilanzgespräch

Jahresabschlussgespräche erfolgen in unterschiedlicher Zusammensetzung der Gesprächsteilnehmer, z. B.:

- Aufsichtsorgan und Wirtschaftsprüfer
- Unternehmensleitung und Wirtschaftsprüfer
- Unternehmensleitung zusammen mit Wirtschaftsprüfern, Managern des Finanzbereichs, Vertretern der Mitarbeiterinnen und Mitarbeiter, z. B. Wirtschaftsausschuss
- Unternehmensleitung und Vertreter eines Kreditinstituts.

2.1 Redepflicht der Abschlussprüfer

Gemäß § 171 Abs. 1 Satz 2 AktG hat der Abschlussprüfer an den Verhandlungen des Aufsichtsrats oder des Prüfungsausschusses über den Jahres- bzw. Konzernabschluss sowie (Konzern-)Lagebericht teilzunehmen und über die wesentlichen Prüfungsergebnisse, insbesondere wesentliche Schwächen des internen Kontroll- und Risikomanagementsystems bezogen auf den Rechnungslegungsprozes, zu berichten. Diese auch als Redepflicht bezeichnete **mündliche Berichterstattung unterstützt** den Aufsichtsrat bei der **Unternehmensüberwachung** gem. § 111 Abs. 1 AktG.

Nach den allgemeinen Grundsätzen für die Kommunikation der Abschlussprüfer mit dem Aufsichtsorgan sind folgende Themen grundsätzlich relevant (IDW PS 470.7a):

- während der Prüfung aufgetretene bedeutsame Probleme
- bedeutsame aus der Prüfung resultierende Sachverhalte, die mit dem Management besprochen wurden oder Gegenstand des Schriftverkehrs mit dem Management waren
- vom Abschlussprüfer angeforderte schriftliche Erklärungen
- sonstige aus der Prüfung resultierende Sachverhalte, die der Abschlussprüfer nach pflichtgemäßem Ermessen als bedeutsam für die Aufsicht über den Rechnungslegungsprozess erachtet.

Im Rahmen der mündlichen Berichterstattung wird der Abschlussprüfer den schriftlich verfassten Prüfungsbericht zugrunde legen. Insbesondere werden die wesentlichen Prüfungsergebnisse vorgestellt sowie einzelne Feststellungen vertiefend erläutert.

Aufgabe 47 > Seite 257

2.2 Bilanzgespräche mit Kreditinstituten

Kredite über 750.000 € unterliegen den Vorschriften des § 18 KWG. Mit Firmenkunden, die diesen Kreditbetrag überschreiten, führen Kreditinstitute einmal im Jahr ein Gespräch über die wirtschaftliche Lage des Unternehmens. Anlass dazu ist i. d. R. der vorgelegte Jahresabschluss. Das Protokoll über dieses Gespräch wird zu den Kreditunterlagen genommen. Letztlich ist die Bank auch bei Krediten unter 750.000 € für die Risikokontrolle verantwortlich.

Ist die nachhaltige Kapitaldienstfähigkeit, d. h. die fristgerechte Erbringung von Zins- und Tilgungsleistungen, gesichert, gelten die wirtschaftlichen Verhältnisse des Unternehmens als geordnet. „Nachhaltigkeit" bedeutet, dass die Bank auf der Grundlage des vorgelegten Jahresabschlusses damit rechnen kann, dass der Kapitaldienst über die gesamte Laufzeit des Kredits erbracht werden kann.

Ist der Kapitaldienst gesichert, wird im weiteren Gespräch weniger der Jahresabschluss als die allgemeine wirtschaftliche Lage Gegenstand des Gesprächs sein. Ist der Kapitaldienst dagegen gefährdet, erfolgt eine gründliche Auswertung der Jahresabschlussunterlagen und der zu erwartenden zukünftigen Entwicklung des Unternehmens. In solchen Fällen ist es wichtig, dass der Vertreter des Unternehmens sich mit einer Bilanzanalyse und sonstigen betriebswirtschaftlichen Auswertungen intensiv auf das Gespräch vorbereitet.

Die Vertreter der Kreditinstitute stellen nicht selten u. a. die folgenden Fragen:

1. **Fragen zum Jahresabschluss**
   - Liegt der Jahresabschluss fristgerecht vor? Im Fall einer Verspätung werden die Gründe (auch mit Blick auf mögliche zukünftige Auswirkungen) hinterfragt.
   - Welche Bescheinigung bzw. welcher Prüfungsvermerk der steuerberatenden bzw. wirtschaftsprüfenden Berufe liegt vor?
   - Ist das Zahlenwerk plausibel? Die Bank hinterfragt insbesondere die Abweichungen zwischen den aktuellen Abschlusszahlen und den Abschlusszahlen am Ende des Vorjahres.
   - In der Regel verlangen die Banken eine Hauptabschlussübersicht, die sie Konto für Konto mit der Hauptabschlussübersicht zum Ende des Vorjahres vergleichen (Kontennachweis).
   - Entspricht die Handelsbilanz der Steuerbilanz? In der Steuerbilanz sind die handelsrechtlichen Wahlrechte und damit die Möglichkeiten der Ergebnisbeeinflussung erheblich eingeschränkt. Abweichungen zwischen Handels- und Steuerbilanz wird die Bank besonders im Fall eines höheren Ergebnisausweises in der Handelsbilanz eher kritisch hinterfragen.
   - Wurden die Bewertungsmethoden unverändert beibehalten?
   - Wie wurde das Anlagevermögen bewertet und abgeschrieben?
   - Wurden Investitionen vorgenommen oder ggf. aufgrund einer angespannten Liquiditätslage in die Zukunft verlagert?
   - Wurde geleast anstatt gekauft?
   - Wie wurden die Vorräte bewertet? Welche Abschreibungen wurden vorgenommen?
   - In welcher Höhe wurden Forderungen abgeschrieben? Die Bank kann eine detaillierte Aufgliederung der Forderungen verlangen und nachfragen, welche Forderungen zum Bilanzstichtag inzwischen beglichen worden sind und in welchem Umfang zum Bilanzstichtag nicht abgeschriebene Forderungen zwischenzeitlich ausgefallen sind.
   - Wie hoch sind die Verpflichtungen einschließlich der Erhöhungen aus nicht passivierungspflichtigen Altzusagen bei den Pensionsrückstellungen?
   - Sind in den sonstigen Rückstellungen alle aktuellen Verpflichtungen und Risiken erfasst?
   - Sind die Entnahmen und die Einlagen des Unternehmers bzw. der Gesellschafter übersichtlich aufgegliedert? Für welche Zwecke (privater Lebensunterhalt, Investitionen, Geldanlagen) verwendet der Unternehmer die Entnahmen?
   - Enthalten die sonstigen Vermögensgegenstände und die sonstigen Verbindlichkeiten problematische Posten?
   - Sind die Eventualverbindlichkeiten vollständig ausgewiesen?
   - In welcher Form und in welcher Höhe haben Fremdkapitalgeber ihre Forderungen abgesichert?
   - Sind in GuV-Posten nicht nachhhaltig auftretende Aufwendungen und Erträge enthalten? Wenn ja, welche?

- Wurden gesetzliche Erleichterungen, die ausschließlich die Publizitätspflichten betreffen, in Anspruch genommen, z. B. verkürzte Bilanz gem. § 327 Abs. 1 HGB bei der mittelgroßen Kapitalgesellschaft?
- Wurden bei der Aufstellung des Jahresabschlusses weitere gesetzliche Erleichterungen in Anspruch genommen, die den Informationswert beeinträchtigen, z. B. verkürzte Gewinn- und Verlustrechnung? Defizite müssen ggf. durch Vorlage weiteren Zahlenmaterials ausgeglichen werden.
- Enthalten Anhang und Lagebericht die nach dem HGB vorgeschriebenen Informationen?

2. **Fragen zur zukünftigen Entwicklung des Unternehmens**
   - Wie steht es um die künftige nachhaltige Ertragskraft des Unternehmens? Sind in der internen Unternehmensstruktur oder bei den externen Rahmenbedingungen Schwächen oder Veränderungen zu entdecken?
   - Welche Erwartungen bestehen hinsichtlich der zukünftigen Liquiditätsentwicklung? Gründe? Annahmen?
   - Wie hoch sind der Auftragsbestand und die Auftragsreichweite?
   - Wie hoch ist der mit Stammkunden getätigte Umsatzanteil?
   - Sind der Unternehmensleitung die Marktstruktur, die Produktstruktur und deren Entwicklung, die Vertriebswege, die Konkurrenzsituation und die Kundenstruktur ausreichend bekannt?
   - Entsprechen Organisation, technische Einrichtung und Personalstruktur den künftigen Anforderungen?
   - Gibt es eine jährliche Unternehmensplanung? Welche Einzelpläne werden erstellt? Wie konsequent wird der Plan-Ist-Vergleich durchgeführt? Wie wird im Falle sich abzeichnender Planabweichungen gegengesteuert?
   - Gibt es ein Früherkennungssystem?
   - Welche sonstigen Steuerungssysteme (Managementinformationssysteme) sind im Unternehmen installiert?
   - Wie verhält es sich mit fachlicher Kompetenz und Führungsverhalten des Managements?
   - Ist die Unternehmensnachfolge bzw. die Nachfolge in der Unternehmensleitung geregelt? Langfristige Kredite setzen eine langfristige Fortführung des Unternehmens voraus. Bei der Unternehmensnachfolge spielen ggf. mögliche Belastungen durch die Erbschaftsteuer eine Rolle.

   Zu weiteren Fragen s. unter „Arbeitshilfen“ ab S. 207 – „Risikoanalyse“.

3. **Notfallprogramm**
   Besteht ein Notfallprogramm (z. B. Vollmachten) für den Fall des plötzlichen Ausfalls des Unternehmers, der Geschäftsleitungs- bzw. Vorstandsmitglieder?

Aufgabe 48 > Seite 257

G. Moderne Verfahren der Bilanzanalyse

1. Notwendigkeit neuer Ansätze der Bilanzanalyse

Die traditionelle Bilanzanalyse in Form der Kennzahlenrechnung mit Kennzahlenbildung und -vergleich unterliegt den bekannten Grenzen hinsichtlich der Möglichkeit, ein zuverlässiges Gesamturteil über die nachhaltige Ertragskraft und die zukünftige finanzielle Stabilität eines Unternehmens zu treffen. Die traditionelle Bilanzanalyse verstößt gegen den Grundsatz der Objektivierung, sehr leicht auch gegen den Grundsatz der Ganzheitlichkeit und regelmäßig gegen den Grundsatz der Neutralisierung.

Zu den wesentlichen Ursachen, die die Möglichkeiten der Kennzahlenrechnung für ein zukunftsgerichtetes Gesamturteil u. U. erheblich begrenzen, gehören insbesondere:

- vornehmlich **auf die Vergangenheit gerichtetes Zahlenmaterial** (Jahresabschluss) als Grundlage der Kennzahlenrechnung
- **mangelnde Aussagefähigkeit** des Jahresabschlusses aufgrund fehlender Informationen über außerhalb der finanzwirtschaftlichen Buchungsvorgänge liegende Bereiche wie z. B. Qualität des Managements, Image, Know-how etc.
- Bewertungsabhängigkeit des Jahresabschlusses mit Möglichkeiten zur **bilanzpolitisch motivierten Gestaltung** ohne hinreichende Erkennbarkeit für den externen Adressaten
- **starke Komprimierung komplexer wirtschaftlicher Sachverhalte** und Zusammenhänge durch die regelmäßige Überführung in Kennzahlen mit einer Zähler- sowie einer Nennergröße
- **Gefahr von Fehlinterpretationen** der Kennzahlenwerte im Zuge notwendiger subjektiver Einschätzungen.

Moderne Verfahren der Bilanzanalyse versuchen, die Grenzen der traditionellen Kennzahlenrechnung zu überwinden und damit zu einem zuverlässigeren Urteil über das analysierte Unternehmen zu gelangen.

Insbesondere für die Analyse der Jahresabschlüsse von jungen, wachstumsstarken Unternehmen mit ihrer besonderen Chancen- und Risikostruktur reichen die Instrumente der traditionellen Bilanzanalyse nicht mehr aus. Die Aufbereitung, Verdichtung sowie Auswertung erkenntniszielorientierter Unternehmensinformationen mithilfe von Kennzahlenreihen aus den Vorjahren durch Anwendung sog. Trendextrapolationsverfahren und sonstiger Methoden ist faktisch nicht möglich, da die Unternehmen oft erst seit wenigen Jahren existieren und sich verändernde Marktbedingungen schnell disruptiv auf die Branchen- und Unternehmensentwicklung auswirken können. Dies gilt insbesondere für technologieorientierte Unternehmen, deren hohes Unternehmensrisiko geprägt ist durch

- überdurchschnittliche Wachstumsraten
- niedrige Markteintrittsbarrieren für potenzielle Konkurrenten
- Gefahr des Auftretens von Substitutionsprodukten

- keine langjährigen Stammkunden und so keine Vormachtstellung oder Marktführerschaft
- permanente Verkürzung der Produktlebenszyklen
- Gefahr, dass die technologischen Innovationen sich nicht dauerhaft am Markt durchsetzen werden
- hohe Unsicherheit über Möglichkeiten zur Einschätzung zukünftiger Entwicklungen
- oft mangelhafter – weil zu schneller – Ausbau des Rechnungswesens, des Controllings und der Organisation insgesamt, sodass ein wirksames Risikofrüherkennungssystem nicht vorliegt.

Die Bilanzanalyse benötigt gerade bei jungen, wachstumsstarken Unternehmen umfassende zukunftsbezogene Informationen. Wie werden die zukünftigen Zinszahlungen und Tilgungsleistungen einerseits und die zukünftigen Ausschüttungen und Kursgewinne andererseits aussehen bei einem Unternehmen, das bisher in der Aufbauphase evtl. nur Verluste erwirtschaftet hat?

Um ein modernes Unternehmen in seiner Komplexität zu beurteilen, reicht eine Konzentration auf die finanziellen Daten nicht aus. Wesentliche Informationen nicht finanzieller Natur betreffen insbesondere die zukünftige Marktentwicklung, aber auch unternehmensspezifische Charakteristika, wie den Mitarbeiterstamm des Unternehmens, die Organisationsstruktur und die Wertschöpfungskette mit den Kunden- und Lieferantenbeziehungen.

Gerade durch den Wandel von der Industriegesellschaft zur Dienstleistungsgesellschaft spielen die selbstgeschaffenen immateriellen Werte (z. B. Patente, besondere Produktionsverfahren etc.) eine immer größere Rolle. Diese erscheinen aber vielfach nicht in der Bilanz, obwohl sie mittlerweile als die Werttreiber des 21. Jahrhunderts bezeichnet werden. Dies alles zeigt die Notwendigkeit, die traditionelle Bilanzanalyse um eine weitergehende strategische Unternehmensanalyse zu ergänzen.

2. Scoring-Modelle

Scoring-Modelle (auch Punktbewertungsverfahren genannt) im Rahmen der Bilanzanalyse zeichnen sich dadurch aus, dass sie zu einem Gesamturteil über das zu analysierende Unternehmen führen, welches sich aus der Summe gewichteter Teilurteile zusammensetzt. Dabei können auch Kriterien berücksichtigt werden, die unterschiedlich skaliert sind und sich z. B. nicht quantifizieren lassen. Je nach Erfüllungsgrad zuvor festgelegter Kriterien werden Punkte vergeben, deren Summe unter Berücksichtigung einer evtl. Gewichtung der Kriterien den Gesamtscore ergibt. Im Folgenden wird beispielhaft für diese Modelle das RSW-Verfahren (RSW steht für Rendite, Sicherheit, Wachstum) dargestellt, welches zur Beurteilung von börsennotierten AG entwickelt wurde.

2.1 Historische Entwicklung und Untersuchungsziele des RSW-Verfahrens

Das RSW-Verfahren wurde in den 1980er-Jahren am Institut für Betriebswirtschaftslehre der Universität Kiel unter der Leitung von *Wilhelm Schmidt* entwickelt. Dazu wurden erstmals im Jahr 1987 – diesem Verfahren folgend – die Konzernabschlüsse von 304 deutschen AGs aus Industrie, Handel und Verkehr analysiert. In der Zwischenzeit ist diese Untersuchung mehrfach modifiziert worden. So wurde das Verfahren z. B. im Jahr 1994 um die Analyse der Börsenkursentwicklung zur Performancemessung erweitert.

Untersuchungsziel des Verfahrens ist es, *„neue vergleichbare Informationen über die deutschen Börsengesellschaften zur Verfügung zu stellen" (Schmidt, 1987, S. 246)*, die auf veröffentlichten Daten basieren und von Interessenten weitgehend nachvollzogen werden können. Mit der aufgestellten Rangliste sind jedoch keine Empfehlungen über das Kaufen, Halten oder Verkaufen dieser Aktien verbunden. Die Rangliste soll lediglich die Beurteilung erleichtern, ob der Aktienkurs in Relation zu den übrigen untersuchten Gesellschaften als angemessen qualifiziert werden kann. Die branchenübergreifende Vergleichbarkeit der in das Verfahren einbezogenen Gesellschaften ist somit ein verfahrensimmanentes Charakteristikum.

2.2 Aufbau und Kennzahlen des RSW-Verfahrens

In der erweiterten Fassung dieses Verfahrens wurden zwischenzeitlich die Konzernabschlüsse der 500 größten deutschen AGs der Börsensegmente Amtlicher Handel und Geregelter Markt untersucht. Dabei werden die Gesellschaften einer der vier Gruppen „Industrie, Handel, Verkehr", „Banken und Versicherungen", „Verwaltungsgesellschaften" sowie „Börsenneulinge des jeweiligen Jahres" zugeordnet.

Für jede Gesellschaft werden die Werte von insgesamt sechs Kennzahlen ermittelt, wobei jeweils zwei Kennzahlen den Analysebereichen Rendite (R), Sicherheit (S) sowie Wachstum (W) zugeordnet werden können. Die einzelnen Kennzahlen sind branchenabhängig definiert, was die Komplexität dieses Verfahrens deutlich erhöht.

Die folgende Abbildung zeigt beispielhaft sämtliche Kennzahlen der Branchengruppe „Industrie, Handel, Verkehr" mit den jeweiligen Anwendungszeiträumen und etwaigen Gewichtungsfaktoren:

Renditekennzahl I

$$\text{Eigenkapitalrendite} = \frac{\begin{array}{l}\text{Jahresüberschuss/Jahresfehlbetrag}\\ +\ \text{Steuern vom Einkommen und Ertrag}\\ +\ \text{abgeführte Gewinne}\end{array}}{\begin{array}{l}\text{bilanzielles Eigenkapital}\\ -\ \text{nicht durch Eigenkapital gedeckter Fehlbetrag}\end{array}} \cdot 100$$

über die letzten drei Jahre zum Geschäftsjahresende berechnet und 3 : 2 : 1 gewichtet

Renditekennzahl II

$$\text{Betriebsrendite} = \frac{\begin{array}{l}\text{Ergebnis der gewöhnlichen Geschäftstätigkeit}\\ + \text{ sonstige Steuern}\\ + \text{ Beteiligungsergebnis}\\ - \text{ Zinsergebnis}\\ + \text{ Finanzabschreibungen}\end{array}}{\text{Umsatz}} \cdot 100$$

über die letzten drei Jahre zum Geschäftsjahresende berechnet und 3 : 2 : 1 gewichtet

Sicherheitskennzahl I

$$\text{Eigenkapitalquote} = \frac{\begin{array}{l}\text{bilanzielles Eigenkapital}\\ - \text{ nicht durch Eigenkapital gedeckter Fehlbetrag}\end{array}}{\begin{array}{l}\text{Bilanzsumme}\\ - \text{ nicht durch Eigenkapital gedeckter Fehlbetrag}\end{array}} \cdot 100$$

zum Ende des Geschäftsjahres

Sicherheitskennzahl II

$$\text{Liquiditätsquote} = \frac{\begin{array}{l}\text{Wertpapiere des Umlaufvermögens}\\ + \text{ Schecks, Kassenbestand}\\ + \text{ Bundesbank- und Postgiroguthaben}\\ + \text{ Guthaben bei Kreditinstituten}\end{array}}{\begin{array}{l}\text{Bilanzsumme}\\ - \text{ nicht durch Eigenkapital gedeckter Fehlbetrag}\end{array}} \cdot 100$$

zum Ende des Geschäftsjahres

Wachstumskennzahl I

$$\text{Bilanzsummenwachstum} = \left[\left(\frac{\begin{array}{l}\text{Bilanzsumme}_t\\ - \text{ nicht durch Eigenkapital gedeckter Fehlbetrag}_t\end{array}}{\begin{array}{l}\text{Bilanzsumme}_{t-w}\\ - \text{ nicht durch Eigenkapital gedeckter Fehlbetrag}_{t-w}\end{array}}\right)^{\frac{1}{w}} - 1\right] \cdot 100$$

geometrische Wachstumsrate mit w = 2 im Jahr t.

Wachstumskennzahl II

$$\text{Umsatzwachstum} = \left[\left(\frac{\text{Umsatz}_t}{\text{Umsatz}_{t-w}}\right)^{\frac{1}{w}} - 1\right] \cdot 100$$

geometrische Wachstumsrate mit w = 2 im Jahr t.

Quelle: in Anlehnung an *Küting/Weber (2015, S. 409 f.)*

Mithilfe statistischer Verfahren werden dann die Kennzahlenwerte über eine Gewichtung in einen Gesamtscore überführt. Die **Gewichtung** der Kennzahlenwerte erfolgt auf **drei Ebenen**:

1. Gewichtung auf Ebene **der Analysebereiche**: Während die Analysebereiche Sicherheit und Wachstum einfach gewertet werden, wird der Analysebereich Rendite mit Blick auf seine hohe Bedeutung für Anteilseigner mit einem vierfachen Gewichtungsfaktor im Gesamtscore berücksichtigt.
2. Gewichtung auf Ebene **der Kennzahlen innerhalb eines Analysebereichs**: Für jeden der drei Analysebereiche werden zwei Kennzahlen ermittelt. Die erste Kennzahl ist branchenübergreifend ausgestaltet und wird zweifach gewichtet. Demgegenüber ist die zweite Kennzahl branchenspezifisch ausgestaltet und wird nur einfach gewichtet.
3. Gewichtungen auf der **zeitlichen Ebene**: Die Renditekennzahlen werden für die vergangenen drei Jahre (Unternehmen der Gruppen „Industrie, Handel, Verkehr" sowie „Verwaltungsgesellschaften") bzw. für die vergangenen fünf Jahre (Unternehmen der Gruppe „Banken und Versicherungen") ermittelt. Der Gesamtscore berücksichtigt nicht nur die aktuelle Rendite, sondern durch eine zusätzliche Gewichtung (zu Gunsten der aktuellen Kennzahlenwerte) auch die Entwicklung der Rendite in den vergangenen Jahren. Hohe Werte im Renditebereich sind somit Ausdruck des Erreichens und Haltens einer vergleichsweise hohen Rentabilität. Starke Steigerungen der Rentabilität im aktuellen Jahr führen somit nicht zwangsläufig zu einem hohen Wert im Renditebereich.

Die nachfolgende Übersicht zeigt den Aufbau des RSW-Verfahrens:

Standardisierungskreis	Teilkomponenten	Gewicht	Hauptkomponenten	Gewicht	Resultat
alle Unternehmen	**Eigenkapitalrendite**	0,444	**Rendite**	0,666	**RSW-Score**
Industrie, Handel, Verkehr; Verwaltungsgesellschaften; Geschäftsbanken; Hypothekenbanken; Schaden-/Rückversicherer, Lebensversicherer	**Betriebsrendite**	0,222			
Industrie, Handel, Verkehr; Verwaltungsgesellschaften; Banken und Versicherungen	**Eigenkapitalquote**	0,111	**Sicherheit**	0,167	
Industrie, Handel, Verkehr; Verwaltungsgesellschaften; Geschäftsbanken; Hypothekenbanken; Schaden-/Rückversicherer, Lebensversicherer	**Liquiditätsquote**	0,056			
alle Unternehmen	**Bilanzsummenwachstum**	0,111	**Wachstum**	0,167	
Industrie, Handel, Verkehr; Verwaltungsgesellschaften; Banken und Versicherungen	**betriebliches Wachstum**	0,056			

Aufbau des RSW-Verfahrens

Quelle: *Küting/Weber (2015, S. 407)*

Für jede Kennzahl wird zunächst die positive oder auch negative Abweichung vom Mittelwert der branchenspezifisch abgegrenzten Vergleichsgruppe nach folgender Formel errechnet:

$$RSW_{i,\,b} = \frac{x_{k(b),i} - \bar{x}(VG(b,k))}{s(VG(b,k))}$$

mit

$RSW_{i,b}$ = RSW-Score des Unternehmens i, das zur Branche(ngruppe) b gehört
k = Laufindex für den Kennzahlentyp
$x_{k(b),i}$ = Wert der für die Branche(ngruppe) b definierten Kennzahl des Typs k bei dem Unternehmen i (in Prozent)
VG(b,k) = Mittelwert für den Kennzahlentyp k, berechnet über alle Unternehmen, die für die Branche(ngruppe) b die Vergleichsgruppe bei dem Typ k bilden
s(VG(b,k)) = Wert der Standardabweichung des Kennzahlentyps k, berechnet über alle Unternehmen, die für die Branche(ngruppe) b die Vergleichsgruppe bei dem Typ k bilden
g_k = Gewicht der standardisierten Kennzahl des Typs k

Der Gesamtscore eines Unternehmens zeigt dann die kumulierten Abweichungen des analysierten Unternehmens vom Durchschnitt seiner branchenspezifisch abgegrenzten Vergleichsgruppe. Je höher der Gesamtscore ist und je größer somit die positiven Abweichungen der Kennzahlenwerte vom Durchschnitt der Vergleichsgruppe sind, desto höher ist der Ranglistenplatz des analysierten Unternehmens.

Aufbauend auf dieser Rangliste wird ein Aktienrating vorgenommen. Dabei werden die Aktienkurse der in diese Analyse einbezogenen Unternehmen in eine der fünf Kategorien von „sehr niedrig" bis „sehr hoch" eingeordnet. Mit dieser Einordnung ist keine Empfehlung über den Kauf, Verkauf oder das Halten einer Aktie verbunden. Vielmehr sollen nur Hinweise auf die Angemessenheit des einzelnen Aktienkurses im Vergleich zu den übrigen in die Analyse einbezogenen Unternehmen vermittelt werden.

2.3 Würdigung

Zunächst muss auf die hinlänglich bekannte Kritik an veröffentlichten Jahresabschlussinformationen als Grundlage einer zukunftsorientierten Beurteilung hingewiesen werden. Bezüglich der Besonderheiten des RSW-Verfahrens sind aber vor allem Auswahl und Gewichtung der Kennzahlen kritisch zu prüfen.

Die Gesamtbeurteilung wird anhand von sechs Kennzahlen vorgenommen. Diese vergleichsweise sehr geringe Auswahl steht mit dem für die Bilanzanalyse geforderten **Ganzheitlichkeitsprinzip** zunächst in konfliktärer Beziehung. Hinsichtlich der Gewichtung fällt auf, dass der Eigenkapitalrendite mit einer Gewichtung von 44,4 % im Gesamtscore eine überragende Bedeutung zukommt. Unter Berücksichtigung der für die

Betriebsrendite geltenden Gewichtung von 22,2 % wird der Gesamtscore zu zwei Dritteln durch die Erfüllung von erfolgswirtschaftlichen Maßstäben determiniert. Demgegenüber gehen die originär auf die finanzielle Stabilität eines Unternehmens ausgerichteten Sicherheitskennzahlen (also Eigenkapital- und Liquiditätsquote) nur mit einer Gesamtgewichtung von 16,7 % in den Gesamtscore ein. Auch dies ist mit Blick auf das Ganzheitlichkeitsprinzip eher kritisch zu sehen.

Allerdings haben empirische Studien festgestellt, dass die Renditekennzahlen mit der Kursentwicklung am deutlichsten korrelieren. Diese Erkenntnis stützt die hohe Gewichtung der Renditekennzahlen. Auch darf die Annahme eines statistischen Zusammenhangs zwischen dem Gesamtscore und dem Aktienkurs mittlerweile als gesicherte Erkenntnis gelten.

Auswahl und Gewichtung der Kennzahlen stehen allerdings auch mit dem **Objektivierungsprinzip** in konfliktärer Beziehung. In diesem Zusammenhang ist aber auch festzuhalten, dass die Ermittlung des Gesamtscores mit der Offenlegung sämtlicher Teilkomponenten zumindest intersubjektiv nachvollziehbar ist. *„Im Grunde leistet das RSW-Verfahren auf transparente Weise auch nichts anderes als das, was ein externer Analyst zu erreichen versucht: ein subjektives geprägtes, zusammenfassendes – sachverständiges – Urteil über ein Unternehmen"* (*Küting/Weber, 2015, S. 411*).

3. Mathematisch-statistische Verfahren

3.1 Grundlagen

Die mathematisch-statistischen Verfahren werden regelmäßig den modernen Ansätzen der Bilanzanalyse zugerechnet. In Deutschland haben diese Verfahren insbesondere seit den 1980er-Jahren eine zunehmende theoretische wie auch praktische Bedeutung erlangt. Wesentlicher Katalysator für die Entwicklung dieser Verfahren war die Kritik an der traditionellen kennzahlengestützten Bilanzanalyse zur Gesamtbeurteilung von Unternehmen aus externer Sicht, dass dieser die theoretische Fundierung fehle und sie daher diverse zentrale Fragen nicht beantworte:

1. Welche Kennzahlen zeigen zuverlässig und frühzeitig negative Entwicklungen des zu analysierenden Unternehmens an?
2. Wie viele dieser Kennzahlen sind für die Bildung eines sachgerechten Gesamturteils erforderlich?
3. Wie können diese Kennzahlen zu einer Kennzahl aggregiert werden, die dann in Abhängigkeit vom Kennzahlwert die Bildung des sachgerechten Gesamturteils erlaubt?

Die mathematisch-statistischen Verfahren streben Antworten auf diese Fragen an. Angesichts der Möglichkeit zur Verarbeitung großer Datenmengen durch immer leistungsfähigere IT-Systeme sollen Trennwerte zur Klassifikation von Jahresabschlüssen anhand einer empirisch erhobenen Datenbasis ermittelt werden.

Eine zuverlässige Trennung von zu analysierenden Unternehmen in die Gruppen von „guten" und „schlechten" Unternehmen hätte den Vorteil, dass z. B. Kreditvergabeentscheidungen deutlich effektiver und effizienter erfolgen könnten: Würden die Trennwerte im Einzelfall eingehalten, würde das zu analysierende Unternehmen als „gut" eingestuft und der Kreditanfrage entsprochen. Andernfalls – also bei mangelnder Einhaltung der Trennwerte – gälte das zu analysierende Unternehmen als „schlecht", sodass von einer Kreditvergabe eher abgesehen werden sollte. Nur wenn eine eindeutige Zuordnung nicht zweifelsfrei vorgenommen werden könnte, wäre noch eine weitergehende Prüfung notwendig.

Ziel der mathematisch-statischen Verfahren ist es also, **Kennzahlen zur Einteilung von Unternehmen** in die Gruppe der „guten" bzw. „schlechten" Unternehmen **zu identifizieren** und diese dann zur Bildung eines objektiven Gesamturteils heranzuziehen.

Dabei zeichnen sich die in diesem Kapitel dargestellten Verfahren durch die folgende grundlegende Vorgehensweise aus:

1. Schritt: Festlegung eines empirisch überprüfbaren Trennungsmerkmals für die Bildung verschiedener Gruppen
Zuerst ist festzulegen, welches Trennungsmerkmal zur Unterscheidung von „guten" und „schlechten" Unternehmen herangezogen werden soll. Grundsätzlich denkbar sind folgende Trennungsmerkmale: Insolvenzeintritt, Insolvenzantrag, Haftanordnung gegen einen Einzelunternehmer zur Abgabe einer eidesstattlichen Versicherung, Scheck- oder Wechselprotest usw.

2. Schritt: Einteilung der zu analysierenden Unternehmen in Gruppen
Unter Berücksichtigung des im ersten Schritt festgelegten Trennungsmerkmals werden Unternehmen vergangenheitsorientiert entweder in die Gruppe der „guten" oder in die Gruppe der „schlechten" Unternehmen eingeordnet.

3. Schritt: Anwendung der Verfahren auf die beiden Gruppen
Die mathematisch-statistischen Verfahren werden auf jede Gruppe angewandt. Dies bedeutet, dass vergangenheitsorientiert eine große Datenmenge veröffentlichter Jahresabschlüsse analysiert wird. Da feststeht, ob das Unternehmen als „gut" oder „schlecht" gilt (vgl. 2. Schritt), werden die von diesen Unternehmen in der Vergangenheit veröffentlichten Jahresabschlüsse auf auffällige Kennzahlen untersucht, die die Trennung in „gute" und „schlechte" Unternehmen erlauben.

4. Schritt: Ermittlung einer Trennfunktion
Ziel ist die Ermittlung einer Trennfunktion durch die Gewichtung der im dritten Schritt identifizierten und zur Trennung geeigneten Kennzahlen. Bis zu diesem Schritt zeichnen sich die mathematisch-statistischen Verfahren durch eine auf Vergangenheitswerten aufsetzende Prognose zukünftiger Unternehmensentwicklungen aus. Die Verfahren beinhalten aber auch Möglichkeiten zur prospektiven, also vorausschauenden Prognose z. B. einer Unternehmenskrise, wenn sie im Rahmen einer Kreditwürdigkeitsüberprüfung eingesetzt werden. Die ermittelte Trennfunktion dient dann zur Beurteilung z. B. von kreditanfragenden Unternehmen, deren Bonität noch nicht bekannt ist.

3.2 Diskriminanzanalyse

Die Diskriminanzanalyse kann die Trennung der Unternehmen in „gut“ oder „schlecht“ unter Berücksichtigung einer unterschiedlichen Anzahl von Kennzahlen vornehmen. Kennzeichen der sog. **univariaten** Diskriminanzanalyse ist, dass jede Kennzahl einzeln auf ihre Trennfähigkeit der beiden Gruppen untersucht wird. Die Zuordnung des zu analysierenden Unternehmens zur Gruppe der „guten“ oder zur Gruppe der „schlechten“ Unternehmen erfolgt mit derjenigen Kennzahl, die zur zuverlässigsten Trennung führt. Bei der **bivariaten** Diskriminanzanalyse erfolgt die Trennung unter gleichzeitiger Berücksichtigung von zwei Kennzahlen. Am komplexesten ist die **multivariate** Diskriminanzanalyse, der eine simultane Betrachtung mehrerer Kennzahlen zugrunde liegt. Die Zuordnung zu der einen oder anderen Gruppe erfolgt anhand mehrerer Kennzahlen gleichzeitig.

In der US-amerikanischen Literatur wird mehrfach auf den Einsatz der Diskriminanzanalyse bei dortigen Kreditvergabeentscheidungen hingewiesen. In Deutschland verwendet die Bundesbank Verfahren der multivariaten Diskriminanzanalyse zur Beurteilung von Unternehmen als Schuldner von Wechsel- und Kreditforderungen, die Kreditinstitute als Sicherheit für Bundesbankkredite hinterlegen. Der Deutsche Sparkassen- und Giroverband hat mehrfach Empfehlungen zum Einsatz der Diskriminanzanalysen innerhalb eines umfassenden Systems zur Beurteilung von Kreditnehmern ausgesprochen. Auch von anderen Kreditinstituten (z. B. Bayerische Vereinsbank [heute UniCredit Bank], Baden-Württembergische Bank [BW-Bank] sowie Allgemeine Kreditversicherung [heute Coface Kreditversicherung]) ist bekannt, dass sie diese Verfahren einsetzen bzw. eingesetzt haben.

Allerdings werden diese Verfahren in der Praxis der Bilanzanalyse insgesamt eher selten angewandt. Folgende Gründe können hierfür beispielhaft aufgeführt werden:

1. Die Untersuchungen zur Auswertung des umfangreichen Datenmaterials (3. Schritt der grundsätzlichen Vorgehensweise) sind mit erheblichen Kosten und zeitlichem Aufwand verbunden. Die von einzelnen Anwendern gewonnenen Erkenntnisse werden deswegen nicht in ihren Einzelheiten veröffentlicht.
2. Eine Veröffentlichung detaillierter Erkenntnisse über die im Einzelfall angewandte Trennfunktion birgt die potenzielle Gefahr, dass Ersteller von Jahresabschlüssen evtl. auch nach nicht legalen Wegen zu deren Gestaltung suchen, um letztlich als „gutes“ Unternehmen eingestuft zu werden.
3. Die unreflektierte Anwendung von Ergebnissen einer Diskriminanzanalyse beinhaltet die Gefahr einer sich selbst erfüllenden Prophezeiung („Self-fulfilling Prophecy“). Unternehmen, für die die Anwendung der Diskriminanzanalyse eine Insolvenzprognose nach sich zieht, haben allein wegen dieser Prognose z. B. keinen Zugang mehr zum Kreditmarkt und werden allein deswegen möglicherweise tatsächlich insolvent.

Im Folgenden soll nun die Vorgehensweise der univariaten Diskriminanzanalyse näher erläutert werden. Zunächst wird jede einzelne Kennzahl auf ihre Eignung zur zuverlässigen Trennung in „gute" und „schlechte" Unternehmen untersucht. Die Zuordnung zu der einen oder anderen Gruppe erfolgt mit der Kennzahl, die das beste Trennergebnis verspricht. Bereits in den 1960er-Jahren hat *William H. Beaver*, ein damals führender amerikanischer Finanz- und Bilanztheoretiker, dieses Verfahren zum Zweck der Insolvenzprognose angewandt und den Quotienten aus Cashflow und Fremdkapital als trennschärfste Kennzahl erkannt.

Das folgende Beispiel soll diesen Zusammenhang näher erläutern. Für 24 zufällig ausgewählte Unternehmen wurden die Werte von zwei Kennzahlen ermittelt. Zwölf dieser Unternehmen sind auch drei Jahre später noch solvent (also „gesund"), die anderen haben spätestens nach drei Jahren Insolvenz angemeldet (waren also „krank").

Die folgende Abbildung zeigt für diese 24 Unternehmen die jeweiligen Anteile des kurzfristigen Fremdkapitals an der Bilanzsumme (Quote des kurzfristigen Fremdkapitals; kFKQ) sowie des Cashflow-2-Return-on-Investment (CF2ROI = Quotient mit der Summe des ordentlichen Betriebsergebnisses, der Normalabschreibungen sowie der Zuführungen zu den Pensionsrückstellungen im Zähler und der Bilanzsumme im Nenner) in einem Koordinatensystem. Die Kennzahlenkombinationen der „gesunden" Unternehmen sind durch helle, die der „kranken" Unternehmen durch dunkle Quadrate dargestellt. Es erfolgt somit eine **zweifache univariate Trennung**:

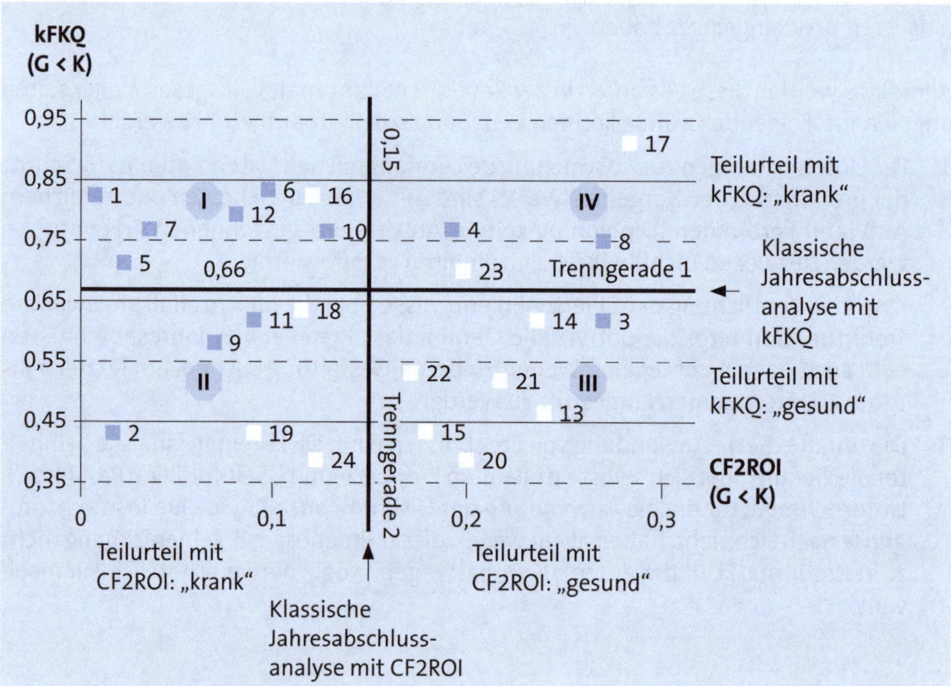

Quelle: *Baetge et al. (2004, S. 545)*

Die **Trenngerade 1** unterscheidet bei einer einfach vorgenommenen univariaten Diskriminanzanalyse „kranke" und „gesunde" Unternehmen nur nach dem Wert der Kennzahl „Quote des kurzfristigen Fremdkapitals" (kFKQ). Liegt ein Kennzahlenwert von mindestens 0,66 vor, gilt das Unternehmen als „krank" (hier die elf Unternehmen oberhalb der Trenngeraden 1). Allerdings werden bei dieser Vorgehensweise drei der zwölf tatsächlich „gesunden" Unternehmen fälschlicherweise als „krank" eingestuft (hier die Unternehmen 16, 17 und 23 [helle Quadrate]). Dieser Fehler wird auch als **β-Fehler (Betafehler)** bezeichnet (hier mit einer Höhe von 3/12).

Liegt ein Kennzahlenwert von maximal 0,66 vor, gilt das Unternehmen als „gesund" (hier die 13 Unternehmen unterhalb der Trenngeraden 1). Allerdings werden bei dieser Vorgehensweise vier der zwölf tatsächlich „kranken" Unternehmen fälschlicherweise als „gesund" qualifiziert (hier die Unternehmen 2, 3, 9 und 11 [dunkle Quadrate]). Dieser Fehler wird auch als **α-Fehler (Alphafehler)** bezeichnet (hier mit einer Höhe von 4/12).

Die **Trenngerade 2** bei einer einfach vorgenommenen univariaten Diskriminanzanalyse unterscheidet „kranke" und „gesunde" Unternehmen nur nach dem Wert der Kennzahl „Cashflow-2-Return-on-Investment" (CF2ROI). Liegt ein Kennzahlenwert von weniger als 0,15 vor, gilt das Unternehmen als „krank" (hier die 13 Unternehmen links der Trenngeraden 2). Allerdings werden bei dieser Vorgehensweise vier der zwölf tatsächlich „gesunden" Unternehmen fälschlicherweise als „krank" qualifiziert (hier die Unternehmen 16, 18, 19 und 24 [helle Quadrate]). Damit ist diese Vorgehensweise mit einem β-Fehler in Höhe von 4/12 verbunden.

Liegt ein Kennzahlenwert von 0,15 und mehr vor, gilt das Unternehmen als „gesund" (hier die elf Unternehmen rechts der Trenngeraden 2). Allerdings werden bei dieser Vorgehensweise drei der zwölf tatsächlich „kranken" Unternehmen fälschlicherweise als „gesund" qualifiziert (hier die Unternehmen 3, 4 und 8 [dunkle Quadrate]). Damit ist diese Vorgehensweise mit einem α-Fehler in Höhe von 3/12 verbunden.

Eine **gemeinsame Betrachtung beider Trenngeraden** bei dieser zweifach univariaten Trennung führt zu der Abgrenzung von den vier Quadranten I bis IV. Der **Quadrant I** ist dadurch gekennzeichnet, dass sich hier nur Unternehmen befinden, die eine hohe kFKQ sowie einen niedrigen CF2ROI aufweisen. Diese Unternehmen werden als „krank" qualifiziert. Im **Quadranten III** befinden sich nur Unternehmen, die eine niedrige kFKQ sowie einen hohen CF2ROI aufweisen. Diese Unternehmen werden als „gesund" eingestuft.

Für Unternehmen in den Quadranten II und IV ist die eindeutige Zuordnung nicht mehr möglich. Die Unternehmen des **Quadranten II** werden mit Blick auf die niedrige kFKQ als „gesund" und mit Blick auf den hohen CF2ROI als „krank" qualifiziert. Für die Unternehmen des **Quadranten IV** ist es genau umgekehrt: Mit Blick auf die hohe kFKQ werden diese als „krank" und mit Blick auf den hohen CF2ROI als „gesund" qualifiziert.

Diese widersprüchlichen Urteile sind für die traditionelle kennzahlengestützte Bilanzanalyse typisch. Je mehr Kennzahlen betrachtet werden, desto widersprüchlicher können die einzelnen Teilurteile ausfallen. Eine Auflösung dieser Widersprüche kann in der traditionellen kennzahlengestützten Bilanzanalyse nur durch subjektive Dominanzentscheidungen erfolgen.

Für den Fall der angestrebten Trennung mit genau zwei Kennzahlen wird diese Widersprüchlichkeit durch die **bivariate Diskriminanzanalyse** aufgelöst. Wie aus der folgenden Abbildung hervorgeht, wird eine Trenngerade in der Weise festgelegt, dass möglichst wenige Unternehmen falsch zugeordnet werden.

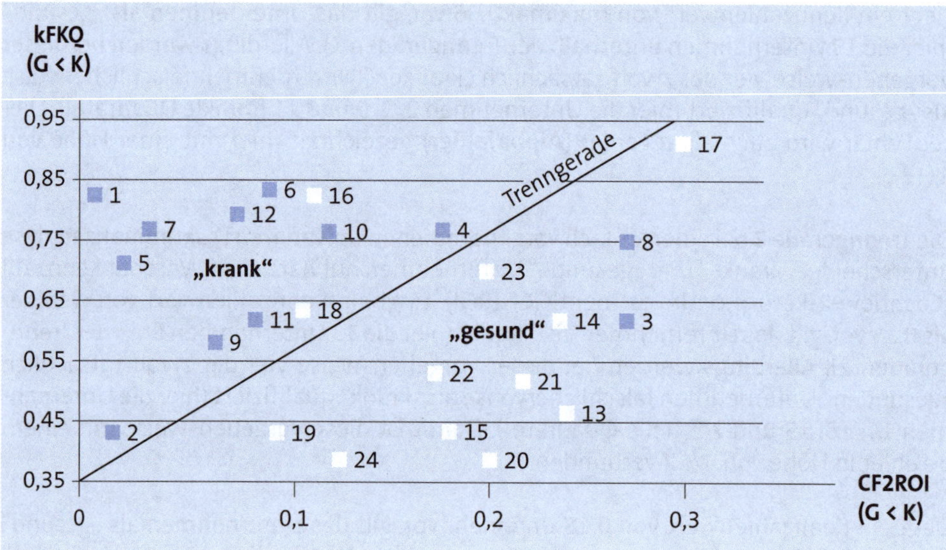

Quelle: *Baetge et al. (2004, S. 546)*

Jetzt werden nur noch zwei der zwölf tatsächlich „gesunden“ Unternehmen fälschlicherweise als „krank“ eingestuft (Unternehmen 16 und 18), womit ein β-Fehler in Höhe von 2/12 vorliegt. Zudem werden nur noch zwei der zwölf „kranken“ Unternehmen fälschlicherweise als „gesund“ eingestuft (Unternehmen 3 und 8), womit ein α-Fehler in Höhe von ebenfalls 2/12 vorliegt.

Wie aus der obigen Abbildung grafisch hervorgeht, ist ein Unternehmen umso eher als „krank“ einzustufen, je weiter oberhalb es sich von der Trenngeraden befindet. Die Trenngerade führt zwar unter mathematischen Aspekten stets zu einer dichotomen Klassifikation, allerdings sollte der nahe Bereich um die Trenngerade eher als „Grauzone“ bezeichnet werden, der eine abschließende und eindeutige Qualifizierung eines Unternehmens als „gesund“ oder „krank“ kaum zuverlässig zulässt.

Bezüglich dieser bivariaten Diskriminanzanalyse kann im Vergleich zur zweifach univariaten Diskriminanzanalyse Folgendes festgehalten werden:

1. Für jedes zu analysierende Unternehmen liegt ein eindeutiges Gesamturteil („krank" oder „gesund") vor.
2. Der Fehleranfälligkeit ist deutlich reduziert (α- und β-Fehler in Höhe von jeweils 2/12 statt 3/12 bzw. 4/12).
3. Das Verfahren kann auch bei extremen Kennzahlenwerten zu einer betriebswirtschaftlich sinnvollen Zuordnung führen, was sich beim Unternehmen mit der Nummer 17 zeigt. Dieses Unternehmen wird trotz einer extrem hohen kFKQ (mehr als 90 %) als „gesund" qualifiziert, was in dem sehr hohen CF2ROI (ca. 30 %) begründet ist. Hier ist zu vermuten, dass das Unternehmen den sog. Leverage-Effekt realisiert: Solange die Gesamtkapitalrentabilität höher ist als der Zinssatz für Fremdkapital, wirkt sich eine erhöhte Fremdkapitalaufnahme positiv auf die Eigenkapitalrentabilität aus. Eine hohe Verschuldung bei gleichzeitig hohen Renditen kann somit unter erfolgswirtschaftlichen Analysegesichtspunkten gerechtfertigt erscheinen. Unter finanzwirtschaftlichen Analysegesichtspunkten ist gleichwohl festzuhalten, dass die finanzielle Stabilität durch die weitere Fremdkapitalaufnahme zunehmend von der dauerhaften Realisierung des positiven Leverage-Effekts abhängt.

Mit der gleichzeitigen Berücksichtigung einer Vielzahl von Kennzahlen im Rahmen einer Diskriminanzanalyse (sog. **multivariate Diskriminanzanalyse**) werden α- und β-Fehler weiter reduziert. Die zunehmende Zahl von gleichzeitig berücksichtigten Kennzahlen führt auch zu einer umfangreicheren Verarbeitung der Informationen aus einem Jahresabschluss. Damit trägt die multivariate Diskriminanzanalyse zu einem umfassenderen Gesamturteil i. S. d. für die Bilanzanalyse geforderten Ganzheitlichkeitsprinzips bei.

Nachteilig ist aber, dass mit der zunehmenden Zahl von Kennzahlen die Übersichtlichkeit der Bilanzanalyse leidet. Zudem reduzieren sich durch das pauschale Gesamturteil die Möglichkeiten einer betriebswirtschaftlichen Würdigung im Einzelfall. Das aus einer Vielzahl von Kennzahlen abgeleitete Gesamturteil ist zwar intersubjektiv nachprüfbar, mögliche Ursachen für die erkannte Insolvenzgefahr werden allerdings nicht aufgezeigt. Um diese zu erkennen, ist eine weitergehende Betrachtung disaggregierter Kennzahlen unter Berücksichtigung zusätzlicher qualitativer und quantitativer Informationen notwendig, was bereits Gegenstand der Ausführungen zur traditionellen kennzahlengestützten Bilanzanalyse in Kapitel E. war.

Diverse empirische Untersuchungen im deutschsprachigen Raum zeigen, dass eine weitgehend zuverlässige Zuordnung von Unternehmen in „gesunde" und „kranke" Unternehmen mit der gleichzeitigen Betrachtung von drei bis vier Kennzahlen gelingt. Bereits drei Jahre vor dem Insolvenzeintritt konnten mehr als 80 % der später insolventen Unternehmen zutreffend klassifiziert werden. Die Quote stieg mit zunehmender zeitlicher Nähe zum Insolvenzzeitpunkt, z. B. auf 89 % ein Jahr vor dem Insolvenzfall. Generell werden bei multivariaten Diskriminanzanalysen zumindest eine Rendite- und eine Kapitalstrukturkennzahl verwendet. Die dritte und die vierte verwendete Kennzahl variiert jeweils. Als Topkennzahl haben sich vielfach der Verschuldungsgrad bzw. die Eigenkapitalquote erwiesen.

3.3 Künstlich neuronale Netze

Der Einsatz von künstlichen neuronalen Netzen (KNN) stellt die neueste Weiterentwicklung in der Methodik der mathematisch-statistischen Kennzahlenverdichtung dar. Künstliche neuronale Netze sind den biologischen neuronalen Netzen nachempfunden, die Vernetzungen von Nervenzellen im Gehirn und Rückenmark darstellen. Sie bilden einen Zweig der künstlichen Intelligenz und werden als lernende Systeme zur Lösung insbesondere von schlecht strukturierten und komplexen Problemen in verschiedenen Disziplinen, wie z. B. der Informatik, der Mathematik, der Physik und der Elektrotechnik, aber auch der Betriebswirtschaftslehre eingesetzt.

Im Bereich der Betriebswirtschaftslehre hat sich ihr Einsatz beispielsweise für folgende Anwendungsgebiete als Erfolg versprechend herausgestellt:

- Prognose von Aktienkursen, Zinssätzen sowie Wechselkursen
- Beurteilung langfristiger Anleihen
- Kreditwürdigkeitsprüfungen im Privatkundengeschäft
- Bestimmung von Einzelwertberichtigungen auf Forderungen und
- Klassifizierung von Jahresabschlüssen.

Im Gegensatz zur multivariaten Diskriminanzanalyse mit der linearen Trennungsgeraden erzeugt ein künstliches neuronales Netz eine **nicht lineare Trennlinie**, wie die folgende Abbildung verdeutlicht:

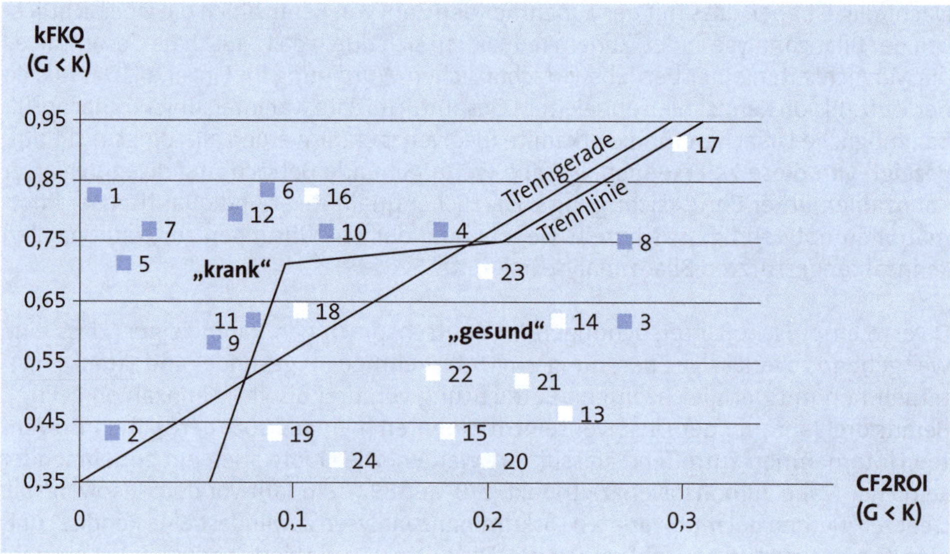

Quelle: *Baetge et al. (2004, S. 552)*

Die künstliche neuronale Netzanalyse **reduziert** im Vergleich zur multivariaten Diskriminanzanalyse grundsätzlich sowohl den **α- wie auch den β-Fehler**. In der obigen Abbildung zeigt sich, dass der β-Fehler durch die nun korrekte Zuordnung des Unternehmens mit der Nummer 18 zu den „gesunden" Unternehmen auf 1/12 (statt 2/12 bei der bivariaten Diskriminanzanalyse) sinkt.

Grundlage für die Zuordnung des zu analysierenden Unternehmens zu den „gesunden" oder „kranken" Unternehmen sind die aus dessen Jahresabschlüssen abgeleiteten Kennzahlenwerte, die zu einem einzigen Wert zusammengefasst werden. Welche Kennzahlen mit welcher Gewichtung in diesen Wert eingehen müssen, damit eine zuverlässige Trennung erfolgt, lernt das künstliche neuronale Netz aus einer Vielzahl von Jahresabschlüssen sowohl „gesunder" (bzw. solvent gebliebener) und „kranker" (bzw. später insolvent gewordener Unternehmen).

Kritisch ist allerdings die **mangelnde Transparenz der Entscheidungsfindung** anzumerken. Das neuronale Netz klassifiziert das zu analysierende Unternehmen anhand des ermittelten Wertes, ohne dem Anwender die Entscheidungsgrundlagen transparent darzustellen. Insoweit ist das neuronale Netz auch mit einer Blackbox zu vergleichen.

3.4 Würdigung

Für alle mathematisch-statistischen Verfahren gilt gleichermaßen, dass diese eine Trennung in „gesunde" und „kranke" Unternehmen anhand empirisch ermittelter Informationen über Leistungsstörungen von Unternehmen vornehmen. Ihre Aussagekraft ist jedoch auf den statistischen Durchschnitt der Unternehmen beschränkt – die Angabe einer konkreten Wahrscheinlichkeit für die Insolvenz im zu analysierenden Einzelfall ist nicht möglich. Zudem weist die Klassifikation eines „kranken" Unternehmens nur auf die Existenz einer Unternehmenskrise hin. **Erkenntnisse über mögliche Ursachen oder über Ansätze zur Problembehebung** sind mit diesen Verfahren **nicht erzielbar**.

Die empirisch ermittelten Vergleichsmaßstäbe zur Trennung in „gesunde" und „kranke" Unternehmen beziehen sich auf veröffentlichte Jahresabschlüsse. Die damit verbundene Vergangenheitsorientierung und Beeinflussbarkeit durch bilanzpolitische Maßnahmen bleibt kritisch festzuhalten. Deswegen versuchen die Verfahren verstärkt auf Kennzahlen zurückzugreifen, die durch bilanzpolitische Maßnahmen weniger beeinflussbar sind und einen deutlicheren Zukunftsbezug aufweisen.

Aber trotzdem liegen diesen Verfahren und den damit verbundenen mathematischen Berechnungen historische Daten zugrunde. Obwohl diese Verfahren ihre Eignung zur Insolvenzprognose beanspruchen, können sie **faktisch nur der Insolvenzdiagnose** dienen. Eine Prognose aus einer Diagnose abzuleiten bedeutet, die Annahme, dass die Vergangenheit repräsentativ für die Zukunft ist, ungeprüft zu akzeptieren. Dies ist aber angesichts konjunktureller Schwankungen, technischer Innovationen, regionaler Veränderungen, rechtlicher und administrativer Eingriffe usw. vielfach fragwürdig.

Es bleibt festzustellen, dass eine **betriebswirtschaftlich-theoretische Fundierung fehlt**. Allerdings bieten diese Verfahren **wertvolle praktische Unterstützung** zur ersten Einschätzung und bei der Würdigung von Routinefällen. Für darüber hinaus gehende Analysen sind diese Verfahren um die Betrachtung von weiteren quantitativen und qualitativen Informationen zu ergänzen.

Eine ungeprüfte Übernahme der Ergebnisse aus mathematisch-statistischen Verfahren sollte auch mit Blick auf die Fehlerwahrscheinlichkeit vermieden werden. Das von den Verfahren im Einzelfall als „krank“ eingestufte Unternehmen könnte angesichts des β-Fehlers durchaus tatsächlich gesund sein, was aber nicht erkannt wird. Die Qualifikation dieses Unternehmens als „krank“ ausschließlich auf Basis eines mathematisch-statistischen Verfahrens beinhaltet die **Gefahr einer Self-fulfilling Prophecy**. Es kann nicht ausgeschlossen werden, dass dieses Unternehmen bei Veröffentlichung des „kranken“ Analyseergebnisses endgültig in eine Krise steuert, weil andere Marktteilnehmer sich weigern, mit diesem Unternehmen Verträge zu schließen.

Insgesamt betrachtet können diese Verfahren zu höchst hilfreichen Erkenntnissen über ein zu analysierendes Unternehmen führen, wenn die Grenzen ihrer Aussagekraft beachtet werden. Sie liefern verdichtete und konsistente Informationen, die im Zeit- und Unternehmensvergleich wichtige Orientierungshilfen darstellen. Angesichts der aufgezeigten begrenzten Aussagekraft gewähren diese Verfahren jedoch keine Entlastung bei Entscheidungen bzgl. des untersuchten Unternehmens, z. B. im Rahmen eines Kreditantrags. Der Verweis auf einen Algorithmus, den diese Verfahren zur Ableitung des Urteils anwenden, kann und darf die differenzierte Untersuchung und Abwägung ggf. widersprüchlich erscheinender Argumente nicht ersetzen.

4. Qualitative Bilanzanalyse

4.1 Gegenstand und Teilgebiete

Eine Unternehmensbeurteilung auf Basis einer ausschließlichen Betrachtung der quantitativen Informationen aus Bilanz sowie Gewinn- und Verlustrechnung stellt faktisch eine reine Kennzahlenarithmetik mit der Gefahr von Fehlinterpretationen dar, zumal bilanzpolitische Maßnahmen – wie bereits erläutert – die Zahlen von Bilanz sowie Gewinn- und Verlustrechnung nicht unerheblich beeinflussen können. Dabei wirken bilanzpolitische Maßnahmen umso wirksamer als Grenze der traditionellen Bilanzanalyse, je umfangreicher im Einzelfall Möglichkeiten zur Bilanzpolitik bestehen, der Jahresabschlussersteller diese auch nutzt und die Umsetzung für den Jahresabschlussadressaten nicht erkennbar ist.

Vor diesem Hintergrund strebt die qualitative Bilanzanalyse eine **Ergänzung der traditionellen Kennzahlenrechnung** um die explizite Berücksichtigung insbesondere der Informationen aus dem Anhang, dem Lagebericht sowie der sonstigen Berichterstattung z. B. aus einem im Einzelfall vorliegenden Geschäftsbericht an.

Die qualitative Bilanzanalyse besteht aus **zwei Teilgebieten**, wie aus der folgenden Abbildung hervorgeht:

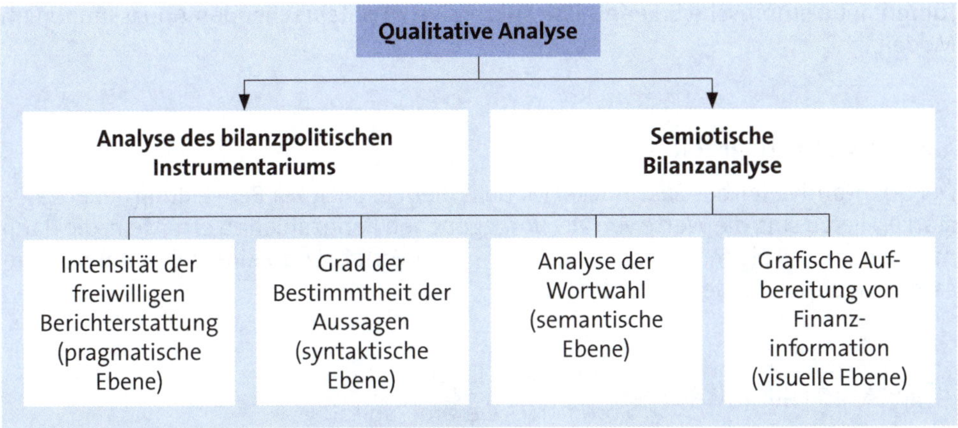

Quelle: in Anlehnung an *Küting/Weber (2015, S. 417)*

Der **erste Teil** versucht, anhand einer Analyse des bilanzpolitischen Instrumentariums Rückschlüsse auf die tatsächliche Lage des zu analysierenden Unternehmens zu ziehen. Die diesbezüglich aus der Analyse des Anhangs gewonnenen qualitativen Erkenntnisse werden im sog. Saarbrücker Modell mit den quantitativen Erkenntnissen aus einer Kennzahlenrechnung verknüpft.

Der **zweite Teil** wird als semiotische Bilanzanalyse bezeichnet. Gegenstände näherer Analysen sind hierbei:

1. die Intensität der freiwilligen Berichterstattung im Anhang sowie im Lagebericht (**pragmatische Ebene**)
2. der Grad der Bestimmtheit von Aussagen (vage oder eindeutige Aussagen auf der **syntaktischen Ebene**)
3. die Wortwahl im Unternehmens- und Zeitvergleich (**semantische Ebene**) sowie
4. die grafische Aufbereitung von Finanzinformationen (**visuelle Ebene**).

4.2 Saarbrücker Modell

Ausgangspunkt des Saarbrücker Modells ist die bereits aufgezeigte Kritik, dass der Jahresabschluss vielfältigen bilanzpolitischen Einflüssen unterliegt und die in der traditionellen Bilanzanalyse ermittelten Kennzahlen entsprechend verzerrt sein können. Das Saarbrücker Modell erhebt den Anspruch, die **Bilanzpolitik explizit mit in die angestrebte Unternehmensbeurteilung aufzunehmen**.

Hierzu erfolgt in einem ersten Schritt die Ermittlung diverser als aussagekräftig qualifizierter Kennzahlen (**quantitativer Teil**), die für die Gesamturteilsbildung um eine explizite Analyse des Anhangs auf bilanzpolitische Einflüsse ergänzt wird (**qualitativer**

Teil). Da das Centrum für Bilanzierung und Prüfung (bis 2009 Institut für Wirtschaftsprüfung) an der Universität des Saarlandes, auf das dieses Modell zurückgeht, bis heute die Geschäftsberichte von in Deutschland börsennotierten Unternehmen auswertet, führen neue empirische Erkenntnisse sukzessive zu entsprechenden Anpassungen im Modell.

4.2.1 Quantitativer Teil

Der quantitative Teil des Saarbrücker Modells dient explizit zur Beurteilung der Ertragsstärke. Hierzu sind die Werte von vier vorgegebenen Kennzahlen zu ermitteln, die dann nach einem im Folgenden noch darzustellenden Verfahren zu einem Gesamtwert zusammengefasst werden:

$$\text{Eigenkapitalquote (EKQ)} = \frac{\text{korrigiertes Eigenkapital}}{\text{korrigiertes Gesamtkapital}}$$

$$\text{Return on Investment (RoI)} = \frac{\text{korrigierter Jahresabschluss}}{\text{korrigiertes Gesamtkapital}}$$

$$\text{operativer Cashflow zu Umsatz (CFU)} = \frac{\text{operativer Cashflow}}{\text{Nettoumsatzerlöse}}$$

$$\text{operativer Cashflow zu Gesamtkapital (CFK)} = \frac{\text{operativer Cashflow}}{\text{korrigiertes Gesamtkapital}}$$

Die einzelnen Bestandteile der Kennzahlen sind wie folgt definiert:

1.

	Eigenkapital laut Bilanz
-	ausstehende Einlagen auf das gezeichnete Kapital
+	70 % des Sonderpostens für Zuwendungen
-	Dividendenausschüttung des Mutterunternehmens
=	**korrigiertes Eigenkapital**

2.

	Bilanzsumme
-	ausstehende Einlagen auf das gezeichnete Kapital
=	**korrigiertes Gesamtkapital**

3.

	Jahresüberschuss vor EE-Steuern
+	Zinsaufwendungen
=	**korrigierter Jahresüberschuss**

4.

	Jahresüberschuss vor EE-Steuern
+	Abschreibungen des Geschäftsjahres
-	Zuschreibungen des Geschäftsjahres
±	Veränderung der Rückstellungen für Pensionen und ähnl. Verpflichtungen
+	Dotierung von Contractual Trust Arrangements (CTA)/Pension Trusts
=	**operativer Cashflow**

Liegt für das zu analysierende Unternehmen eine Kapitalflussrechnung vor, wird als Cashflow jener aus operativer Geschäftstätigkeit (unter Korrektur der darin ggf. enthaltenen Zinszahlungen) herangezogen.

Der quantitative Teil des Saarbrücker Modells aggregiert die Werte der vier Kennzahlen zu einem Gesamtwert durch eine Scoringmethode. Dabei werden zunächst für jede der vier Kennzahlen mehrere Intervalle bzw. Klassen definiert. Der jeweilige Kennzahlenwert wird dann dem entsprechenden Intervall zugeordnet und bekommt die für dieses Intervall festgelegte Punktzahl zugewiesen. Die Punktzahlen selbst wurden auf der Grundlage langjähriger Erfahrungen festgelegt.

Die folgende Tabelle zeigt die im Saarbrücker Modell für die jeweiligen Intervalle und Klassen festgelegten Punktzahlen:

Ausprägung der Kennzahl				**Punktzahl**
EKQ	**RoI**	**CFU**	**CFK**	
EKQ ≤ 5	RoI ≤ 1	CFU ≤ 2	CFK ≤ 1	0
5 < EKQ ≤ 12	1 < RoI ≤ 3	2 < CFU ≤ 5	1 < CFK ≤ 3	25
12 < EKQ ≤ 19	3 < RoI ≤ 5	5 < CFU ≤ 8	3 < CFK ≤ 5	50
19 < EKQ ≤ 26	5 < RoI ≤ 7	8 < CFU ≤ 11	5 < CFK ≤ 7	75
26 < EKQ ≤ 33	7 < RoI ≤ 9	11 < CFU ≤ 14	7 < CFK ≤ 9	100
33 < EKQ ≤ 40	9 < RoI ≤ 11	14 < CFU ≤ 17	9 < CFK ≤ 11	125
40 < EKQ ≤ 47	11 < RoI ≤ 13	17 < CFU ≤ 20	11 < CFK ≤ 13	150
47 < EKQ ≤ 55	13 < RoI ≤ 15	20 < CFU ≤ 23	13 < CFK ≤ 15	175
55 < EKQ ≤ 70	15 < RoI ≤ 17	23 < CFU ≤ 26	15 < CFK ≤ 17	200
70 < EKQ ≤ 85	17 < RoI ≤ 19	26 < CFU ≤ 29	17 < CFK ≤ 19	225
85 < EKQ	19 < RoI	29 < CFU	19 < CFK	250

Quelle: *Küting/Weber (2015, S. 422)*

Die Summe der Punktzahlen aus diesen vier Kennzahlen ergibt dann den Gesamtscore. Dieser wird schließlich in eine von fünf Ertragsstärkeklassen eingestuft:

Ausprägung des Gesamtscores (GS)	Ertragsstärkeklasse
GS ≤ 250	außergewöhnlich ertragsschwach
250 < GS ≤ 400	unterdurchschnittlich ertragsstark
400 < GS ≤ 600	durchschnittlich ertragsstark
600 < GS ≤ 800	überdurchschnittlich ertragsstark
800 < GS ≤ 1.000	außergewöhnlich ertragsstark

Quelle: *Küting/Weber (2015, S. 422)*

4.2.2 Qualitativer Teil

Der zweite Teil des Saarbrücker Modells ist mit der Analyse der Bilanzpolitik ein qualitativer Teil. Hierbei soll herausgefunden werden, ob das zu analysierende Unternehmen **eher ergebnisverbessernd** (also progressiv) **oder eher rücklagenbildend** (also konservativ) **bilanziert**.

Hintergrund dieses Untersuchungsziels ist die Annahme, dass Unternehmen in bestimmten wirtschaftlichen Situationen ein typisches, bilanzpolitisch motiviertes Bilanzierungsverhalten zeigen. Danach werden Unternehmen in wirtschaftlich angespannten Zeiten eher bestrebt sein, progressiv zu bilanzieren, d. h. das auszuweisende Ergebnis durch die Auflösung vorhandener stiller Reserven zu beschönigen und so die angespannte wirtschaftliche Situation nicht transparent darzustellen. Umgekehrt wird angenommen, dass Unternehmen in wirtschaftlich prosperierenden Zeiten konservativ zu bilanzieren versuchen, um stille Reserven für die bilanzpolitische Nutzung in wirtschaftlich angespannten Zeiten aufzubauen. Dies bedeutet, dass ein guter Jahresabschluss eines konservativ bilanzierenden Unternehmens tendenziell noch besser und ein schlechter Jahresabschluss eines progressiv bilanzierenden Unternehmens tendenziell noch kritischer zu würdigen wäre.

Um eine Aussage über eine konservative oder progressive Bilanzierung des zu analysierenden Unternehmens treffen zu können, ist ein Vergleichsmaßstab (**„Normbilanzierung“**) notwendig. Das Saarbrücker Modell hatte hierzu ursprünglich das empirisch ermittelte, typische Bilanzierungsverhalten deutscher Unternehmen im nach den HGB-Normen erstellten Jahresabschluss zugrunde gelegt.

Im Zuge der sehr weitreichenden Änderungen nach BilMoG muss dieser Vergleichsmaßstab erst wieder neu empirisch erhoben werden. Die folgende Aufzählung vermittelt daher einen lediglich aus theoretischen Überlegungen und ersten Erfahrungswerten abgeleiteten Eindruck von dieser typisch deutschen „Normbilanzierung“:

1. Verzicht auf die Aktivierung von selbst geschaffenen immateriellen Vermögensgegenständen des Anlagevermögens
2. Verzicht auf die Bildung von Bewertungseinheiten i. S. v. § 254 HGB

3. Abschreibung des Geschäfts- oder Firmenwerts im Einzelabschluss über fünf Jahre
4. Bewertung der Herstellungskosten in Höhe der handelsrechtlichen Wertuntergrenze
5. keine Einbeziehung der Fremdkapitalzinsen in die Herstellungskosten
6. Wahl der geometrisch-degressiven Abschreibungsmethode für das bewegliche Anlagevermögen
7. keine außerordentlich kurzen oder langen Nutzungsdauern bei der Ermittlung der Abschreibungsbeträge
8. Sofortabschreibung sog. geringwertiger Wirtschaftsgüter
9. Verzicht auf die Anwendung der Lifo-Methode
10. Verzicht auf die Festbewertung
11. keine Vornahme von Bewertungs- bzw. Methodenwechseln im Zeitablauf
12. Anwendung der Completed-Contract-Methode im Rahmen der Langfristfertigung
13. keine Aktivierung von aktiven latenten Steuern im Einzelabschluss
14. vollständige Passivierung sämtlicher Pensionsverpflichtungen (vgl. zum Wahlrecht auch Art. 28 EGHGB)
15. Verzicht auf die Anwendung des IDW-Komponentenansatzes gem. IDW RM HFA 1.016.

Durch einen **Vergleich** der vom zu analysierenden Unternehmen gewählten Bilanzierung **mit der Normbilanzierung** werden nach dem Saarbrücker Modell abweichende Bilanzierungsmaßnahmen erkannt. Anhand zweier hier nicht weiter thematisierter Checklisten werden diese Abweichungen erfasst. In Abhängigkeit von der Häufigkeit dieser Abweichungen wird danach unterschieden, ob die vom zu analysierenden Unternehmen gewählte Bilanzierung „nie“, „sehr selten“, „selten“, „häufiger“, „oft“ oder „sehr oft“ von der deutschen Normbilanzierung abweicht.

Zudem werden Abweichungen danach unterteilt, ob diese das Jahresergebnis tendenziell erhöht haben und somit als Indikator für eine eher progressive Bilanzpolitik zu werten sind, oder ob diese das Jahresergebnis tendenziell gesenkt haben und somit eher auf eine konservative Bilanzpolitik hinweisen. Dabei wird ermittelt, ob beim zu analysierenden Unternehmen eine bestimmte (progressive oder konservative) Bilanzierungsstrategie „ausschließlich“, „eindeutig überwiegend“, „überwiegend“ oder „nicht eindeutig“ erkennbar ist.

4.2.3 Würdigung

Positiv bleibt zunächst festzuhalten, dass das Saarbrücker Modell die vom zu analysierenden Unternehmen verfolgte Bilanzierungsstrategie explizit bezüglich ihres Einflusses auf die Darstellung der Vermögens-, Finanz- und Ertragslage untersucht. Informationsgrundlage ist der Anhang als Teil des Jahresabschlusses. Dies bedeutet, dass das Saarbrücker Modell faktisch nur auf Jahresabschlüsse angewandt werden kann, die einen Anhang beinhalten, also auf Jahresabschlüsse von Kapitalgesellschaften bzw. atypischen Personengesellschaften i. S. v. § 264a HGB.

Da aber der Anhang im Regelfall keine Informationen über die quantitativen Auswirkungen der einzelnen **bilanzpolitischen Maßnahmen** enthält, kann die Art der verfolgten Bilanzstrategie **nur qualitativ gewürdigt** werden. Allerdings erlaubt die Erkenntnis der verfolgten Bilanzstrategie eine nähere Würdigung dessen, ob die in der traditionellen Kennzahlenrechnung gewonnenen Ergebnisse unverändert gültig sind, oder ob nicht in Abhängigkeit von der erkannten Bilanzierungsstrategie Anpassungen notwendig erscheinen. Im Fall einer erkannten konservativen Bilanzierungsstrategie wäre das Unternehmen besser und im Fall einer erkannten progressiven Bilanzierungsstrategie schlechter zu beurteilen.

Hintergrund ist die bereits aufgezeigte Annahme, dass Unternehmen in bestimmten wirtschaftlichen Situationen ein typisches bilanzpolitisch motiviertes Bilanzierungsverhalten zeigen. Einschränkend muss dabei jedoch berücksichtigt werden, dass ein **eindeutiger Zusammenhang zwischen der festgestellten Bilanzierungsstrategie und der Lage des Unternehmens kaum begründet** werden kann. Mit der Bilanzpolitik kann grundsätzlich ein sehr heterogenes und im Zeitablauf wandelbares Zielbündel mit zum Teil sogar konfliktären Beziehungen verfolgt werden, welches nur bedingt mit der Unternehmenslage korrespondieren muss.

Der quantitative Teil des Saarbrücker Modells strebt explizit ein Urteil über die Ertragsstärke des zu analysierenden Unternehmens auf der Basis von vier Kennzahlen an. Auswahl und (gleiche) Gewichtung der vier Kennzahlen sowie deren Überführung in einen Gesamtscore werden von *Küting* und *Weber* etwas nebulös mit „langjährigen Erfahrungswerten" begründet (vgl. *Küting/Weber, 2015, S. 422*). Dieses zwar erfahrungsgestützte, aber trotzdem subjektive Vorgehen garantiert jedoch **keine optimalen Analyseergebnisse**, um z. B. die bereits bei den mathematisch-statistischen Verfahren angesprochenen α- und β-Fehler zu minimieren. Die Intervalle zur Überführung der Kennzahlenwerte in Punktzahlen führen zudem im Einzelfall zu einem Informationsverlust, da innerhalb eines Intervalls keine weiteren Differenzierungen erfolgen.

Damit erlaubt das Saarbrücker Modell **keine umfassende Gesamturteilsbildung** i. S. d. für die Bilanzanalyse geforderten Ganzheitlichkeitsprinzips, zumal explizit nur ein Gesamturteil über die Ertragsstärke angestrebt wird. Das finanzwirtschaftliche Analyseziel mit der Würdigung der finanziellen Stabilität und Bestandsfestigkeit des Unternehmens wird beim Saarbrücker Modell allenfalls implizit mit der Eigenkapitalquote als eine der insgesamt vier Kennzahlen berücksichtigt.

4.3 Semiotische Bilanzanalyse

Als Semiotik wird die Lehre bezeichnet, die sich mit dem Wesen, der Entstehung und dem Gebrauch von Zeichen auseinandersetzt. Als Teilgebiet von philosophischer Erkenntnistheorie, Wissenschaftstheorie, Sprachphilosophie und Linguistik findet sie aber auch in den verschiedenen Geistes-, Kultur- und Sozialwissenschaften Anwendung. Vor diesem Hintergrund beschäftigt sich die semiotische Bilanzanalyse mit der **verbalen Berichterstattung im Jahresabschluss sowie im Lagebericht**.

Schon Ende der 1970er-Jahre wurde das Ziel verfolgt, durch die zusätzliche Analyse von nicht numerischen Daten Rückschlüsse auf die zu erwartende Unternehmensentwicklung ziehen zu können. Der Analyst hatte dabei:

- verbale Informationen über die Unternehmensentwicklung zu erfassen
- diese dann einer computergestützten Inhaltsanalyse zu unterziehen und
- mithilfe von Verfahren der Mustererkennung Klassen ähnlicher Unternehmensentwicklung zu bilden (vgl. *Schmidt, 1981, S. 355 ff.*).

Betrachtungsobjekte sind hierbei, wie bereits in diesem Kapitel aufgeführt,

1. die Intensität der freiwilligen Berichterstattung im Anhang sowie im Lagebericht (**pragmatische Ebene**)
2. der Grad der Bestimmtheit von Aussagen (vage oder eindeutige Aussagen auf der **syntaktischen Ebene**)
3. die Wortwahl im Unternehmens- und Zeitvergleich (**semantische Ebene**) sowie
4. die grafische Aufbereitung von Finanzinformationen (**visuelle Ebene**).

4.3.1 Pragmatische Ebene

Die Rechnungslegungsnormen regeln den Umfang der Berichterstattung zunächst durch Vorschriften, die zur Vermittlung bestimmter Informationen verpflichten. Diese sog. **Pflichtangaben** stellen einen **Mindestrahmen** der Berichterstattung dar. Allerdings haben die berichterstattenden Unternehmen die Möglichkeit, über diese Pflichtangaben **hinausgehende Informationen freiwillig** zu vermitteln. Damit es nicht zu einem **„Information Overload"** beim externen Adressaten kommt, wird die freiwillige Berichterstattung durch die Forderung nach Klarheit und Übersichtlichkeit – einen in § 243 Abs. 2 HGB kodifizierten Grundsatz ordnungsmäßiger Buchführung – begrenzt.

Inhalte einer freiwilligen Berichterstattung können beispielsweise sein:

- Kapitalflussrechnungen oder Segmentberichterstattung, sofern diese nicht bereits einer Aufstellungspflicht unterliegen (vgl. diesbezüglich z. B. § 264 Abs. 1 Sätze 2 und 3 sowie § 297 Abs. 1 HGB)
- Wertschöpfungsrechnungen oder
- Substanzerhaltungsrechnungen.

Je nach Umfang und Qualität einer freiwilligen Berichterstattung kann der externe Adressat einen näheren Einblick in die Unternehmenslage gewinnen und damit das zu analysierende Unternehmen zuverlässiger beurteilen. Aufgrund der Freiwilligkeit dieser Informationsvermittlung ist anzunehmen, dass das berichterstattende Unternehmen derartige Informationen i. S. einer **Imagepflege** zielorientiert vermittelt. Somit spricht vieles dafür, dass die im Jahresabschluss thematisierte Vermögens-, Finanz- und Ertragslage umso eher der Realität entspricht, je höher der Umfang und die Qualität der freiwilligen Berichterstattung sind.

Umgekehrt kann angenommen werden, dass das Unternehmen im Fall einer Berichterstattung, die nur die Pflichtangaben umfasst, wenig Interesse an einer Imagepflege durch aktive Informationsvermittlung hat. Der externe Adressat bleibt deswegen eher im Unklaren.

4.3.2 Syntaktische Ebene

Unabhängig von der Frage, ob bestimmte Informationen aufgrund einer gesetzlichen Verpflichtung oder freiwillig vermittelt werden, können diese Informationen eher vage oder auch konkret sein. Die Rechnungslegungsnormen eröffnen den berichterstattenden Unternehmen einen nicht unerheblichen Ermessensspielraum über den Präzisionsgrad der Informationsvermittlung. In Abhängigkeit von diesem Präzisionsgrad lassen sich folgende Aussagen differenzieren:

1. **Punktaussagen** mit Angabe einer exakten Zahl oder eines exakten Veränderungsmaßstabes (z. B. *„Der Auftragsbestand hat sich um 13 % auf 225 Mio. € erhöht."*)
2. **Intervallaussagen** mit Angabe einer Bandbreite (z. B. *„Der Umsatz des kommenden Geschäftsjahres wird sich voraussichtlich in einem Bereich zwischen 250 und 280 Mio. € bewegen."*)
3. **komparative Aussagen**, die Veränderungen ohne Quantifizierungen zum Ausdruck bringen (z. B. *„Der Gewinn des nächsten Geschäftsjahres wird voraussichtlich höher/niedriger ausfallen als im laufenden Geschäftsjahr."*)
4. **qualitative Aussagen**, die eine Würdigung enthalten (z. B. *„Die Absatzentwicklung ist zufriedenstellend."*)
5. **nicht zu klassifizierende Aussagen** (z. B. *„Wir werden uns für eine weiterhin erfreuliche Geschäftsentwicklung einsetzen."*).

Ein hoher Präzisionsgrad der Aussagen geht regelmäßig mit einer entsprechend hohen Verständlichkeit und Überprüfbarkeit durch den externen Adressaten einher. Betreffen solche Aussagen in der Vergangenheit liegende Ereignisse und Situationen, können diese auf ihre Richtigkeit überprüft werden. Für die Beurteilung von Prognosen sind mit Blick auf die Unsicherheit zukünftiger Entwicklungen die Plausibilität der zugrunde liegenden Annahmen und die Logik der Schlussfolgerungen wesentlich. Punktaussagen in Prognosen dürften regelmäßig nicht sachgerecht sein.

Insgesamt spricht vieles dafür, dass die im Jahresabschluss dargestellte Unternehmenslage umso eher der Realität entspricht, je höher der Präzisionsgrad der Berichterstattung ist. Umgekehrt kann angenommen werden, dass das Unternehmen im Fall einer unpräzisen Informationsvermittlung den Adressaten bewusst im Unklaren lassen möchte und die dargestellte Unternehmenslage umso eher von den realen Gegebenheiten abweicht.

4.3.3 Semantische Ebene

Ausgangspunkt dieser Analyseebene ist die Überlegung, dass die Sprache eine Sender-Empfänger-Problematik beinhaltet. Sender von Informationen ist hier das berichterstattende Unternehmen, Empfänger sind die externen Adressaten. Einerseits kann auf der Seite des Senders der Einsatz einer unterschiedlichen Sprache zur Darstellung gleicher Sachverhalte erfolgen, ohne dass die jeweilige Informationsvermittlung als nicht sachgerecht qualifiziert werden könnte. Andererseits können die vorliegenden Informationen je nach Empfänger unterschiedlich interpretiert und gewürdigt werden.

Vor diesem Hintergrund ist nicht ausgeschlossen, dass das berichterstattende Unternehmen evtl. sogar bewusst nicht unwesentliche Bedeutungsverzerrungen herbeiführt, damit der externe Adressat aus dem Jahresabschluss die vom Unternehmen gewünschten Schlussfolgerungen zieht. Auf der semantischen Ebene der semiotischen Bilanzanalyse ist deswegen die **Wortwahl** innerhalb der Informationsvermittlung von besonderer Bedeutung. Die Analyse der semantischen Ebene versucht, **zusätzliche Informationen aus den Wortbeziehungen und -bedeutungen** zu gewinnen.

Der Text wird zunächst in Worte aufgelöst. Danach erfolgt eine Neuordnung der Worte nach semantischen Gesichtspunkten, indem sie den entsprechenden Wortfeldern zugewiesen werden. Die Zuordnung des Wortes zu einem Wortfeld erfolgt dabei unabhängig von dessen positiver, negativer oder neutraler Bedeutung. So beinhaltet das Wortfeld „Gewinn“ nicht nur den „Jahresüberschuss“ (positive Bedeutung), sondern auch „Jahresfehlbetrag“ oder „Verlust“ (negative Bedeutung) und „Ergebnis“ (neutrale Bedeutung).

Da wichtige Dinge auch im individuellen Wortschatz einen breiten Raum einnehmen, ist es auch bei der semantischen Analyse der Berichterstattung angebracht, die Häufigkeit bestimmter Wortfelder und die Veränderung dieser Häufigkeit im Zeitablauf zu betrachten. Absolute Häufigkeiten sind für diese Ableitung zunächst nur eingeschränkt nutzbar, da die Informationsvermittlung in der Berichterstattung auf einer Fachsprache beruht, die vom Normengeber, den Grundsätzen ordnungsmäßiger Buchführung und der fachlichen Diskussion in der jeweiligen Branche stark beeinflusst ist. Ungleich wichtiger sind die **relativen Häufigkeiten**, um z. B. auf die Ziele und die Bedeutung, die diesen vom berichterstattenden Unternehmen zugesprochen wird, zu schließen.

Beispiel

Für den Zeitraum 1974 - 1985 konnte nachgewiesen werden, dass das Wortfeld „Gewinn“ für die Versicherungswirtschaft an Bedeutung verlor, während gleichzeitig die Bedeutung des Wortfeldes „Sicherheit“ entsprechend zunahm.

Die relativen Häufigkeiten und ihre Veränderungen im Zeitablauf können aber auch darauf hinweisen, dass im Einzelfall von einer negativen Unternehmenslage abgelenkt werden soll. Dies kann durch einen bewussten Verzicht auf entsprechende Informationen oder durch eine einseitige und damit tendenziöse Berichterstattung erfolgen.

Beispiel

Werner (*1990a, S. 375*) hat bei den von ihr untersuchten Unternehmen festgestellt, dass diese eine sich jeweils abzeichnende Krisenentwicklung in der Berichterstattung nicht thematisierten.

Interessante Aufschlüsse können sich auch aus einer Analyse ergeben, ob und inwieweit gleiche Sachverhalte im Zeitablauf thematisiert werden. Zum Beispiel kann die Erfolgslage mit „ausgezeichnet", „hervorragend", „gut", „befriedigend", „ausreichend" usw. gekennzeichnet werden. Die IT-gestützte Erstellung der Berichterstattung beinhaltet die schnell umsetzbare Möglichkeit, Textbausteine des Vorjahres zu kopieren und in die aktuelle Berichterstattung zu integrieren. Vor diesem Hintergrund erscheint die Vermutung gerechtfertigt, dass im Zeitablauf divergierende Erläuterungen und Bewertungen gleicher Sachverhalte, auf eine in dieser Art und Weise vom berichterstattenden Unternehmen auch bewusst vorgenommene Unterscheidung hinweisen.

Von besonderem Interesse ist auch, welche Inhalte die gem. § 289 Abs. 1 Satz 2 HGB geforderte Selbstanalyse des berichterstattenden Unternehmens aufweist. Gemäß § 289 Abs. 1 Satz 3 HGB gilt: *„In die Analyse sind die für die Geschäftstätigkeit bedeutsamsten finanziellen Leistungsindikatoren einzubeziehen und unter Bezugnahme auf die im Jahresabschluss ausgewiesenen Beträge und Angaben zu erläutern."* Sollte der Analyst erkennen, dass die Kennzahlenwerte des Unternehmen allgemein deutlich schlechter zu würdigen sind, als es das berichterstattende Unternehmen in der Selbstanalyse tut, erscheint die Annahme gerechtfertigt, dass das Unternehmen bewusst ein besseres Bild der Unternehmenslage darstellen möchte. Umgekehrt müsste eine als zu pessimistisch zu würdigende Analyse als bewusste Schwarzmalerei qualifiziert werden.

4.3.4 Visuelle Ebene

Die Geschäftsberichte beinhalten zunehmend grafisch aufbereitete Finanzinformationen. Einerseits kann es sich dabei um die Darstellungen von Entwicklungen im Zeitablauf handeln. So wird nicht selten z. B. die Umsatz- oder Ergebnisentwicklung in Form von Säulen-, Balken- oder Kurvendiagrammen dargestellt. Anderseits werden auch zeitpunktbezogene Größen grafisch abgebildet. So bieten sich z. B. für die Darstellung der Umsatzverteilung nach Regionen oder Geschäftssparten Kreisdiagramme an.

Die **Vorteile** der Verwendung von Grafiken sind:

- die Auflockerung des Textteils
- die schnellere Informationsaufnahme durch den Betrachter sowie
- die längere Präsenz der Informationsinhalte von Grafiken im Vergleich zu den Informationen eines Textteils bei Adressaten.

Allerdings bleiben auch diverse **Nachteile** festzuhalten:

- Grafiken können von nicht in der Grafik erfassten Sachverhalten ablenken.
- Grafiken können durch eine zu starke Komprimierung von Sachverhalten zu einem Informationsverlust führen.
- Umgekehrt können detailreiche Grafiken den Blick des Betrachters für das Wesentliche erschweren.
- Die grafische Umsetzung von Finanzzahlen kann durch eine übertriebene Stauchung oder auch Dehnung grafischer Elemente (also durch eine nicht maßstabsgetreue Skalierung) zu einer Informationsverzerrung führen.

Aufgrund dieser Nachteile besteht die **Gefahr**, dass Grafiken gezielt zur **Manipulation der Betrachter** erstellt und eingesetzt werden. Analysten sollten sich dieser Gefahr bei der Interpretation von Grafiken bewusst sein und entsprechende Vorsicht bei der Interpretation von grafisch aufbereiteten Finanzinformationen walten lassen.

5. Strategische Unternehmensanalyse

Oft wird die traditionelle Bilanzanalyse durch eine strategische Analyse ergänzt. Der ergänzende Charakter geht aus der folgenden Abbildung hervor:

Traditionelle Bilanzanalyse		**Strategische Analyse**		
Finanzwirtschaftliche Bilanzanalyse	Erfolgswirtschaftliche Bilanzanalyse	Branchenanalyse	Marktstellungsanalyse	Geschäftsmodellanalyse

5.1 Branchenanalyse

Im Rahmen der Branchenanalyse werden die **strukturellen Merkmale** der Branche untersucht, aus denen sich die **Art und Stärke der Wettbewerbskräfte** ergeben. Ein Unternehmen ist in seinem Umfeld einer Vielzahl sozialer und ökonomischer Kräfte ausgesetzt, die das unternehmerische Handeln innerhalb der Branche beeinflussen.

Die Wettbewerbskräfte einer Branche setzen sich nach dem **Fünf-Kräfte-Wettbewerbsmodell** von *Porter* aus der Rivalität unter den bestehenden Unternehmen, der Gefahr der Substitution durch Ersatzprodukte, der Verhandlungsstärke von Kunden und Lieferanten sowie der Bedrohung durch neue Konkurrenten zusammen. Neben der generellen, eher langfristig wirkenden Branchenstruktur sind kurzfristige Einflussfaktoren wie konjunkturelle Schwankungen, Streiks, Engpässe bei Rohstoffen und qualifizierten Mitarbeitern zu berücksichtigen.

Insgesamt gilt es für den Analysten, ein Bild über die wahrscheinliche zukünftige Branchenentwicklung zu generieren, die Attraktivität der Branche einzuschätzen und Rückschlüsse auf das allgemeine Profitniveau der Branche zu ziehen.

5.2 Marktstellungsanalyse

Auf der Basis der Erkenntnisse aus der Branchenanalyse muss sich der Analyst folgende Anschlussfragen im Rahmen einer Marktstellungsanalyse beantworten:

1. Welche Möglichkeiten hat das Unternehmen bzw. das Management, mit diesen exogenen Einflussfaktoren und Rahmenbedingungen umzugehen?
2. Inwieweit nutzt das Unternehmen diese Möglichkeiten bzw. inwieweit nutzt das Unternehmen diese Möglichkeiten nicht?

Die Marktstellungsanalyse untersucht die Stellung des Unternehmens im Markt mit dem Ziel, **Wettbewerbsvorteile zu bestimmen**. Ein Wettbewerbsvorteil liegt vor, wenn der Wert, den ein Unternehmen für seine Kunden schafft, die Kosten der Wertschöpfung übersteigt. Schwerpunkte der Untersuchung sind:

- die Nachfrage nach den von dem Unternehmen hergestellten und/oder vertriebenen Produkten
- die Konkurrenzsituation
- die Kostenstruktur
- die Kaufkraft der Kunden.

Neben der Stärken- und Schwächenanalyse der Branche insgesamt beinhaltet die Marktstellungsanalyse eine Strengths, Weaknesses, Opportunities and Threats-Analysis (**SWOT-Analyse**) des untersuchten Unternehmens. Sodann wird festgestellt, inwieweit das Unternehmen Wettbewerbsvorteile ggü. der Konkurrenz ausbaut. Die Marktstellungsanalyse ist auch wesentlicher Bestandteil der internen Analyse, denn das Wissen um die eigene Stellung im Markt ist Voraussetzung für den Erhalt und ggf. Ausbau von Wettbewerbsvorteilen.

Die Analyse der Stärken und Schwächen von Konkurrenzunternehmen erstreckt sich auf

- die Breite und Tiefe des Produktionsprogramms
- die Vertriebswege und deren Effektivität
- die Erfahrungen und Erfolge im Marketing und im Verkauf, insbesondere die Qualifikation der Mitarbeiter und die Erfolge in der Marktforschung

- das technologische Niveau der Anlagen und deren Flexibilität hinsichtlich des Einsatzes, die angewandten Verfahren, das Know-how der Mitarbeiter, die genutzten Patente und Lizenzverträge
- die Nutzung von Outsourcing-Möglichkeiten
- die Anstrengungen und auch die Erfolge bei der FuE einschließlich der Grundlagenforschung
- die Organisation und deren Stimmigkeit mit der verfolgten Strategie
- die Kostensituation insbesondere hinsichtlich der Flexibilität des Kostenanfalls (ein großer Fixkostenblock erhöht die Reaktionszeit auf Veränderungen und beeinträchtigt die Anpassungsfähigkeit) und der Größenvorteile (Deckungsbeiträge)
- die finanzielle Situation, Liquiditätsgrad, Cashflow und die Fremdkapitalquote, die für das Überleben schwacher Marktphasen entscheidend sind
- die Managementfähigkeiten hinsichtlich Führungsqualität, Fähigkeiten des Finanzmanagements, des Controlling und die Anpassungsfähigkeit an neue Entwicklungen.

5.3 Geschäftsmodellanalyse

Insbesondere die Unternehmen der „New Economy" konnten frei von jeder Vorprägung auf moderne Geschäftsmodelle und Organisationskonzepte zurückgreifen. Vielfach liegen keine Erfahrungswerte aus der Vergangenheit vor, sodass die neuen Geschäftsmodelle neben großen Chancen auch erhebliche Risiken in sich bergen. Dies erschwert die Prüfung der Zukunftsfähigkeit des Unternehmens.

Schritte einer Geschäftsmodellanalyse sind:

- Ermittlung der gegenwärtigen und der zukünftigen Stärken und Schwächen eines Unternehmens, die aus der Sicht des Unternehmens für den Erfolg oder Misserfolg entscheidend sind. Gegenstand der Untersuchung sind Marktanteil, Bekanntheitsgrad, Breite des angebotenen Sortiments, Qualifikation der Mitarbeiter, Erfahrung des Managements usw.
- Im Rahmen einer Market Due Diligence wird eine Unternehmensbewertung aus Markt- und Kundensicht durchgeführt. Die Erfolgspotenziale des Geschäftsmodells werden mit den Erfolgsdeterminanten der Branche bzw. des Marktsegments abgeglichen. Eine Rolle spielen dabei branchentypische Erfolgsfaktoren wie Unternehmensstandort, Absatzmarkt, Marktrisiko, Innovationsleistung, bestehende Beteiligungen, Verfahren und zukünftiger Personalbedarf. Die Finanzdaten sind bei dieser Betrachtung unbeachtlich.
- Bewertung der Zukunftsaussichten des untersuchten Unternehmens.

Aufgabe 49 > Seite 257

6. Marktwertorientierte Analyse

6.1 Grundlagen

Die zunehmende Globalisierung der Güter- und Finanzmärkte hat den Wettbewerb der Unternehmen um das (knappe) Kapital der (potenziellen) Investoren deutlich verschärft. Vor diesem Hintergrund ist die Bedeutung einer wertorientierten Unternehmensführung in den vergangenen Jahren deutlich gestiegen. Wertorientierte Unternehmensführung bedeutet aber nicht nur, dass entsprechende Steuerungssysteme und Führungsinstrumente im Unternehmen implementiert werden müssen. Gleichermaßen wichtig ist eine darauf gerichtete Kommunikation der Unternehmen ggü. dem Kapitalmarkt.

Da der Marktwert von Unternehmen keinen originären Berichtsgegenstand der traditionellen Rechnungslegung darstellt, wurde die **wertorientierte Berichterstattung** als Instrument dieser Kommunikation zwischen Unternehmen und dem Kapitalmarkt entwickelt. Gegenstand der wertorientierten Berichterstattung (auch **Value Reporting** genannt) sind vergangenheits- und zukunftsbezogene wertorientierte Informationen, die möglichst nicht durch Rechnungslegungsnormen beeinflusst werden können.

Die Kommunikation dieser Informationen soll insbesondere Investoren befähigen, das Unternehmen zutreffender zu bewerten. In der Folge würde die im Einzelfall ggf. existierende **Wertlücke** geschlossen, die zwischen dem aktuellen Börsenwert und dem (rechnerischen) Unternehmenswert existiert. Grundlage dieser Überlegungen ist, dass die wertorientierte Berichterstattung die Transparenz der Unternehmensentwicklung erhöht und damit die von den Investoren wahrgenommene **Unsicherheit über Prognosen reduziert**. Risikoaverse Investoren sind dann eher bereit, ihre im Fall einer Kapitalbeteiligung geforderten Risikoprämien zu senken. Dies bedeutet aber für das berichterstattende Unternehmen eine Reduktion der Kapitalkosten und damit eine Steigerung des Unternehmenswertes.

Voraussetzung für diesen Wirkungszusammenhang ist aber, dass die wertorientierte Berichterstattung von den Investoren als zuverlässig und vertrauenswürdig wahrgenommen wird. Die Integration der wertorientierten Berichterstattung in die gesetzliche Abschlussprüfung oder in eine freiwillige Prüfungsdienstleistung kann hierbei das notwendige Vertrauen der Investoren und damit den aufgezeigten Wirkungszusammenhang stärken.

Die marktwertorientierte Analyse soll Antworten auf die beiden folgenden Fragen finden:

1. Welche Rendite hat das Unternehmen, bezogen auf den Marktwert, erwirtschaftet (Aktienrentabilität)?
2. In welcher Höhe bewertet der Kapitalmarkt das zu analysierende Unternehmen und kann dieser Marktwert mit Blick auf das erwirtschaftete Ergebnis (Kurs-Gewinn-Verhältnis) bzw. den Buchwert (Kurs-Buchwert-Verhältnis) als angemessen qualifiziert werden?

6.2 Aktienrentabilität

Im Fall einer börsennotierten AG richtet sich das Interesse der Anteilseigner insbesondere auf den Marktwert des Eigenkapitals (Aktienkurs) und seine Veränderungen. Die **Aktienrentabilität (= Total Return to Shareholders; TRS)** ist für die Betrachtungsperiode *t* wie folgt definiert:

$$TRS = \frac{P_t - P_{t-1} + D_{[t-1;t]}}{P_{t-1}}$$

mit

P = Aktienkurs (im Zeitpunkt t bzw. t - 1) und
D = Dividende (für den Zeitraum von t - 1 bis t)

Diese Aktienrentabilität lässt sich in die **vier miteinander multiplikativ verknüpften Faktoren** Branchenrendite (BR), relative Dividendenrendite (RD), kurzfristige Performance-Erwartung (KPE) und langfristige Performance-Erwartung (LPE) zerlegen:

$$(1 + TRS) = (1 + BR) \cdot (1 + RD) \cdot (1 + KPE) \cdot (1 + LPE)$$

1. **Branchenrendite (BR)**

   Die Branchenrendite setzt sich aus der Veränderung des durchschnittlichen Branchenkurses (BP), welcher z. B. an einem Branchenindex gemessen wird, und der durchschnittlichen Dividendenrendite der Branche (BD) zusammen:

   $$BR = \frac{BP_t}{BP_{t-1}} \cdot (1 + BD_{[t-1;t]}) - 1$$

   mit

   BP = durchschnittlicher Branchenkurs (im Zeitpunkt t - 1 bzw. t)
   BD = durchschnittlich erzielte Dividendenrendite (im Zeitraum von *t* - 1 bis *t*)

2. **Relative Dividendenrendite (RD)**

   Die relative Dividendenrendite entspricht dem von der branchendurchschnittlichen Dividendenrendite (BD) abweichenden Teil der Dividendenrendite (*d*) des zu analysierenden Unternehmens:

   $$RD = \frac{1 + d_{[t-1;t]}}{1 + BD_{[t-1;t]}} - 1$$

   mit

   $$d = \frac{D_{[t-1;t]}}{P_t}$$

3. **Kurzfristige Performance-Erwartung (KPE)**

   Die kurzfristige Performance-Erwartung zeigt die relative Veränderung des Gewinnwachstums der zu analysierenden Aktie im Vergleich zum Gewinnwachstum der Branche:

$$KPE = \frac{\frac{EPS_t}{EPS_{t-1}}}{1 + \Delta BEPS} - 1$$

   mit

   EPS = Ergebnis je Aktie (Earnings per Share) und
   ΔBEPS = Branchendurchschnittliches Gewinnwachstum in Prozent

4. **Langfristige Performance-Erwartung (LPE)**

   Die langfristige Performance-Erwartung wird durch die relative Entwicklung des KGV des zu analysierenden Unternehmens im Vergleich zum KGV der Branche (BKGV) gemessen:

$$LPE = \frac{\frac{KGV_t}{KGV_{t-1}}}{\frac{BKGV_t}{BKGV_{t-1}}} - 1$$

   mit

   KGV = Kurs-Gewinn-Verhältnis der zu analysierenden Aktie und
   BKGV = Branchendurchschnittliches Kurs-Gewinn-Verhältnis

Aufgabe 50 > Seite 258

6.3 Marktwertorientierte Annahmen und Erwartungen

Dem Marktwert liegen Annahmen und Erwartungen der Marktteilnehmer insbesondere über die strategische Position sowie über das zukünftige Wachstum des zu analysierenden Unternehmens zugrunde. Eine Analyse dieser Annahmen und Erwartungen kann zu Erkenntnissen führen, die für die strategische Bewertung des Unternehmens bedeutsam sind.

1. **Analyse der Erwartungen im Hinblick auf die strategische Position**
   Für die Analyse dieser Erwartungen sind zwei Kriterien relevant. Das erste Kriterium ist die relative Größe, welche durch den Umsatz des zu analysierenden Unternehmens im Vergleich zum branchendurchschnittlichen Umsatz gemessen wird. Die Betrachtung dieses Kriteriums erlaubt die Differenzierung zwischen eher kleinen, z. B. auf Marktnischen fokussierten, Anbietern und eher großen Volumenanbietern.

Das zweite Kriterium ist die Relation des Marktwertes zum Umsatz. Diese Größe wird, wenn sie den Branchendurchschnittswert übersteigt, als „hoch“, im anderen Fall als „niedrig“ qualifiziert.

Die gemeinsame Betrachtung dieser beiden Kriterien erlaubt die Differenzierung von vier verschiedenen Erwartungen über die strategische Position:

Marktwert zu Umsatz in Relation zum Branchendurchschnitt			
	hoch	**Fokussierter Angreifer**	**Branchenführer**
	niedrig	**Zweites „Glied“**	**Volumenfalle**
		niedrig	hoch
		Relativer Umsatz	

Quelle: *Coenenberg et al. (2014, S. 1209)*

„Fokussierte Angreifer“ zeichnen sich regelmäßig durch hohe Wachstumserwartungen und eine Spezialisierung auf ihr Kerngeschäft aus. Können fokussierte Angreifer diese Wachstumserwartungen nicht erfüllen, besteht die Gefahr, dass das Unternehmen in das „zweite Glied“ zurückfällt. Bei nachhaltiger Erfüllung dieser Wachstumserwartungen können sie sich aber auch zu Umsatzriesen und Branchenführern entwickeln. Dann prägen sie ihre jeweilige Branche regelmäßig mit einem globalen Marktauftritt und müssen weiterhin hohe Wachstumserwartungen erfüllen.

Umsatzriesen, die die hohen Wachstumserwartungen z. B. aufgrund mangelnder Innovationen oder mangelnder Flexibilität nicht mehr erfüllen, befinden sich in der „Volumenfalle“ und müssen die Frage beantworten, mit welchen Maßnahmen sie grundlegende Verbesserungen ihrer schwächer werdenden Wettbewerbsposition herbeiführen wollen.

2. **Analyse der Wachstumserwartungen**
Ausgangspunkt dieser Analyse ist die bereits bei der ressourcenorientierten Analyse thematisierte Residualgewinnmethode. Danach lautet die Formel für die **Wachstumsrate g**:

$$g = WACC - \frac{1}{\frac{(1+WACC)^n}{\overline{RG}} \cdot \left[UW - V_0 - \sum_{t=1}^{n} \frac{RG_t}{(1+WACC)^t} \right]} - 1$$

Die Berechnung der Wachstumserwartung setzt nach dieser Formel voraus, dass der Kapitalkostensatz (WACC = gewichtete durchschnittliche Kapitalkosten), der Unternehmenswert, das Anfangsvermögen sowie die zu erwartenden Residualgewinne der nahen Zukunft bekannt sind.

Der Kapitalkostensatz kann vielfach dem (Konzern-)Lagebericht entnommen werden; ansonsten muss er geschätzt werden. Als Unternehmenswert kann die Marktkapitalisierung inkl. Wert des Fremdkapitals herangezogen werden. Das Anfangsvermögen lässt sich mithilfe des Jahresabschlusses errechnen (= Anlagevermögen + Nettoumlaufvermögen bzw. Eigenkapital + verzinsliches Fremdkapital). Über die für die nächsten Jahre zu erwartenden Residualgewinne sind entsprechende Unternehmensangaben heranzuziehen oder es ist auf Schätzungen von Analysten abzustellen.

Die Kenntnis der von den Marktteilnehmern im Marktwert unterstellten Wachstumsrate vermittelt einen wichtigen Eindruck von der durch den Markt unterstellten strategischen Wettbewerbsposition. Ein Vergleich, z. B. mit dem durchschnittlichen Wachstum des Bruttonationaleinkommens, kann die Einschätzung erlauben, ob die Marktteilnehmer das Unternehmen eher realistisch oder eher verzerrt bewerten. Auf Dauer kann ein Unternehmen nicht stärker wachsen als die Volks- bzw. Weltwirtschaft. Im Regelfall sind Annahmen einer langfristigen Wachstumsrate von maximal 4 % bis 6 % zu rechtfertigen.

Zu beachten ist ferner, dass die Formel für die Wachstumsrate nur für g < WACC definiert ist. Dies bedeutet, dass die Wachstumsrate mit zunehmender Höhe der in die Formel eingesetzten Unternehmenswerte gegen die Kapitalkosten konvergiert.

Deshalb sollten bei der von den Marktteilnehmern unterstellten Wachstumsrate die von diesen angenommenen Überrenditen mithilfe der folgenden Formel ermittelt werden:

$$\overline{RG} = \frac{\left[UW - V_0 - \sum_{t=1}^{n} \frac{RG_t}{(1 + WACC)^t}\right]}{1 / ((WACC - g) \cdot (1 + WACC)^n)}$$

Das folgende Zahlenbeispiel ist entnommen aus *Coenenberg et al. (2014, S. 1211)*:

Beispiel

Nach Ansicht der Analysten werden die Gewinne des zu analysierenden Unternehmens in den nächsten drei Jahren aufgrund vorhandener Wettbewerbsvorteile um 10 % p. a. wachsen. Zur Realisierung dieser Entwicklung muss jedoch auch das gebundene Kapital um 10 % p. a. wachsen, wobei Kapitalkosten von 15 % angenommen werden. Vor dem Hintergrund eines aktuellen Marktwertes von 2.000 GE werden folgende Residualgewinne und Überrenditen erwartet:

	t = 1	*t* = 2	*t* = 3
Gewinne	220 GE	242 GE	266,2 GE
Gebundenes Kapital	1.000 GE	1.100 GE	1.210 GE
Kapitalkosten	150 GE	165 GE	181,5 GE
Residualgewinne	70 GE	77 GE	84,7 GE
Überrenditen	7 %	7 %	7 %

Der aktuelle Marktwert von 2.000 GE lässt sich in Höhe von 1.000 GE durch das aktuell gebundene Kapital und in Höhe von 174,78 GE ($= 70 \cdot 1{,}15^{-1} + 77 \cdot 1{,}15^{-2} + 84{,}7 \cdot 1{,}15^{-3}$) durch den Barwert der aus den nächsten drei Jahren erwarteten Residualgewinne erklären. Die verbleibende Differenz von 825,22 GE stellt dann den Barwert der ab der vierten Periode erwarteten Residualgewinne dar. Nach der bereits ausgeführten Wachstumsformel lässt sich hierfür ein unterstelltes Wachstum von 7,73 % errechnen (es gilt:

$$825{,}22 = \frac{84{,}7 \cdot (1 + g)}{0{,}15 - g} \cdot 1{,}15^{-3}),$$

was insbesondere auch mit Blick auf die angenommene nachhaltige Überrendite von 7 % als Ausdruck äußerst ambitionierter Wachstumserwartungen zu würdigen ist.

Wird bei einer unveränderten Überrendite von 7 % ein Wachstum von 0 % ab der vierten Periode unterstellt, errechnet sich ein Unternehmenswert von ca. 1.550 GE

$$(\text{genau: } 1.546 = 1.000 + 70 \cdot 1{,}15^{-1} + 77 \cdot 1{,}15^{-2} + 84{,}7 \cdot 1{,}15^{-3} + \frac{84{,}7}{0{,}15} \cdot 1{,}15^{-3}).$$

Wird jedoch angenommen, dass die Marktstellung dauerhaft nur Überrenditen von 4,5 % erlauben wird, muss schon ein nachhaltiges Wachstum von 5 % p. a. angenommen werden, damit ein Unternehmenswert von ca. 1.550 GE vorliegt

$$(= 1.000 + 70 \cdot 1{,}15^{-1} + 77 \cdot 1{,}15^{-2} + 84{,}7 \cdot 1{,}15^{-3} + \frac{1.210 \cdot 1{,}05 \cdot 0{,}045}{0{,}15 - 0{,}05} \cdot 1{,}15^{-3}).$$

Aufgabe 51 > Seite 258

Der Bilanzanalytiker muss wissen, welche Vermögensgegenstände und Schulden unter den verschiedenen Bilanzposten und welche Aufwendungen und Erträge in den einzelnen GuV-Posten zusammengefasst werden können.

Die folgende erste Tabelle zeigt nach Buchstaben und Ziffern gegliedert die Posten der Bilanz gem. § 266 Abs. 2 und 3 HGB. Die weiteren Tabellen vermitteln analoge Informationen für die Gewinn- und Verlustrechnung gem. § 275 HGB. Unter jedem Bilanz- bzw. GuV-Posten sind einschlägige Konten entsprechend der Gliederung des Industrie-Kontenrahmens (IKR) und deren Inhalt angeführt. Aus Gründen der Übersichtlichkeit der folgenden Darstellungen wird auf die vollständige Behandlung aller Konten des IKR bewusst verzichtet.

Der IKR wurde vom Betriebswirtschaftlichen Ausschuss des Bundesverbandes der Deutschen Industrie erstmals 1971 veröffentlicht und letztmals 1987 im Zuge des Bilanzrichtlinien-Gesetzes herausgegeben. Er besteht aus insgesamt zehn Kontenklassen (0 - 9), die nach dem Abschlussgliederungsprinzip (also nach Bilanz und Gewinn- und Verlustrechnung) strukturiert sind. Vorrangiges Ziel des Industrie-Kontenrahmens ist es, allen Industrieunternehmungen – unabhängig von der jeweiligen Branche, Größe und Rechtsform – Anregungen für die Aufstellung eines unternehmensindividuellen Kontenplans zu vermitteln. Zudem erlaubt er die Ableitung von branchenbezogenen Kontenrahmen.

Inhalt der Bilanzposten und Möglichkeiten der Kompensation	
Aktiva	
Konto nach dem Industrie-Kontenrahmen (IKR)	**Inhalt**
A. Anlagevermögen **I. Immaterielle Vermögensgegenstände:** **1. Selbst geschaffene gewerbliche Schutzrechte u. ähnl. Rechte und Werte** **2. Entgeltlich erworbene Konzessionen, gewerbliche Schutzrechte u. ä. Rechte und Werte sowie Lizenzen an solchen Rechten und Werten**	
0210 Konzessionen	Gewerbeberechtigungen, z. B. Mineralgewinnungs-, Bergbau-, Brenn- und Braurechte, Verkehrskonzessionen, Wasserrechte
0220 Gewerbliche Schutzrechte	Patente, Marken-, Urheber-, Verlagsrechte, Geschmacks- und Gebrauchsmuster, Handelsmarken und Warenzeichen
0230 Ähnl. Rechte und Werte	Zuteilungsquoten, Kontingente, Wohn-, Belegungs- u. ä. Nutzungs-, Syndikats-, Vertriebs- und Belieferungsrechte, Wettbewerbsverbote, Wege- und Durchleitungsrechte, Optionsrechte zum Aktien- und Beteiligungserwerb
0240 Lizenzen an Rechten und Werten	Lizenzen sind Rechte, die Rechte eines anderen nutzen und auswerten zu dürfen.

3. Geschäfts- oder Firmenwert	
0310 Geschäfts- oder Firmenwert	Nur der entgeltlich erworbene Firmenwert darf aktiviert werden (Aktivierungspflicht). Aktivierungsverbot für den selbstgeschaffenen Firmenwert (Umkehrschluss aus § 246 Abs. 1 Satz 4 HGB und § 248 Abs. 2 Satz 2 HGB), ggf. Kompensation mit dem Eigenkapital im Fall einer risikoaversen Bilanzanalyse.
0320 Verschmelzungsmehrwert	Entsteht aus der Mehrleistung der übernehmenden Gesellschaft im Falle einer Fusion (§§ 301 Abs. 3, 309 HGB), ggf. Kompensation mit dem Eigenkapital.
4. Geleistete Anzahlungen	
0400 Geleistete Anzahlungen auf immaterielle Vermögensgegenstände	Alle geleisteten Anzahlungen auf immaterielle Vermögensgegenstände der Kontengruppen 02 und 03. Voraussetzung ist, dass eine Zahlung geleistet wurde. Fällige, noch nicht geleistete Anzahlungen von materieller Bedeutung sind als „sonstige finanzielle Verpflichtungen" im Anhang zu vermerken.
II. Sachanlagen **1. Grundstücke, grundstücksgleiche Rechte und Bauten einschl. Bauten auf fremden Grundstücken**	
0500 Unbebaute Grundstücke	Reservegrundstücke, Brach- und Ödland, Grubengelände, Wälder, Wiesen, Äcker, Seen, Teiche. Unbebaute Grundstücke sind auch Pachtgrundstücke, auf denen der Pächter Baulichkeiten errichtet hat, deren spätere Übernahme durch den Eigentümer zu erwarten ist.
0511 Grundstücke mit eigenen Bauten	Grundstücke mit Geschäfts-, Fabrik-, Wohn- u. a. Bauten auf eigenen Grundstücken
0519 Grundstücke mit fremden Bauten	wie 0511 allerdings mit fremden Bauten
0520 Grundstücksgleiche Rechte	Erbbau- und Wegerechte, Abbaurechte (z. B. Bergwerk), Teileigentum, Dauerwohn- und Dauernutzungsrechte nach § 31 WEG
0531 Betriebsgebäude auf eigenen Grundstücken	Fabrikbauten wie Fabrikationshallen, Reparaturwerkstätten, Lagerhallen auf eigenen Grundstücken, Ladenlokale, Ausstellungsräume, Kantinen, Werksküchen u. a.
0539 Betriebsgebäude auf fremden Grundstücken	wie vorstehend, aber auf fremden Grundstücken, z. B. Mietereinbauten (Unterposition: davon kein Firmeneigentum: ...)
0540 Verwaltungsgebäude	Verwaltungs- bzw. Bürogebäude, Unterrichtsgebäude
0550 Andere Bauten	Fabrikhöfe, Gleis- und Hafenanlagen, Brücken, Kanäle für den Transport, Dämme, Uferbefestigungen, Werkstraßen, Hofpflasterungen, Parkplätze, Sportplätze, Schwimmbäder auf eigenen und fremden Grundstücken
0560 Grundstückseinrichtungen	Beleuchtungsanlagen, Kanalisation, Leitungen aller Art auf eigenen Grundstücken (Unterkonto 0561) oder fremden Grundstücken (Unterkonto 0569)
0570 Gebäudeeinrichtungen	Fahrstuhl-, Heizungs-, Entlüftungsanlagen, Zuleitungsrohre, eingebaute Transporteinrichtungen, Leitungsnetze

0590 Wohngebäude	Wohnungseigentum, Siedlungen, Werkswohnungen, Arbeiterwohnheime, Gästehäuser, Erholungsheime, Kindergärten, Sozialeinrichtungen u. Ä.
2. Technische Anlagen und Maschinen	
0700 Technische Anlagen und Maschinen	Technische Anlagen und Maschinen dienen unmittelbar der Produktion, der Be- und Verarbeitung. Technische Anlagen sind z. B. Hafen- und Eisenbahnanlagen, Kühltürme, Krane, Bagger, Raffinerien, Hochöfen, Ziegelöfen, Gießereien, Umspannungswerke, Kokereien, Arbeitsbühnen, Rohrbrücken, Krafterzeugungs- und -verteilungsanlagen, Wasserwerksanlagen, Silos, Tanks, Gasometer. Anlagen und Maschinen sind solche der Energieversorgung, der Materiallagerung und -bereitstellung, der mechanischen Materialbe- und -verarbeitung und -umwandlung, Anlagen für Wärme-, Kälte- und chemische Prozesse, Anlagen für Arbeitssicherheit und Umweltschutz, Gabelstapler, Hubwagen, Förderbänder, sonstige Transportanlagen u. ä. Betriebsvorrichtungen, Verpackungsanlagen und -maschinen. Hierher gehören auch die betriebsnotwendigen, nicht selbstständig nutzbaren, auswechselbaren Ersatzteile, die in technischer Verbindung mit Maschinen oder Anlagen eingesetzt werden und zur Erstausstattung gehören.
0780 Reservemaschinen und -anlagenteile	Reservemaschinen und -anlagenteile sind solche, die nicht im Produktionsprozess eingesetzt werden und deshalb i. d. R. auch nicht betriebsnotwendig sind.
0790 Geringwertige Anlagen und Maschinen	Bewegliche Anlagen und Maschinen, die selbstständig nutzbar sind, der Abnutzung unterliegen und deren Anschaffungs- oder Herstellungskosten 410 € (netto) nicht übersteigen (§ 6 Abs. 2 EStG).
3. Andere Anlagen, Betriebs- und Geschäftsausstattung	
0800 Andere Anlagen	Sammelposten für Vermögensgegenstände, die sich nicht unter den anderen Gruppen der Sachanlagen einordnen lassen, wie Drahtseilbahnen, Gleis-, Verteilungsanlagen, die nicht unmittelbar der Produktion dienen.
0810 Werkstätteneinrichtung	Werkstätten-, Labor-, Kantineneinrichtungen, Werkbänke, Werkzeugschränke, Werkzeuge (außer Maschinenwerkzeuge), Absauganlagen
0820 Werkzeuge	Werkzeuge, Werksgeräte, Prüf- und Messmittel, Modelle, Gesenke, Matrizen und Patrizen, Muster, Zeichnungen, Waagen
0830 Lager- und Transporteinrichtungen	Transportbehälter, Regale, sonstige Lager- und Transporteinrichtungen
0840 Fuhrpark	einschl. Schienenfahrzeuge, Straßenfahrzeuge, Elektro- und Benzinkarren
0850 Sonstige Betriebsausstattung	z. B. Einrichtungen für den Feuer- und Werksschutz

0860/0870 Büromaschinen, -möbel usw.	EDV-Anlagen, Kommunikationsanlagen, Aktenschränke, Schreibtische, Computer, sonstige Geschäftsausstattung
0890 GWG der Betriebs- und Geschäftsausstattung	Bewegliche Vermögensgegenstände der Betriebs- und Geschäftsausstattung, die selbstständig nutzbar sind, der Abnutzung unterliegen und deren AK oder HK 410 € (netto) nicht übersteigen (§ 6 Abs. 2 EStG), z. B. Handwerkzeuge, Leihemballagen wie Flaschen, Fässer, Kisten.
4. Geleistete Anzahlungen und Anlagen im Bau	
0900 Geleistete Anzahlungen auf Sachanlagen	... auf die Anschaffung eines Postens des Sachanlagevermögens gerichtet. Langfristige Mietvorauszahlungen und ihnen gleichzusetzende verlorene Baukostenzuschüsse sind keine Anzahlungen (s. auch unter 0400).
0910 Anlagen im Bau	Herstellungskosten noch nicht fertig gestellter Anlagen
III. Finanzanlagen **1. Anteile an verbundenen Unternehmen**	
1100 ... an einem herrschenden oder einem mit Mehrheit beteiligten Unternehmen	Verbriefte und unverbriefte gesellschaftsrechtliche Kapitalanteile an anderen Unternehmen (s. auch § 290 Abs. 2 HGB). Anteile, die nur vorübergehend gehalten werden sollen, sind in Kontengruppe 25 zu aktivieren. Anteile an Personengesellschaften sind grundsätzlich Beteiligungen (s. auch §§ 271 Abs. 2 und 272 Abs. 4 Satz 4 HGB).
1110/1120/1190 ...an sonstige Unternehmen	... an Konzernmutter, an Tochterunternehmen, an sonstigen verbundenen Unternehmen, soweit nicht zu Konto 1100 gehörig (§ 301 HGB)
2. Ausleihungen an verbundene Unternehmen	
1200 ... gesichert	... durch Grundpfandrechte oder andere Sicherheiten dem Anlagevermögen zuzuordnende Finanz- und Kapitalforderungen in Form von Hypotheken-, Grund- und Rentenforderungen sowie Darlehen (keine Wertpapiere)
1250 ... ungesichert	
3. Beteiligungen	
1300 Beteiligungen an assoziierten Unternehmen	Verbriefte und unverbriefte gesellschaftsrechtliche Kapitalanteile an anderen Unternehmen (Kapital- und Personengesellschaften), stille Beteiligungen, soweit es sich nicht um solche an verbundenen Unternehmen handelt. Genossenschaftsanteile werden unter den sonstigen Ausleihungen ausgewiesen (§§ 271 Abs. 1 und 311 Abs. 1 HGB). Im Rahmen der Bilanzanalyse sollten Genossenschaftsanteile jedoch diesem Posten zugeordnet werden.
4. Ausleihungen an Unternehmen, mit denen ein Beteiligungsverhältnis besteht	
1400 ... gesichert	... durch Grundpfandrechte oder anders gesicherte Forderungen aus Geld- bzw. Finanzgeschäften mit einer Laufzeit von mehr als einem Jahr
1450 ... ungesichert	

5. Wertpapiere des Anlagevermögens	
1500 Wertpapiere des Anlagevermögens	Übertragbare Inhaber- und Orderpapiere, die der längerfristigen Kapitalanlage dienen. Bei größeren Beständen kann das Konto aufgegliedert werden in weitere Unterkonten, Konten für Stammaktien, Vorzugsaktien, Genussscheine, Investmentzertifikate, Anteile an Immobilienfonds, Gewinnobligationen, Wandelschuldverschreibungen, festverzinsliche Wertpapiere, Optionsscheine, Genossenschaftsanteile, sonstige Wertpapiere. Anteile an Kapitalgesellschaften von mindestens 20 % sind im Zweifel Beteiligungen (§ 271 Abs. 1 HGB). Im Rahmen der Bilanzanalyse sollten Genossenschaftsanteile unter Beteiligungen ausgewiesen werden.
6. Sonstige Ausleihungen	
1600 Genossenschaftsanteile	soweit nicht unter Wertpapiere des Anlagevermögens ausgewiesen (§ 271 Abs. 1 Satz 5 HGB)
1610/1630 Sonstige Ausleihungen	gesicherte Kredite (1610) sowie ungesicherte Kredite (1620), die aufgrund ihrer Laufzeit von mehr als einem Jahr dem AV zuzuordnen sind (§ 247 Abs. 2 HGB)
1650 Ausleihungen an Mitarbeiter, Organmitglieder, Gesellschafter	Bei größerem Umfang kann das Konto in Ausleihungen an Mitarbeiter, an Geschäftsführer/Vorstandsmitglieder, an Mitglieder des Beirats-/Aufsichtsrats, an Gesellschafter (§§ 89 und 115 AktG, § 42 Abs. 3 GmbHG, § 285 Nr. 9c HGB) untergliedert werden.
1690 Übrige sonstige Finanzanlagen	Sammelposten für die übrigen Beträge, wie aufgrund von Miet- und Pachtverhältnissen geleistete Kautionen, wenn der zugrunde liegende Vertrag für mehr als ein Jahr oder auf unbestimmte Zeit abgeschlossen ist.
B. Umlaufvermögen **I. Vorräte** **1. Roh-, Hilfs- und Betriebsstoffe**	
2000 Rohstoffe/ Fertigungsmaterial	... gehen als wesentliche Bestandteile in die Erzeugnisse ein. Sie werden i. d. R. über Materialentnahmescheine direkt auf die Kostenträger verrechnet (z. B. Holzplatten in der Möbelindustrie, Bleche beim Behälterbau, Fleisch in Wurstfabriken usw.). Bei Bau- und Wohnungsunternehmen Vorratsgrundstücke, die für Bebauung und Verkauf vorgesehen sind.
2010 Vorprodukte/ Fremdbauteile	... sind z. B. zugekaufte Motoren aller Art zum Einbau in die gefertigten Erzeugnisse, zugekaufte Radsätze im Waggonbau u. Ä.
2020 Hilfsstoffe	... gehen als Nebenbestandteile in die Erzeugnisse ein. Hilfsstoffe sind z. B. Leim, Nägel, Schrauben, Schweißmaterial, Farb- und Konservierungsstoffe, Hüllverpackungen bei Nahrungs- und Genussmitteln.
2030 Betriebsstoffe	... werden nicht Bestandteil der Erzeugnisse. Beispiele: Diesel, Heizöl, Kühl- und Reinigungsmittel, kurzlebige Werkzeuge, Büromaterial, Vorräte der Werksküche, Bestände an Werbematerial (s. auch Kto. 0700).

2. Unfertige Erzeugnisse, unfertige Leistungen	
2100 Unfertige Erzeugnisse	... sind noch nicht abschließend bearbeitet. Sie können im aktuellen Zustand kaum verkauft werden. Abgrenzungskriterium zu den Rohstoffen ist, dass sie bereits in den Produktionsprozess eingegangen sind. Zu den unfertigen Erzeugnissen gehören auch solche, die einem weiteren Lagerungsprozess unterliegen, wie Holz, Weine, Käse usw. Ebenfalls unfertige Erzeugnisse sind in der Produktion angefallene und der Produktion wieder zuzuführende Abfallstoffe. Werden Erzeugnisse zum Zweck der Veredelung weitergegeben, sind sie bei dem veredelnden Betrieb unter den Vorräten auszuweisen, wobei die bestehende Rücklieferungsverpflichtung zu einem Passivposten in gleicher Höhe führt. Aktiv von den Vorräten abgesetzte erhaltene Anzahlungen sind für Zwecke der Bilanzanalyse den Verbindlichkeiten zuzuordnen.
2190 Unfertige Leistungen	... sind noch nicht abgeschlossene und nicht abgerechnete Leistungen.
3. Fertige Erzeugnisse und Waren	
2200 Fertige Erzeugnisse	... sind verkaufs- und versandfähig. Die Fertigung ist abgeschlossen. Zu den fertigen Erzeugnissen gehören auch in der Produktion angefallene Abfallstoffe, die weiterveräußert werden sollen, zum Bilanzstichtag fertig gestellte, aber noch nicht fakturierte Leistungen (mit Erläuterung im Anhang) sowie fertige, zum Verkauf bestimmte Bauten bei Bau- und Wohnungsunternehmen.
2280 Handelswaren	... werden von Dritten erworben und ohne wesentliche Be- oder Verarbeitung weiterverkauft.
4. Geleistete Anzahlungen	
2300 Geleistete Anzahlungen auf Vorräte	geleistete Anzahlungen auf bestellte Vorräte und auf Dienstleistungen, die im Zusammenhang mit der Produktion stehen
II. Forderungen und sonstige Vermögensgegenstände: **1. Forderungen aus Lieferungen und Leistungen**	
2400 Forderungen aus Lieferungen und Leistungen	... aus Liefer-, Werk-, Dienstleistungs- u. ä. Verträgen. Bei Forderungszession ist die Forderung weiterhin unter den Forderungen aus L. u. L. zu führen, beim (echten) Factoring scheidet sie aus. Für Forderungen ggü. verbundenen Unternehmen oder Unternehmen, mit denen ein Beteiligungsverhältnis besteht, hat der Ausweis unter den Konten 2500 bzw. 2550 grundsätzlich Vorrang. Andernfalls ist die Mitzugehörigkeit zu vermerken (§ 265 Abs. 3 HGB). Im Allgemeinen erfolgt eine weitere Kontengliederung nach Inland, Ausland sowie ggf. nach Kundengruppen; für Fremdwährungen werden separate Konten geführt.
2440 Zweifelhafte Forderungen	..., wenn ein teilweiser oder voller Ausfall mit hoher Wahrscheinlichkeit droht, z. B. wenn 1. das Insolvenzverfahren beantragt wurde, 2. der Schuldner trotz Mahnungen nicht zahlt, 3. ... seine Zahlungen eingestellt hat, 4. ... die Lieferung oder Leistung reklamiert hat.
2450 Wechselforderungen aus L. u. L.	Wechselforderungen (Besitzwechsel), denen ein Umsatzgeschäft zugrunde liegt (Handelswechsel)

2491 EWB auf Forderungen	Die Einzelwertberichtigungen zu zweifelhaften Forderungen aus L. u. L. werden in der Bilanz aktiv abgesetzt.
2492 PWB auf Forderungen	Die Pauschalwertberichtigung auf Forderungen wird in der Bilanz aktiv abgesetzt.
2. Forderungen gegen verbundene Unternehmen	
2500 Forderungen gegen verbundene Unternehmen	sämtliche Forderungen gegen verbundene Unternehmen (inkl. der Forderungen aus Lieferungen und Leistungen); außer längerfristige Ausleihungen des Finanzanlagevermögens; ggf. weitere Unterkonten analog zum Konto 2400
3. Forderungen gegen Unternehmen, mit denen ein Beteiligungsverhältnis besteht	
2550 Forderungen ggü. Unnehmen mit Beteiligungsverhältnis	sämtliche Forderungen gegen Unternehmen, mit denen ein Beteiligungsverhältnis besteht (inkl. der Forderungen aus Lieferungen und Leistungen); außer längerfristige Ausleihungen des Finanzanlagevermögens; ggf. weitere Unterkonten analog zum Konto 2400
4. Sonstige Vermögensgegenstände	
2601 Anrechenbare VSt	anrechenbare VSt
2630 Sonstige Forderungen an Finanzbehörden	alle übrigen Forderungen ggü. Finanzbehörden, z. B. ausgezahltes Kindergeld und einbehaltene Quellensteuer, wenn nicht unter Konto 7720 Kapitalertragsteuer gebucht
2640 Sonstige Forderungen an Sozialversicherungsträger	alle Forderungen ggü. Sozialversicherungsträgern und der Arbeitsverwaltung
2650 Forderungen an Mitarbeiter, Organmitglieder und Gesellschafter	Forderungen aus Vorschüssen, kurzfristigen Darlehen u. ä. an Mitarbeiter, Geschäftsführer, Vorstandsmitglieder, Beirats-/Aufsichtsratsmitglieder und an Gesellschafter (§§ 89 und 115 AktG, § 42 Abs. 3 GmbHG und § 285 Nr. 9c HGB)
2660 Andere sonstige Forderungen	Forderungen, die nicht in engem Zusammenhang mit dem Gegenstand des Unternehmens stehen, z. B. kurzfristige Darlehen an Kunden, Gewinn- und Zinsansprüche, Forderungen aus dem Verkauf von Werksanlagen und Grundstücken, Ansprüche aus Versicherungsleistungen sowie antizipative Posten (z. B. abgegrenzte Zinsansprüche, die erst nach dem Abschlussstichtag rechtlich entstehen)
2670 Andere sonstige Vermögensgegenstände	z. B. außer Betrieb gesetzte und zur Veräußerung oder Verschrottung bestimmte Gegenstände aus dem Sachanlagevermögen, geleistete Anzahlungen, die weder die Vorräte noch das Anlagevermögen betreffen
2681 Eingefordertes noch nicht eingezahltes Kapital	§ 272 Abs. 1 HGB
2685 Eingeforderte Nachschüsse	Ein diesem Aktivposten entsprechender Betrag ist auf der Passivseite in dem Konto 3180 aufzunehmen (§ 42 Abs. 2 GmbHG).

2690 Wertberichtigungen zu sonstigen Forderungen und Vermögensgegenständen	aktiv abzusetzen
III. Wertpapiere **1. Anteile an verbundenen Unternehmen**	
2701 ... an einem herrschenden oder mit Mehrheit beteiligten Unternehmen	.... Anteile an einem herrschenden oder einem mit Mehrheit beteiligten Unternehmen, Anteile an Tochterunternehmen und an sonstigen verbundenen Unternehmen mit Pflicht zur Bildung einer betragsgleichen Rücklage im Konto 3221 (§§ 271 Abs. 2 und 272 Abs. 4 HGB); Kompensation mit dem Eigenkapital
2. Sonstige Wertpapiere	
2720 Sonstige Wertpapiere	..., die für die vorübergehende Anlage bestimmt sind, z. B. Aktien, Pfandbriefe, Kommunalobligationen, Wandelanleihen, Schatzwechsel und Schatzanweisungen, Investmentanteile, Anteile an offenen Immobilienfonds, Bundesschatzbriefe und Genussrechte, Schuldscheine, Finanzwechsel
IV. Kassenbestand, Bundesbankguthaben, Guthaben bei Kreditinstituten und Schecks	
2800 Guthaben bei Kreditinstituten	Guthaben täglich fälliger Gelder und der Festgelder ggü. einem in- oder ausländischen Kreditinstitut, einschl. gutgeschriebener Zinsansprüche. Noch nicht gutgeschriebene Zinsansprüche fallen unter Konto 2660.
2850 Postgiroguthaben	
2870 Bundesbank	Als Sicherheit gesperrte oder verpfändete Bankguthaben sind bei den sonstigen Vermögensgegenständen einzugruppieren.
2860 Schecks	... hereingenommene Schecks. An den Aussteller zurückgesandte oder protestierte Schecks werden unter den Forderungen ausgewiesen.
2880 Kasse	Bestand an Bargeld einschl. ausländischer Sorten, Briefmarken, Francotypstreifen u. Ä.
C. Rechnungsabgrenzungsposten	
2900 Disagio	Disagio, Damnum, Darlehnsabgeld (§§ 268 Abs. 6, 250 Abs. 3 HGB); ggf. Kompensation mit dem Eigenkapital
2910 Zölle, Verbrauchsteuern	... als Aufwand berücksichtigte Zölle und Verbrauchsteuern, soweit sie auf am Abschlussstichtag auszuweisende Vermögensgegenstände des Vorratsvermögens entfallen (§ 250 Abs. 1 Nr. 1 HGB). Umgruppierung unter die sonstigen Vermögensgegenstände.
2920 Umsatzsteuer auf Anzahlungen	... als Aufwand zu berücksichtigende USt auf Anzahlungen (§ 250 Abs. 1 Nr. 2 HGB). Umgruppierung unter die sonstigen Vermögensgegenstände.
2930 Andere aktive Jahresabgrenzungsposten	Ausgaben vor dem Abschlussstichtag, die Aufwendungen für eine bestimmte Zeit nach dem Bilanzstichtag sind (transitorische Aktiva), wie Mietvorauszahlungen, vorausbezahlte Versicherungsprämien, Diskontspesen und -zinsen für die über den Bilanzstichtag hinausreichende Laufzeit von Wechseln (§ 250 Abs. 1 Satz 1 HGB). Umgruppierung unter die sonstigen Vermögensgegenstände.

D. Aktive latente Steuern	
2950 Aktive Steuerabgrenzung	Aktivierungswahlrecht einer aus Bewertungsunterschieden zwischen Handels- und Steuerbilanz insgesamt zu erwartenden Steuerentlastung, wenn sich die Bewertungsunterschiede in späteren Geschäftsjahren voraussichtlich wieder abbauen (§ 274 Abs. 1 Satz 2 HGB); ggf. Kompensation mit dem Eigenkapital.
E. Aktiver Unterschiedsbetrag aus der Vermögensverrechnung	
0600 (Sachanlagen) 1000 (Finanzanlagen)	Wenn Vermögensgegenstände dem Zugriff aller übrigen Gläubiger entzogen sind und ausschließlich der Erfüllung von Schulden aus Altersversorgungsverpflichtungen oder vergleichbaren langfristig fälligen Verpflichtungen dienen (sog. Planvermögen) und der diesen Vermögensgegenständen beizulegende Zeitwert den Betrag der Schulden übersteigt, ist dieser Betrag gem. § 246 Abs. 2 Satz 2 HGB in einem gesonderten Aktivposten auszuweisen. Für den hier verbuchten Betrag gilt eine Ausschüttungssperre gem. § 268 Abs. 8 HGB. Die im Planvermögen enthaltenen Vermögensgegenstände sind bereits in einem der zuvor aufgeführten Konten erfasst. Für die separate Erfassung des Unterschiedsbetrages sollte ein (im Kontenplan freies) Konto gewählt werden (z. B. bei Finanzanlagen als Planvermögen Konto 1000).
F. Nicht durch Eigenkapital gedeckter Fehlbetrag	
2990 Nicht durch Eigenkapital gedeckter Fehlbetrag	... rechnerische Differenz zwischen Aktiva und Passiva, wenn das Eigenkapital aufgezehrt ist. Im Anhang wird dargelegt, aus welchen Gründen keine Überschuldung i. S. des Insolvenzrechts vorliegt (§ 268 Abs. 3 HGB).
Passiva	
Konto nach dem Industrie-Kontenrahmen (IKR)	**Inhalt**
A. Eigenkapital **I. Gezeichnetes Kapital**	
3000 Gezeichnetes Kapital	... entspricht dem Grundkapital bzw. dem Stammkapital der Kapitalgesellschaften (§§ 247 Abs. 1, 272 Abs. 1 HGB). Bei Einzelfirmen und Personengesellschaften sollten Unterkonten z. B. für jeden Gesellschafter (ggf. mit Trennung in Festkapitalkonto, veränderliches Kapitalkonto und Privatkonto) gebildet werden.
II. Kapitalrücklage	
3100 Kapitalrücklage	Die Kapitalrücklage resultiert aus der von Gesellschaftern geleisteten Außenfinanzierung – z. B. bei der Ausgabe von Anteilen oder als andere Zuzahlung von Gesellschaftern (§§ 270 Abs. 1, 272 Abs. 1b Satz 3 und Abs. 2 HGB). Teil des Eigenkapitals.
3180 Eingeforderte Nachschüsse	Vergleiche Konto 2681 (§ 42 Abs. 2 GmbHG). Nur berücksichtigen, wenn die Zahlung sicher ist.
III. Gewinnrücklagen (§ 272 Abs. 3 HGB)	
3210 Gesetzliche Rücklage	Nur die AG und die KGaA müssen bereits bei der Aufstellung der Bilanz eine gesetzliche Rücklage bilden (§ 150 AkG). Alle Gewinnrücklagen sind Teil des Eigenkapitals.

3221 Rücklage für Anteile eines herrschenden oder eines mit Mehrheit beteiligten Unternehmens	Vergleiche Konten 1100 und 2701.
3230 Satzungsmäßige Rücklagen	Gesellschaftsvertrag, Satzung oder Statut der Personen- und der Kapitalgesellschaften können die Bildung einer Rücklage verpflichtend vorsehen (§ 272 Abs. 3 HGB).
3240 Andere Gewinnrücklagen	... als freie Rücklagen, die aus einbehaltenen Gewinnen gebildet werden und nicht unter die vorstehenden Gewinnrücklagen fallen (§ 272 Abs. 3 HGB) – insbesondere Rücklagenbildungen aufgrund einer Satzungsermächtigung (z. B. § 58 Abs. 2 Satz 2 AktG) oder auf Basis eines Beschlusses der Hauptversammlung (§ 58 Abs. 1 Satz 2 AktG).
3251 Wertaufholungsrücklage	... hier kann der Eigenkapitalanteil aus Wertaufholungen ausgewiesen werden (§ 58 Abs. 2a AktG, § 29 Abs. 4 GmbHG).
Ergebnisverwendung	
3350 Bilanzergebnis	... Bilanzgewinn/Bilanzverlust anstelle der Bilanzposten „Gewinnvortrag/Verlustvortrag“ und „Jahresüberschuss/-fehlbetrag“, wenn bereits bei der Erstellung der Bilanz Teile des Ergebnisses verwendet worden sind (§ 268 Abs. 1 HGB). Teil des Eigenkapitals.
IV. Gewinnvortrag/Verlustvortrag	
3390 Ergebnisvortrag auf neue Rechnung	... zur Verteilung bzw. Verrechnung im Folgejahr. Teil des Eigenkapitals.
V. Jahresüberschuss/Jahresfehlbetrag (Jahresergebnis)	
3400 Jahresüberschuss/Jahresfehlbetrag	... wenn das Ergebnis des Abschlussjahres in voller Höhe vom GuV-Konto in die Bilanz übernommen wird. Teil des Eigenkapitals.
B. Rückstellungen **1. Rückstellungen für Pensionen u. ä. Verpflichtungen**	
3700 Rückstellungen für Pensionen u. ä. Verpflichtungen	Bei größerem Anfall wird das Konto unterteilt in 3710 Verpflichtungen für eingetretene Pensionsfälle, 3720 ... für unverfallbare Anwartschaften, 3730 ... für verfallbare Anwartschaften, 3740 ... für ausgeschiedene Mitarbeiter und 3750 für pensionsähnliche Verpflichtungen (§ 249 Abs. 1 HGB). Die nach Art. 28 EGHGB nicht passivierungspflichtigen und auch nicht passivierten Rückstellungsbeträge ergeben sich aus dem Anhang. Sie erhöhen den Rückstellungsbetrag und mindern zugleich das Eigenkapital.
2. Steuerrückstellungen	
3800 Steuerrückstellungen	... für Gewerbeertragsteuer, Körperschaftsteuer, Kapitalertragsteuer, ausländische Quellensteuer u. a. EE-Steuern. Kurzfristiges Fremdkapital .

3. Sonstige Rückstellungen	
3900 Sonstige Rückstellungen	... für ungewisse Verbindlichkeiten einschl. Gewährleistungen und für drohende Verluste aus schwebenden Geschäften, Rechts- und Beratungskosten, im GJ unterlassene Aufwendungen für Instandhaltung, die im folgenden GJ innerhalb von drei Monaten, oder für Abraumbeseitigung, die im folgenden GJ nachgeholt werden, für Gewährleistungen ohne rechtliche Verpflichtung (Kulanzleistungen), für Personalaufwendungen und die Vergütung an Aufsichtsratsgremien. Rückstellungen, die in der Bilanz unter dem Posten „sonstige Rückstellungen" nicht gesondert ausgewiesen werden, sind zu erläutern, wenn sie einen nicht unerheblichen Umfang haben (§§ 249 Abs. 1 Sätze 1 und 2, 285 Nr. 12 HGB). Im Zweifelsfall je 50 % mittelfristiges und 50 % kurzfristiges Fremdkapital.
C. Verbindlichkeiten **1. Anleihen, davon konvertibel**	
4100 Konvertible Anleihen	... sind am Kapitalmarkt aufgebrachtes Fremdkapital, bei dem es sich ganz überwiegend um Teilschuldverschreibungen (Obligationen) handelt. Sie gewähren dem Inhaber ein Umtauschrecht oder ein Bezugsrecht auf Anteile der Gesellschaft (§ 268 Abs. 5 HGB). Zuordnung entsprechend der angegebenen Restlaufzeit.
4150 Nicht konvertible Anleihen	... sind solche, die kein Umtausch- oder Bezugsrecht einräumen. Zuordnung entsprechend der angegebenen Restlaufzeit.
2. Verbindlichkeiten ggü. Kreditinstituten	
4200 Verbindlichkeiten ggü. Kreditinstituten	Alle Verbindlichkeiten ggü. Kreditinstituten unabhängig von ihrer Laufzeit, ob Überziehungskredit, Grundschuld oder noch zu zahlende Zinsen aus diesen Verbindlichkeiten sowie Verbindlichkeiten ggü. Bausparkassen (§§ 268 Abs. 5, 285 Nr. 1 HGB). Zuordnung entsprechend der angegebenen Restlaufzeit.
3. Erhaltene Anzahlungen auf Bestellungen	
4300 Erhaltene Anzahlungen auf Bestellungen	Zahlungen von Auftraggebern für noch zu erbringende Lieferungen und Leistungen, die zur Sicherung oder zur Vorfinanzierung erteilter Aufträge dienen. Erhaltene Anzahlungen auf Bestellungen können auch auf der Aktivseite von dem Posten „Vorräte" offen abgesetzt werden, soweit Vorräte dazu aktiviert worden sind (§ 268 Abs. 5 HGB). Für die Bilanzanalyse werden aktivisch abgesetzte Anzahlungen hier zugeordnet. Die Vorräte werden brutto angesetzt.
4. Verbindlichkeiten aus Lieferungen und Leistungen	
4400 Verbindlichkeiten aus L. u. L.	... alle Schulden aus dem lfd. Geschäftsverkehr, soweit sie durch L. u. L. im Rahmen gegenseitiger Liefer-, Werk-, Dienstleistungs-, Miet-, Pacht- oder ähnl. Verträge entstanden sind, auch solche aus dem Erwerb von Vermögensgegenständen des AV. Für Verbindlichkeiten ggü. verbundenen Unternehmen oder Unternehmen, mit denen ein Beteiligungsverhältnis besteht, hat der Ausweis unter den Konten 4600 bzw. 4700 grundsätzlich Vorrang. Andernfalls ist die Mitzugehörigkeit zu vermerken (§§ 268 Abs. 5, 265 Abs. 3 HGB). Im Allgemeinen erfolgt eine weitere Kontengliederung nach Inland, Ausland sowie ggf. nach Kundengruppen; für Fremdwährungen werden separate Konten geführt.

5. Verbindlichkeiten aus der Annahme gezogener Wechsel und der Ausstellung eigener Wechsel	
4500 Wechselverbindlichkeiten	... gezogene Wechsel, eigene Wechsel unabhängig davon, ob es sich um Waren- oder Finanzwechsel handelt, durch Wechsel unterlegte Exportfinanzierungskredite (§ 268 Abs. 5 HGB)
6. Verbindlichkeiten ggü. verbundenen Unternehmen	
4600 Verb. ggü. verbundenen Unternehmen	(§§ 268 Abs. 5 HGB)
7. Verbindlichkeiten ggü. Unternehmen, mit denen ein Beteiligungsverhältnis besteht	
4700 Verb. ggü. Unternehmen, mit denen ein Beteiligungsverhältnis besteht	(§§ 268 Abs. 5 HGB)
8. Sonstige Verbindlichkeiten	
4810 Umsatzsteuer	... getrennt von der VSt, ggf. untergliedert nach USt. zum Regelsatz und zum ermäßigten Satz
4830 Sonstige Steuerverbindlichkeiten	Steuerschulden und sonstige einbehaltene und abzuführende Steuern und veranlagte Abschlusszahlungen zu Steuern
4840 Verbindlichkeiten ggü. Sozialsicherungsträgern	einbehaltene sowie von dem Unternehmen selbst zu tragende Sozialabgaben, Sozialplankosten, Leistungen an Versorgungseinrichtungen und Pensionssicherungsvereine zur Rückdeckungsversicherung für Pensionszusagen, noch nicht abgeführte Berufsgenossenschaftsbeiträge sowie Vorruhestandsverpflichtungen bei Einzelvereinbarungen und verbindlicher Option des Arbeitgebers
4850 Verbindl. ggü. Mitarbeitern, Organmitgliedern und Gesellschaftern	... noch nicht abgehobene Dividenden, Einlagen stiller Gesellschafter (sofern Fremdkapital), Verbindl. ggü. Mitarbeitern, Vorstandsmitgliedern/Geschäftsführern, Mitgliedern des Beirats/Aufsichtsrats und ggü. Gesellschaftern (§ 268 Abs. 5 HGB, § 42 Abs. 3 GmbHG)
4860 Andere sonstige Verbindlichkeiten	... Hypotheken-, Grund- und Rentenschulden, sonstige kurz- und langfristige Darlehen, die nicht von einem Kreditinstitut gewährt worden sind, fällige Zinsen, soweit nicht einem Kreditinstitut geschuldet, Kassenüberschüsse bis zur Klärung, nicht zu klärende Bankeingänge, antizipative Passiva, rückständige Löhne, Gehälter, Tantiemen, Provisionen, Beiträge, Pachten, Mieten, Aufwandsersatz und Abfindungen an Handelsvertreter, Verbindlichkeiten aus dem Erwerb von Finanzanlagen, Verbindlichkeiten ggü. Kunden aus Gutschriften, Boni oder Überzahlungen, Verpflichtungen aus beschlossenen, aber noch nicht geleisteten Gewinnausschüttungen, erhaltene Anzahlungen, soweit sie nicht auf Bestellungen entfallen (Konto 4300), Verpflichtungen aus Schadenersatzleistungen, erhaltene Vorschüsse (soweit nicht Anzahlungen), erhaltene Kautionen, Verbindlichkeiten aus Habensalden der Kontengruppe 24 = „kreditorische Debitoren“ (§ 268 Abs. 5 HGB)

D. Rechnungsabgrenzungsposten	
4900 Passive Jahresabgrenzung	... transitorische Abgrenzungen für im Voraus vereinnahmte Mieten und Pachten, Zinsen, Provisionen, Lizenzgebühren, Entgelt für ein zeitlich befristetes Wettbewerbsverbot usw. (Einnahmen vor und Ertrag für eine bestimmte Zeit nach dem Bilanzstichtag). Hat i. d. R. Verbindlichkeitscharakter (§ 250 Abs. 2 HGB). Zusammenfassung mit den kurzfristigen sonstigen Verbindlichkeiten.
E. Passive latente Steuern	
3850 Latente Steuern	Passivierungspflicht einer aus Bewertungsunterschieden zwischen Handels- und Steuerbilanz insgesamt zu erwartenden Steuerbelastung, wenn sich die Bewertungsunterschiede in späteren Geschäftsjahren voraussichtlich wieder abbauen (§ 274 Abs. 1 Satz 1 HGB)

Bei der Auswertung der Gewinn- und Verlustrechnung interessiert den Bilanzanalytiker neben dem Inhalt der GuV-Posten, ob die ausgewiesenen Erträge und Aufwendungen rein betrieblich sind und damit als eher nachhaltig qualifiziert werden können oder ob sie dem neutralen Bereich zuzuordnen sind.

Die folgenden Tabellen zeigen die Posten der Gewinn- und Verlustrechnung nach dem Gesamtkostenverfahren in der Gliederung gem. § 275 Abs. 2 HGB und der Gewinn- und Verlustrechnung nach dem Umsatzkostenverfahren gem. § 275 Abs. 3 HGB unter zusätzlicher Ergänzung der entsprechenden Konten nach dem Industrie-Kontenrahmen.

Inhalt der Posten der Gewinn- und Verlustrechnung nach dem Gesamtkostenverfahren (§ 275 Abs. 2 HGB)	
Konto IKR	**Inhalt**
1. Umsatzerlöse	
5100 Umsatzerlöse	**Betrieblich:** Erträge aus der gewöhnlichen (normalen) Geschäftstätigkeit wie Lieferungen und die typischen Dienstleistungen des Unternehmens (ohne USt). **Versicherungsentschädigungen** für bereits verkaufte Waren, **Patent- und Lizenzverträge**, wenn sie einem Dritten die Herstellung der auch vom Unternehmen selbst produzierten Erzeugnisse ermöglichen. **Provisionen aus Kommissionsgeschäften** sind ebenfalls Umsatzerlöse. **Neutral:** Nebenerlöse aus Vermietung und Verpachtung, aus Werksküche und Kantine, aus Sporteinrichtungen, Kegelbahnen, Ferienanlagen usw. (§§ 277 Abs. 1, 285 Nr. 31 und 32 HGB)
5160/5170/5180 Erlösberichtigungen	**Betrieblich:** Skonti (5160), Boni (5170) u. a. Erlösberichtigungen (5180), z. B. Nachlässe aufgrund von Mängelrügen. Rücksendungen führen zu einem Storno der Umsatzerlöse.
2. Erhöhung oder Verminderung des Bestands an fertigen und unfertigen Erzeugnissen	
5210/5220 Bestandsveränderungen	**Betrieblich:** Bestandsveränderungen an unfertigen Erzeugnissen und an nicht abgerechneten Leistungen (5210) sowie Bestandsveränderungen an fertigen Erzeugnissen (5220) können auf Mengen- und Wertänderungen zurückgehen. Abschreibungen nur, wenn sie die sonst üblichen Abschreibungen nicht überschreiten (sonst Konto 6570 – § 277 Abs. 2 HGB).

3. Andere aktivierte Eigenleistungen	
5300/5390 Aktivierte Eigenleistungen	**Betrieblich:** HK der im Geschäftsjahr aktivierten selbsterstellten Anlagen (5300) sowie HK für sonstige aktivierte Eigenleistungen (5390)
4. Sonstige betriebliche Erträge	
5430 Andere sonstige betriebliche Erträge	**Betrieblich:** Kostenerstattungen (z. B. Mutterschaftsgeldzuschuss), empfangene Schadenersatzleistungen, Versicherungsentschädigungen für unfertige und fertige Erzeugnisse, Einnahmen aus einer Betriebsunterbrechungsversicherung, Steuerbelastungen an Organgesellschaften **Neutral:** Investitionszulagen, Erträge aus Zuschüssen und sonstigen Zulagen, Schuldenerlass
5440 Erträge aus Werterhöhungen von Gegenständen des Anlagevermögens	**Neutral:** Beträge aus der Zuschreibungspflicht nach vorheriger außerplanmäßiger Abschreibung im Anlagevermögen (§ 253 Abs. 5 Satz 1 HGB)
5450 Erträge aus Werterhöhungen von Gegenständen des Umlaufvermögens außer Vorräte und Wertpapieren	**Neutral:** Beträge aus der Zuschreibungspflicht nach vorheriger Abschreibung im Umlaufvermögen (§ 253 Abs. 5 Satz 1 HGB), z. B. Erträge aus Kurserhöhungen bei Forderungen in Fremdwährung oder aus der Auflösung bzw. Herabsetzung der Einzel- oder der Pauschalwertberichtigung zu Forderungen
5490 Periodenfremde Erträge	**Neutral:** z. B. Gutschriften für frühere Jahre, Aufwandsrückerstattungen, Zahlungseingänge auf in Vorjahren abgeschriebene Forderungen, Erstattung von sonstigen Steuern bei Einzelunternehmen und Personengesellschaften. Kapitalgesellschaften schreiben Steuerrückerstattungen den Aufwandskonten der Kontengruppe 77 gut.
5. Materialaufwand **a) Aufwendungen für RHB und für bezogene Waren**	
6000/6010 Rohstoffe/Vorprodukte und Fremdbauteile	**Betrieblich:** ... (einschl. Bezugskosten), gekürzt um Skonti, Boni, Rabatte. Soweit bei Rohstoffen ein Festwert gebildet wurde, fallen die laufenden Ersatzbeschaffungen unter diesen Posten.
6020 Hilfsstoffe	**Betrieblich:** Unabhängig davon, in welchem Bereich (Beschaffung, Fertigung, Verwaltung, Vertrieb) sie verbraucht worden sind, Ersatzbeschaffung zu Festwerten bei Hilfsstoffen.
6030 Betriebsstoffe/Verbrauchswerkzeuge	**Betrieblich:** Alle Betriebsstoffe, unabhängig davon, in welchem Bereich sie verbraucht worden sind, also auch auf Vorrat gehaltenes Büro- und Werbematerial. Ersatzbeschaffungen zu Festwerten bei Betriebsstoffen.
6040 Verpackungsmaterial	**Betrieblich:** Verpackungsmaterial, das ausschließlich zum Versand verbraucht wird, wie Packpapier, Kordeln, Kartons, Kisten (sind keine Herstellungskosten und damit nicht aktivierbar.)
6050 Energie	**Betrieblich:** Verbrauch an Strom, Gas, Wasser, Fernwärme
6060 Reparatur- und Fremdinstandhaltung	**Betrieblich:** Reparaturen an betrieblichen Gebäuden, Maschinen, Anlagen, Betriebs- und Geschäftsausstattung, sofern der Materialanteil überwiegt (ansonsten im Konto 6160). **Neutral:** Reparaturen an Wohngebäuden, Freizeiteinrichtungen u. Ä.

6070 Sonstiges Material	**Betrieblich:** Putz- und Pflegemittel, Berufskleidung, Lebensmittel und Kantinenwaren, soweit letztere nicht unter Konto 6030 geführt werden.
6080 Aufwendungen für Waren	**Betrieblich:** Umsatz an Handelswaren zu Einstandspreisen
6090 Sonderabschreibungen auf RHB und Waren	**Neutral:** zusätzliche Abschreibungen auf Material und Waren
b) Aufwendungen für bezogene Leistungen	
6100 - 6150 Fremdleistungen für Erzeugnisse u. a. Umsatzleistungen	**Betrieblich:** Aufwendungen für Lohnbe- und -verarbeitung, für Leiharbeitskräfte nach dem Arbeitnehmer-Überlassungsgesetz (AÜG); Fremdleistungen für die Auftragsgewinnung, bezogene Leistungen für FuE-Arbeiten, Fremdleistungen für Garantiearbeiten und für den Verwaltungs- und Vertriebsbereich, Vertriebsprovisionen, sofern nicht unter Konto 6700
6160 Fremdinstandhaltung und Reparaturmaterial	... sofern der Arbeitsanteil überwiegt. Vergleiche Konto 6060 – auch bezüglich der Aufteilung in **betriebliche und neutrale** Anteile.
6170 Sonstige Aufwendungen für bezogene Leistungen	... alle nicht den Konten 6100 - 6160 zurechenbaren bezogenen Leistungen (Kosten für Übersetzungen, Reinigung im Produktionsbereich usw.). Bezügl. der Aufteilung in **betriebliche und neutrale** Anteile s. Konto 6060.
6180 Aufwandsberichtigungen	Aus Gründen der Vereinfachung als **betrieblich** eingestuft: Skonti, Boni u. a. Aufwandsberichtigungen, soweit nicht den Aufwandsarten direkt zurechenbar. Lieferantenskonti und Boni aus der Anschaffung aktivierter Vermögensgegenstände mindern die jeweiligen AK.
6. Personalaufwand **a) Löhne und Gehälter**	
6200/6210 Löhne	**Betrieblich:** Bruttolöhne und Überstundenvergütungen einschl. Zulagen, Löhne für Urlaubszeiten, Feiertage und Krankheitszeiten
6220 Sonstige tarifliche und vertragliche Aufwendungen für Lohnempfänger	**Betrieblich:** Weihnachts-, Urlaubs- und Kindergeld, Zahlungen zur Anlage nach dem Vermögensbildungsgesetz, Zuschüsse zum Krankengeld aufgrund des Lohnfortzahlungsgesetzes, Erfolgsbeteiligungen, Provisionen
6230 Freiwillige Zuwendungen	**Betrieblich:** Wohnungsentschädigungen, vom Arbeitgeber freiwillig übernommene Beiträge der Belegschaftsmitglieder an Versicherungen
6250 Sachbezüge	**Betrieblich:** z. B. Verpflegung, mietfreie oder verbilligte Dienstwohnung oder Unterkunft, Heizung, Deputate, private Nutzung des Dienstwagens, unentgeltliche oder verbilligte Überlassung von Aktien (Sachbezugs-VO)
6260 Vergütungen an gewerbliche Auszubildende	**Betrieblich:** tarifliche und freiwillige Vergütungen einschl. Zulagen, Weihnachts- und Urlaubsgeld, Prämien für Verbesserungsvorschläge

6290 Sonstige Aufwendungen mit Lohncharakter	**Betrieblich:** Jubiläumszahlungen, Auslösungen und Entschädigungen bei auswärtiger Montage, Zahlungen im zeitlichen Zusammenhang mit einem Geschäftsjubiläum, Abfindungen an vorzeitig ausscheidende Arbeitnehmer
6300 Gehälter	**Betrieblich:** entsprechend Konto 6200 und zusätzlich die Vergütungen der Vorstandsmitglieder und Gesellschafter der KapGes (Tantiemen) (§ 285 Nr. 9 HGB); weitere Untergliederung analog zu den Löhnen (z. B. Vergütungen an technisch/kaufmännische Auszubildende in Konto 6360)
b) Soziale Abgaben und Aufwendungen für Altersversorgung und für Unterstützung	
6400 - 6430 Arbeitgeberanteil zur Sozialversicherung u. Ä.	**Betrieblich:** gesetzliche Pflichtbeiträge zur Renten-, Arbeitslosen-, Kranken- und Pflegeversicherung, gesetzliche Pflichtbeiträge an die zuständige Berufsgenossenschaft, Umlage für Konkursausfallgeld
Aufwendungen für Altersversorgung (davon Posten gem. § 275 Abs. 2 HGB)	
6440 - 6480 gezahlte Betriebsrenten und sonstige Aufwendungen für Altersversorgung	**Betrieblich:** gezahlte Betriebsrenten einschl. Vorruhestandsgeld, Zuführung zu den Pensionsrückstellungen, evtl. auch Auflösungen aufgrund (jährlicher Feststellung), Prämienzahlungen an die Versicherungsträger, Zuweisungen an Pensions- und Unterstützungskassen bei mittelbaren Pensionszusagen, Beiträge zur Insolvenzversicherung von betrieblichen Versorgungszusagen an den Pensionssicherungsverein
Aufwendungen für Unterstützung	
6490 Beihilfen und Unterstützungsleistungen	**Betrieblich:** Heirats- und Geburtsbeihilfen, Beihilfen zu Kuren und Heilbehandlungen, Erholungsbeihilfen, Familienfürsorgezahlungen, Hausbrandzuschüsse, Deputate für Invaliden, Pensionäre, Witwen (s. auch Kto. 6600)
7. Abschreibungen **a) Auf immaterielle Vermögensgegenstände des Anlagevermögens und Sachanlagen**	
Im Anhang sind die Abschreibungen in einer der Gliederung des Anlagevermögens entsprechenden Aufgliederung anzugeben (§ 284 Abs. 3 HGB).	
6510 Abschreibungen auf immaterielle Vermögensgegenstände AV	**Betrieblich:** Abschreibungen auf Rechte gem. Kontengruppe 02 **Neutral:** Evtl. Abschreibungen auf den Geschäfts- oder Firmenwert
6520 Abschreibungen auf Grundstücke und Gebäude	**Betrieblich:** bei (selbst genutzten) Betriebsgebäuden **Neutral:** Abschreibungen von Wohngebäuden und dauerhaft vermieteten Betriebsgebäuden
6530 - 6540 Abschreibungen auf das bewegliche SAV	**Betrieblich:** Abschreibungen auf technische Anlagen und Maschinen, andere Anlagen, Betriebs- und Geschäftsausstattung entsprechend Kto. 6520 (§ 253 Abs. 3 HGB)
6550 Außerplanmäßige Abschreibungen auf Sachanlagen	**Neutral:** außerplanmäßige Abschreibungen auf Sachanlagen auf den am Abschlussstichtag niedrigeren beizulegenden Wert (§§ 253 Abs. 3, 285 Nr. 31 HGB)

b) Auf Vermögensgegenstände des Umlaufvermögens, soweit diese die in der Kapitalgesellschaft üblichen Abschreibungen überschreiten	
6570 - 6580 unübliche Abschreibungen	**Neutral:** ... auf Vorräte, die das in dem Unternehmen übliche Maß überschreiten, auf Forderungen und sonstige Vermögensgegenstände des UV (§ 253 Abs. 4 HGB)
8. Sonstige betriebliche Aufwendungen	
6600 Sonstige Personalaufwendungen	**Betrieblich:** für Personaleinstellung, übernommene Fahrtkosten, Reisekosten, Tage- und Übernachtungsgelder, für Werksarzt und Arbeitssicherheit, personenbezogene Versicherungen, Fort- und Weiterbildung, Dienstjubiläen, Belegschaftsveranstaltungen, für Werksküche und Sozialeinrichtungen, Ausgleichsabgabe nach dem Schwerbehindertengesetz
6700 Aufwendungen für die Inanspruchnahme von Rechten und Diensten	**Betrieblich:** Mieten, Pachten, Erbbauzinsen, Leasing, Lizenzen und Konzessionen, Gebühren, Leiharbeitskräfte (soweit nicht in der Kontengruppe 61 als Aufwendungen für bezogene Leistungen erfasst), Wechsel-/Bankspesen, Kosten des Geldverkehrs und der Kapitalbeschaffung, Provisionen (soweit nicht in der Kontengruppe 61 als Aufwendungen für bezogene Leistungen erfasst), Prüfung, Beratung, Rechtsschutz, Aufwendungen für den Aufsichtsrat bzw. Beirat
6800 - 6890 Aufwendungen für Kommunikation (Dokumentation, Informatik, Reisen, Werbung)	**Betrieblich:** Büromaterial und Drucksachen, Zeitungen und Fachliteratur, Post, Telefon, sonstige Postnetzdienste und Kommunikationskosten, Reisekosten, Gästebewirtung und Repräsentation, Werbung
6900 und 6910 Versicherungsbeiträge	**Betrieblich:** einschl. der Kfz-Versicherung **Neutral:** Versicherungsbeiträge für Wohngebäude und nicht betrieblich genutzte Betriebsgebäude
6920 Beiträge zu Wirtschaftsverbänden und Berufsvertretungen	**Betrieblich:** IHK-Beiträge, Verbands- und Vereinsbeiträge
6930 Andere sonstige betriebliche Aufwendungen	**Betrieblich:** Eigenverbrauch **Neutral:** Verluste aus Schadenfällen, Forderungsverzicht
6950 Verluste aus Wertminderungen von Gegenständen des UV (außer Vorräte und Wertpapiere)	**Betrieblich:** Abschreibungen auf Forderungen wegen Uneinbringlichkeit, Einzel- und Pauschalwertberichtungen (soweit in üblicher Höhe) **Neutral:** Kursverluste bei Forderungen in Fremdwährung und Valutabeständen einschl. eines verschlechterten Kurses bei Fremdwährungsverbindlichkeiten im Zeitpunkt der Zahlung
6960 Verluste aus dem Abgang	**Neutral:** Verluste aus dem Abgang von Vermögensgegenständen des AV und des UV bei Veräußerung unter Buchwert (außer Vorräte und Wertpapiere: s. Konten 6000 - 6080 für übliche Abschreibungen bzw. Konto 6570 für unübliche Abschreibungen auf Vorräte und Konten 7400 - 7420 für Abschreibungen auf Wertpapiere)

6980 Zuführungen zu Rückstellungen	**Betrieblich:** z. B. Zuführungen zu Rückstellungen für Gewährleistung und für Wechselobligo (soweit nicht unter anderen Aufwendungen erfassbar)
6990 Periodenfremde Aufwendungen	**Neutral:** Soweit sie nicht bei den betreffenden Aufwandsarten erfasst werden (§ 285 Nr. 32 HGB).
9. Erträge aus Beteiligungen, davon aus verbundenen Unternehmen – Erträge aus Beteiligungen an verbundenen Unternehmen	
5500 und 5510 Erträge aus verbundenen Unternehmen	**Neutral:** Erträge aus Beteiligungen an verbundenen Unternehmen. Im Fall von Verträgen über Gewinngemeinschaft, Gewinnabführung oder Teilgewinnabführung besteht eine gesonderte Ausweispflicht (§ 277 Abs. 3 HGB).
5520 Erträge aus Zuschreibungen zu Anteilen von verbundenen Unternehmen	**Neutral:** Erträge aus Zuschreibungen zu Anteilen an verbundenen Unternehmen
5530 Erträge aus dem Abgang von Anteilen an verbundenen Unternehmen	**Neutral:** Erträge aus dem Abgang von Anteilen an verbundenen Unternehmen
– Erträge aus Beteiligungen an nicht verbundenen Unternehmen	
5550 - 5560 Erträge aus Beteiligungen	**Neutral/Beteiligungsergebnis:** Erträge aus Beteiligungen an nicht verbundenen Unternehmen. Im Fall von Verträgen über Gewinngemeinschaft, Gewinnabführung oder Teilgewinnabführung besteht eine gesonderte Ausweispflicht (§ 277 Abs. 3 HGB).
5570 und 5580 Sonstige Erträge aus Beteiligungen	**Neutral:** Erträge aus Zuschreibungen und Erträge aus dem Abgang von Anteilen an nicht verbundenen Unternehmen
10. Erträge aus anderen Wertpapieren und Ausleihungen des Finanzanlagevermögens, davon aus verbundenen Unternehmen	
5600 und 5650 Erträge von verbundenen und nicht verbundenen Unternehmen, aus anderen Wertpapieren und Ausleihungen des AV	**Neutral:** Alle Erträge aus Finanzanlagen, soweit sie nicht Erträge aus Beteiligungen (Kontengruppe 55) sind. Es handelt sich um Erträge von verbundenen Unternehmen aus anderen Wertpapieren und Ausleihungen des Anlagevermögens, wie Zinsen, Dividenden u. ä. Erträge, Erträge aus Zuschreibungen zu anderen Wertpapieren, Erträge aus dem Abgang von anderen Wertpapieren, Ausgleichszahlungen (§ 304 AktG).
11. Sonstige Zinsen u. ä. Erträge, davon aus verbundenen Unternehmen	
5700 Sonstige Zinsen u. ä. Erträge von verbundenen Unternehmen	**Neutral:** Sonstige Zinsen u. ähnl. Erträge von verbundenen Unternehmen, einschl. Erträgen aus Wertpapieren des Umlaufvermögens, Bankzinsen, Diskonterträgen aus hereingenommenen Wechseln, Bürgschaftsprovisionen, Zinsen für Forderungen, Aufzinsungserträgen, Zinserträgen aus Ausgleichsforderungen an die Treuhandanstalt.

5790 Übrige sonstige Zinsen u. ä. Erträge	**Neutral:** alle Zinsen u. ä. Erträge, soweit nicht auf den Konten 5600 - 5700 zu erfassen, z. B. Zinsen auf Einlagen bei Kreditinstituten, für Darlehen und kurzfristige Ausleihungen, Verzugszinsen, Prozesszinsen, Diskonterträge, vereinnahmte Kreditprovisionen
12. Abschreibungen auf Finanzanlagen und auf Wertpapiere des UV	
7400 Abschreibungen auf Finanzanlagen	**Neutral:** Abschreibungen auf den niedrigeren beizulegenden Wert am Bilanzstichtag (§ 253 Abs. 3 HGB). Abschreibungen auf Beteiligungen gehen in das **Beteiligungsergebnis** ein.
7420 Abschreibungen auf Wertpapiere des UV	**Neutral:** Abschreibungen auf den niedrigeren beizulegenden Wert am Bilanzstichtag (§ 253 Abs. 4 HGB)
7450 und 7460 Verluste aus dem Abgang	**Neutral:** Verluste aus dem Verkauf von Vermögensgegenständen des Finanzanlagevermögens (Konto 7450) und von Wertpapieren des Umlaufvermögens (Konto 7460)
7490 Aufwendungen aus Verlustübernahme	**Neutral:** ...im Rahmen eines Gewinnabführungsvertrags ist ein Jahresfehlbetrag der Organgesellschaft auszugleichen (§ 277 Abs. 3 Satz 2 HGB).
13. Zinsen u. ä. Aufwendungen, davon an verbundene Unternehmen	
7500 - 7590 Zinsen u. ä. Aufwendungen	**Neutral:** Zinsen u. ä. Aufwendungen an verbundene Unternehmen (Konto 7500), Bankzinsen für Dauerkredite (Konto 7510), Kredit- und Überziehungsprovisionen (Konto 7520), Diskontaufwendungen (Konto 7530), Bürgschaftsprovisionen (Konto 7550), Zinsen für die Überschreitung des Zahlungsziels bei Verbindlichkeiten (Konto 7560), Abzinsungsbeträge bei langfristigen Forderungen und Wechselforderungen (Konto 7570), Stundungszinsen und sonstige Säumniszuschläge bei Steuern, sonstige Zinsen u. ä. Aufwendungen (Konto 7590).
14. EE-Steuern	
7700 Gewerbesteuer	**Betrieblich:** Gewerbesteuer auf den Gewerbeertrag einschl. Steuererstattungen und Auflösung von Steuerrückstellungen
7710 - 7790 Körperschaftsteuer usw.	**Neutral:** Körperschaftsteuer (Konto 7710), Kapitalertragsteuer (Konto 7720), ausländische Quellensteuer (Konto 7730), latente Steuern (Konto 7750), sonstige EE-Steuern (Konto 7790)
15. Ergebnis nach Steuern	
16. Sonstige Steuern	
7820 - 7890 Grundsteuer	**Betrieblich:** Grundsteuer, Kraftfahrzeugsteuer, Ausfuhrzölle, sonstige betriebliche Steuern, z. B. vom Arbeitgeber zu zahlende pauschalierte Lohnsteuer
17. Jahresüberschuss/Jahresfehlbetrag	

GuV nach dem Umsatzkostenverfahren (UKV) (§ 275 Abs. 3 HGB) (Nur die von der GuV nach dem Gesamtkostenverfahren [GKV] abweichenden Posten)	
Konto IKR	**Inhalt**
1. Umsatzerlöse	
5000 Umsatzerlöse	**Betrieblich:** ... ohne USt und nach Abzug der Erlösschmälerungen. Bruttoumsatz und Erlösschmälerungen gehen nicht aus der GuV hervor. Sonst Übereinstimmung der Umsatzerlöse mit denen nach dem GKV.
2. Herstellungskosten der zur Erzielung der Umsatzerlöse erbrachten Leistungen	
8100 Herstellungskosten	**Betrieblich:** zur Erzielung der Umsatzerlöse, bei Handelsunternehmen der Umsatz zu Einstandstandspreisen **Neutral:** periodenfremde Aufwendungen, z. B. außerplanmäßige Abschreibungen, Buchverluste aus dem Abgang von Produktionsanlagen und Aufwendungen früherer Geschäftsjahre, Abschreibungen auf den Geschäfts- oder Firmenwert, a. o. Abschreibungen auf Sachanlagen und immaterielle Vermögensgegenstände, unübliche Abschreibungen auf das UV
4. Vertriebskosten	
8200 Vertriebskosten	grundsätzlich **betrieblich** **Neutral:** periodenfremde Aufwendungen wie außerplanmäßige Abschreibungen, Verluste aus dem Abgang von Vermögensgegenständen des Vertriebs, Aufwendungen früherer Geschäftsjahre
5. Allgemeine Verwaltungskosten	
8300 Allgemeine Verwaltungskosten	grundsätzlich **betrieblich** **Neutral:** Wie Konto 8200, aber auf den Verwaltungsbereich bezogen.
6. Sonstige betriebliche Erträge	
	Grundsätzlich wie beim GKV, aber zusätzlich: **Betrieblich:** z. B. Erträge aus aktivierten Eigenleistungen.
7. Sonstige betriebliche Aufwendungen	
	Die sonstigen betrieblichen Aufwendungen fallen hier wesentlich niedriger aus als beim GKV, da ein großer Teil in den Blöcken Herstellung, Vertrieb und allgemeine Verwaltungskosten enthalten ist. **Betrieblich:** nicht aktivierte Bestandteile der Herstellungskosten, nicht freiwillig gesondert ausgewiesene Forschungs- und Entwicklungskosten **Neutral:** Verluste aus Anlagenabgang, soweit nicht in den funktionsbezogenen Aufwandsblöcken enthalten, Zuschüsse an Beteiligungsunternehmen, Währungsumrechnungsverluste, sonstige periodenfremde Aufwendungen, die nicht anderen Positionen zugeordnet werden können, Aufwendungen im Zusammenhang mit Nebenleistungen
11. Abschreibungen auf Finanzanlagen und auf Wertpapiere des UV	
	Entspricht dem GKV. Abweichungen, wenn unübliche Abschreibungen auf Wertpapiere des UV in der GuV nach dem GKV entgegen der herrschenden Meinung unter Posten 7b ausgewiesen werden, während beim UKV nur der Posten 11 in Betracht kommt.

12. Zinsen u. ä. Aufwendungen, davon an verbundene Unternehmen	
	Grundsätzlich wie beim GKV. Zu den HK gerechnete Zinsen können beim UKV auch wahlweise in den Posten „Herstellungskosten" einbezogen werden.
15. Sonstige Steuern	
	Grundsätzlich wie beim GKV. Doch dürfen Betriebssteuern auch in die „Herstellungskosten" einbezogen werden. **Neutral:** Nachzahlungen für frühere Geschäftsjahre sind ggf. als periodenfremd im Anhang anzugeben (§ 285 Nr. 32 HGB).

Ausweiswahlrechte bei der Bilanz- und GuV-Gliederung	
Haftungsverhältnisse (§ 251 und 268 Abs. 7 HGB)	Grundsätzlich Angabe in einem Betrag auf der Passivseite oder unter der Bilanz. Kapitalgesellschaften müssen die Haftungsverhältnisse entsprechend der Aufschlüsselung in § 251 HGB ausweisen.
Untergliederung der Posten (§ 265 Abs. 5 HGB)	Eine über die in § 266 und § 275 HGB hinausgehende weitere Untergliederung der Bilanz- und der GuV-Posten ist zulässig, um den Einblick in die VFE-Lage zu verbessern (z. B. wenn bei den sonstigen Ausleihungen erhaltene Sicherheiten und deren Höhe angegeben werden).
Zusammenfassung von Posten (§ 265 Abs. 7 HGB)	Mit arabischen Zahlen versehene Posten der Bilanz und der GuV dürfen zusammengefasst werden, wenn ihr Betrag für eine Beurteilung unerheblich ist oder dadurch die Klarheit der Darstellung vergrößert wird (z. B. Zusammenfassung der Posten A. II.2 „technische Anlagen und Maschinen" und A. II.3 „andere Anlagen, Betriebs- und Geschäftsausstattung".
Posten ohne Betrag (§ 265 Abs. 8 HGB)	Posten der Bilanz oder der GuV, die keinen Betrag ausweisen, brauchen nicht aufgeführt zu werden, wenn sie auch im Vorjahr keinen Betrag enthalten haben.
Größenabhängige Erleichterungen (§§ 266 Abs. 1, 276, 327 HGB)	Kleine KapGes dürfen eine verkürzte Bilanz aufstellen (§ 266 Abs. 1 Satz 3 HGB). Zu mittelgroßen KapGes s. § 327 HGB. Kleine und mittelgroße KapGes dürfen die Posten der GuV nach § 275 Abs. 2 Nr. 1 - 5 oder Abs. 3 Nr. 1 - 3 und 6 HGB zu einem Posten „Rohergebnis" zusammenfassen (§ 276 HGB).
Bilanz bei Verwendung des Jahresergebnisses (§ 268 Abs. 1 HGB)	Die Bilanz darf auch unter Berücksichtigung der vollständigen oder teilweisen Verwendung des Jahresergebnisses aufgestellt werden. Jahresüberschuss/-fehlbetrag und Gewinn-/Verlustvortrag sind dann in „einem" Posten Bilanzgewinn/-verlust zusammenzufassen. Dieses Wahlrecht wird ergänzt durch § 270 Abs. 2 HGB (i. V. m. § 29 GmbHG und §§ 58, 150 AktG) zur Organzuständigkeit, über Veränderungen der Rücklagen zu entscheiden bzw. zwingende Veränderungen vorzunehmen.

Ausweiswahlrechte für den Anhang	
Erleichterungen für kleine KapGes (§ 288 Abs. 1 HGB)	Die Angaben nach § 264c Abs. 2 Satz 9, § 265 Abs. 4 Satz 2, § 284 Abs. 2 Nr. 3, § 285 Nr. 2, 3, 4, 8, 9 a und b, Nr. 10 - 12, 14, 15, 15a, 17 - 19, 21, 22, 24, 26 - 30, 32 - 34 HGB brauchen nicht gemacht zu werden.
Erleichterung für mittelgroße KapGes (§ 288 Abs. 2 HGB)	Befreiung von der nach § 285 Nr. 4 HGB geforderten Aufgliederung der Umsatzerlöse im Anhang sowie der Vermittlung von bestimmten Informationen im Zusammenhang mit latenten Steuern nach § 285 Nr. 29 HGB
Anhang kleiner KapGes bei Offenlegung (§ 326 Abs. 1 Satz 2 HGB)	Bei der Offenlegung braucht der Anhang die Gewinn- und Verlustrechnung betreffenden Angaben nicht zu enthalten.
Anhang mittelgroßer KapGes bei Offenlegung (§ 327 Nr. 2 HGB)	Bei der Offenlegung braucht der Anhang die nach § 285 Nr. 2, 5, 8a und 12 HGB geforderten Angaben nicht zu enthalten.

Ausweiswahlrechte in Bilanz oder Anhang	
Vermögensgegenstände oder Schulden, die unter mehrere Posten fallen (§ 265 Abs. 3 HGB)	Die Bilanzgliederung gem. § 266 HGB folgt verschiedenen Gliederungskriterien, sodass einzelne Vermögensgegenstände und Schulden ggf. mehreren Bilanzposten zugeordnet werden können (z. B. Forderungen aus Lieferungen und Leistungen ggü. verbundenen Unternehmen) oder die Mitzugehörigkeit zu anderen Posten ist bei dem Posten, unter dem der Ausweis erfolgt ist, zu vermerken oder im Anhang anzugeben, wenn dies zur klaren und übersichtlichen Aufstellung notwendig ist.
Gewinn-/Verlustvortrag bei Verwendung des Jahresergebnisses (§ 268 Abs. 1 HGB)	Bei Aufstellung der Bilanz unter teilweiser Verwendung des Jahresergebnisses ist ein vorhandener Gewinn- oder Verlustvortrag in den Posten Bilanzgewinn/Bilanzverlust einzurechnen und in der Bilanz als „Davon-Posten" oder im Anhang anzugeben.
Disagio (§ 268 Abs. 6 HGB)	Der Betrag ist in der Bilanz gesondert unter dem aktiven RAP auszuweisen oder im Anhang anzugeben.
Sonstige Rückstellungen (§ 285 Nr. 12 HGB)	Rückstellungen, die in der Bilanz unter dem Posten sonstige Rückstellungen nicht gesondert ausgewiesen werden, sind im Anhang zu erläutern, wenn sie einen nicht unerheblichen Umfang haben.
Außerplanmäßige Abschreibungen auf das AV (§ 253 Abs. 3 Satz 3 HGB)	gesonderter Ausweis in der Bilanz oder im Anhang (§ 277 Abs. 3 Satz 1 HGB)
Außerplanmäßige Abschreibung auf das UV (§ 253 Abs. 4 HGB)	gesonderter Ausweis in der Bilanz oder im Anhang (§ 277 Abs. 3 Satz 1 HGB)

Bilanzkürzung mittelgroßer Kapitalgesellschaften (§ 327 Nr. 1 HGB)	Bei der Offenlegung dürfen mittelgroße KapGes ihre Bilanz wie kleine KapGes kürzen. Bei Nutzung dieses Wahlrechts müssen dann allerdings die in § 327 Nr. 1 HGB genannten Posten entweder in der Bilanz oder im Anhang gesondert angegeben werden.

Wesentliche Abweichungen zwischen Handels- und Steuerbilanz			
Sachverhalt	**Wahlrecht**	**Pflicht**	**Verbot**
Aktivierung des derivativen Geschäfts- oder Firmenwertes mit handelsrechtlicher Abschreibung über die individuelle Nutzungsdauer (§ 246 Abs. 1 Satz 4 HGB) und steuerrechtlicher Abschreibung pauschal über 15 Jahre (§ 7 Abs. 1 Satz 3 EStG)		HB StB	
Aktivierung von selbst erstellten immateriellen Vermögensgegenständen des Anlagevermögens (§ 248 Abs. 2 Satz 1 HGB, § 5 Abs. 2 EStG)	HB		StB
Saldierung von bestimmten Vermögensgegenständen, z. B. Rückdeckungsversicherungen mit Pensionsrückstellungen (§ 246 Abs. 2 Satz 2 HGB)		HB	StB
Ausweis unrealisierter Gewinne bei der Bewertung von Vermögensgegenständen und Verbindlichkeiten mit einer Restlaufzeit von maximal einem Jahr (§ 256a HGB)		HB	StB
Möglichkeit zur Anwendung des Fifo-Verfahrens zur Bewertung gleichartiger Vermögensgegenstände des Umlaufvermögens (§ 256 HGB, § 6 Abs. 1 Nr. 2a EStG)	HB		StB
Abgrenzung latenter Steuern mit Wahlrecht zur Bilanzierung des Aktivüberhangs (§ 274 Abs. 1 HGB)	HB		StB
Disagio (§ 250 Abs. 3 HGB, § 5 Abs. 5 Nr. 1 EStG). Für mittelgroße und große Kapitalgesellschaften gesonderter Ausweis in Bilanz oder Anhang (§§ 268 Abs. 6 i. V. m. 274a Nr. 4 HGB)	HB	StB	
Aktivierung von als Aufwand berücksichtigten Zöllen und Verbrauchsteuern, soweit sie auf am Bilanzstichtag auszuweisendes Vorratsvermögen entfallen (§ 5 Abs. 5 Satz 2 EStG)		StB	HB
Aktivierung von als Aufwand berücksichtigte Umsatzsteuer, soweit sie auf am Bilanzstichtag auszuweisende Anzahlungen entfällt (§ 5 Abs. 5 Satz 2 EStG)		StB	HB
Drohverlustrückstellungen (§ 249 Abs. 1 HGB, § 5 Abs. 4a EStG)		HB	StB
Einbeziehung von zu erwartenden Preis- und Kostensteigerungen in die Bewertung von Rückstellungen (§ 253 Abs. 1 Satz 2 HGB, § 6 Abs. 1 Nr. 3a Buchst. f EStG) bzw. erwarteter Gehalts- und Rentensteigerungen in die Bewertung von Pensionsrückstellungen (§ 6a Abs. 3 Nr. 1 Satz 2 HS 2 EStG)			StB

Abzinsung von Rückstellungen mit dem durchschnittlichen Marktzins der letzten zehn Jahre (§ 253 Abs. 2 Satz 1 HGB) bzw. pauschal mit 5,5 % (§ 6 Abs. 1 Nr. 3a Buchst. E EStG)			
Abzinsung von Pensionsrückstellungen mit dem durchschnittlichen Marktzins für eine Restlaufzeit von 15 Jahren (§ 253 Abs. 2 Satz 2 HGB) bzw. pauschal mit 6 % (§ 6a Abs. 3 Satz 3 EStG)			
Investitionsabzugsbetrag (§ 7 g EStG)	StB		HB

Risikoanalyse

Während die Bilanzanalyse grundsätzlich die Entwicklung des Unternehmens in der Vergangenheit beurteilt und auf dieser Basis eine Zukunftsprognose ableitet, zielt die Risikoanalyse allein auf die zukünftige Entwicklung des Unternehmens. Deshalb folgen in diesem Abschnitt einige Checklisten, anhand derer auch der externe Analytiker die Risiken des Unternehmens beurteilen kann.

Jedes wirtschaftliche Handeln ist mit Risiken verbunden; überschaubare Risiken gehören zum geschäftlichen Alltag. Stark zunehmende Risiken können dagegen die Existenz des Unternehmens nachhaltig gefährden. Deshalb müssen die Risiken erkannt, überwacht und gesteuert werden, damit existenzbedrohende Entwicklungen rechtzeitig erkannt und Gegenmaßnahmen eingeleitet werden können.

Für AGs ist die Einrichtung eines Risikofrüherkennungssystems gesetzlich vorgeschrieben. Gemäß § 91 Abs. 2 AktG hat der Vorstand geeignete Maßnahmen zu treffen, insbesondere ein Überwachungssystem einzurichten, damit den Fortbestand der Gesellschaft gefährdende Entwicklungen frühzeitig erkannt werden. Das Risikofrüherkennungssystem umfasst die Maßnahmen zur Erfassung, Analyse und Kommunikation dieser bestandsgefährdenden Risiken, die auch der Prüfungspflicht gem. § 317 Abs. 4 HGB unterliegen und in einem besonderen Teil des Prüfungsberichts (grundsätzlich ohne Einfluss auf den Bestätigungsvermerk) thematisiert werden. Der Vorstand hat auf erfasste und kommunizierte Risiken eigenverantwortlich zu reagieren. Die entsprechenden Maßnahmen werden nicht durch § 91 Abs. 2 AktG normiert und sind somit auch kein Prüfungsgegenstand i. S. v. § 317 Abs. 4 HGB. Somit erfolgt auch keine Prüfung, ob die Maßnahmen zur Risikobewältigung oder auch ihr jeweiliger Verzicht sachgerecht oder wirtschaftlich sinnvoll sind (vgl. zu Einzelheiten der Prüfung des Risikofrüherkennungssystems nach § 317 Abs. 4 HGB auch IDW PS 340).

Checklisten zur Risikoidentifikation

Unternehmensleitung
1. Führungsstil
In welchem Führungsstil wird das Unternehmen geleitet?
Gibt es ein Leitbild und wie verbindlich ist dieses?
2. Mitglieder der Geschäftsleitung
Welche Vollmachten und Vertretungsbefugnisse bestehen?
Sind die Mitglieder der Unternehmensleitung am Kapital beteiligt?
Ist bei Familienunternehmen der Übergang im Rahmen der Erbfolge geregelt? Besteht Klarheit über Erbschaftsteuer und Verhalten der Miterben? Wurden nach Beratung durch Steuerberater und Rechtsanwalt verbindliche Vereinbarungen getroffen?
Gibt es Nachfolgeregelungen für die Geschäftsleitung?
Welche Bildungsabschlüsse haben die Mitglieder der Unternehmensleitung?
Seit wie vielen Jahren sind die Mitglieder der Unternehmensleitung bereits im Unternehmen tätig?
Welche Erfahrungen bringen die Mitglieder der Unternehmensleitung aus anderen Unternehmen mit?
Steht für jedes Mitglied der Unternehmensleitung jederzeit ein Stellvertreter zur Verfügung? Ist der Stellvertreter bereits in alle wesentlichen Vorgänge und Entscheidungen eingebunden?
3. Strategische Zielobjekte
Wird Kostenführerschaft angestrebt? (Unternehmen mit niedrigsten Kosten der Branche)
Wie weit geht die Risikoausweichung durch Differenzierung der eigenen Leistungen von denen der Konkurrenz?
Konzentration auf Schwerpunkte? (Nischenpolitik)
Für Technologieunternehmen: Wird die Technologieführerschaft angestrebt?
4. Sozialpartnerschaft
Wie steht die Arbeitnehmervertretung zu Vorgängen im Unternehmen?
Bestehen besondere Risiken aus Tarifabschlüssen?
Wie ist die Verhandlungsstärke der Arbeitnehmervertretung einzuschätzen?

Umweltrisiken
Wie werden Gefahrstoffe gehandhabt?
Kann es zu Bodenverunreinigungen kommen?
Liegt die Produktionsstätte in einem ausgewiesenen Wasser- oder Luftschutzgebiet?
Wird mit wassergefährdenden Stoffen gearbeitet? Können diese Stoffe ins Abwasser gelangen? Können beschädigte Rückhaltevorrichtungen oder Rohrbruch zu Umweltschäden führen? Welche Schutzmaßnahmen wurden getroffen?

Können Störfälle bei der Produktion zu Emissionsgefahren führen? Auf welche Weise wird solchen Störfällen vorgebeugt?
Sind zusätzliche Maßnahmen erforderlich, um das Unternehmen vor materiellen Schäden (auch durch Strafzahlungen) und Imageschäden zu schützen?

Gesetzgebung, Rechtsprechung, Politik
Gibt es aktuelle Entwicklungen in Gesetzgebung und Rechtsprechung, die das Unternehmen tangieren?
Welche Rechtsrisiken bestehen aus ► Produkthaftung ► Gefährdenshaftung ► Organisationshaftung?
Besteht die Gefahr zwischenstaatlicher Konflikte, die sich auch auf das Unternehmen auswirken können?

Einkauf/Lieferanten
Wie hoch ist die Abhängigkeit von bestimmten Lieferanten?
Bestehen besondere Rivalitäten zwischen den Anbietern am Markt?
Wie ist die Verhandlungsstärke der Lieferanten zu beurteilen?

Lagerhaltungsrisiken
Verderb
Technische Veralterung
Modeabhängigkeit

Produktion
Ist der Standort der Leistungserstellung optimal gewählt?
Sind die Produktionskapazitäten marktgerecht hinsichtlich Einsatzmöglichkeiten, Aufwand für die Bedienung und Energieverbrauch?

Forschung und Entwicklung
Intensität der FuE
Innovationsmöglichkeiten
Qualität der Mitarbeiter
Kooperationsmöglichkeiten
Patente (Anzahl, Inhalte, Laufzeiten)

Personalwesen
Wie motiviert sind die Mitarbeiter? (Arbeitsausfälle, Bereitschaft zu Mehrarbeit)
Wie wird das Betriebsklima eingeschätzt?

Finanzen
1. Währungs- und Zinsrisiko
Wie viel Prozent des Umsatzes wird in Fremdwährung abgeschlossen?
Welcher Anteil der Finanzverbindlichkeiten unterliegt einem Zinsänderungsrisiko?
Absolute Höhe der einzelnen Finanzverbindlichkeiten nach Restlaufzeiten?
2. Liquiditätsrisiken
Welche Forderungsausfälle können auf das Unternehmen zukommen?
Können besondere Wertverluste bei Sachen, z. B. Verderb von Material, Feststellung von Altlasten usw., auf das Unternehmen zukommen?
Können fest eingeplante Kreditzusagen und Bürgschaften gekündigt werden?
Können nicht kalkulierbare Liquiditätsabflüsse die Liquidität gefährden?
Könnten aufgrund eines schlecht ausfallenden Ratings oder einer schlecht ausfallenden Bonitätseinschätzung Kredite gefährdet oder teurer werden?
Gibt es Risiken aus gesellschaftsrechtlichen und -vertraglichen Verpflichtungen (z. B. Verlustausgleichsverpflichtungen)?
3. Länderrisiken
Werden die länderspezifischen gesetzlichen Eigenarten berücksichtigt?
Wie ist die wirtschaftliche Situation im Land der ausländischen Vertragspartner?
Wie ist die politische und die eigentumsrechtliche Situation im Land der Vertragspartner? Ist die Situation stabil?

Vertrieb
1. Vertriebswege, Kunden
Welche Vertriebswege werden genutzt? Welche Vertriebswege benutzt die Konkurrenz?
Wird die Vertriebsorganisation regelmäßig an die sich verändernden Verhältnisse angepasst?
Wie ist die Verhandlungsstärke der Kunden einzuschätzen?
2. Produkte/Sortiment
Orientiert sich die Sortimentgestaltung an der Entwicklung der Bevölkerung?
Werden Trends bezüglich Lifestyle, Umweltbewusstsein, Internationalität u. Ä. berücksichtigt?
Welchen Stellenwert haben Design, Qualität und Preis der Produkte am Markt?
Gibt es im Unternehmen eine Qualitätskontrolle irgendwelcher Art?
Ist das Sortiment ausreichend differenziert, sodass z. B. bei Auftreten von Konkurrenzprodukten nicht sofort der gesamte Umsatz des Unternehmens gefährdet ist? (Keine Abhängigkeit von einem oder wenigen Produkten!)

3. Marktentwicklung	
Welche Position nimmt das Unternehmen innerhalb der Branche ein?	
Wer sind die Hauptwettbewerber und wie entwickelt sich deren Stellung im Verhältnis zum untersuchten Unternehmen?	
Bestehen offene Rivalitäten mit bestimmten Mitbewerbern?	
Können kurzfristig neue Wettbewerber am Markt auftreten?	
Können kurzfristig neue Produkte der Wettbewerber auf den Markt kommen?	
Ist ein plötzlicher Preiswettbewerb möglich?	
Ist mit sonstigen Angriffsstrategien der Mitbewerber zu rechnen?	
Welche Änderungen des Wettbewerbs können durch Mitbewerber ausgelöst werden? Aufgrund welcher Maßnahmen?	
Wie entwickeln sich Angebot und Nachfrage am Markt?	
4. Auftritt am Markt	
Ist die Konzeption der Werbung ausreichend durchdacht?	
In welchem Umfang wird Öffentlichkeitsarbeit betrieben?	
5. Gewährleistung	
Welche Gewährleistungsrisiken bestehen?	
Welche Kulanzleistungen können aus Imagegründen nicht abgelehnt werden?	

Aufgabe 1:

Worin unterscheidet sich der Jahresabschluss der Einzelkaufleute und typischen Personengesellschaften von dem Jahresabschluss der nicht kapitalmarktorientierten Kapitalgesellschaften?

Lösung s. Seite 259

Aufgabe 2:

Der Jahresabschluss für das Geschäftsjahr 20x1 der im Jahr 20x1 gegründeten ABC GmbH weist eine Bilanzsumme von 3,9 Mio. € und einen Jahresumsatz von 9,1 Mio. € aus. Im Geschäftsjahr 20x1 wurden im Durchschnitt 44 Mitarbeiter beschäftigt.

Im Geschäftsjahr 20x2 hat die Bilanzsumme 6,1 Mio. € betragen, der Jahresumsatz 12,5 Mio. € und die durchschnittliche Anzahl der Mitarbeiter 49.

Ist das Unternehmen als kleine oder als mittelgroße Kapitalgesellschaft einzustufen?

Lösung s. Seite 259

Aufgabe 3:

Das Unternehmen beschäftigt die folgenden Mitarbeiter:

Datum	31.03.	30.06.	30.09.	31.12.
Facharbeiter	25	25	25	26
Angestellte (ganztags)	16	12	12	12
Angestellte (halbtags)	4	4	4	4
Heimarbeiter	10	10	10	10
Auszubildende	3	3	3	3
Arbeitnehmer im Erziehungsurlaub	4	2	2	3
Geschäftsführer	1	1	1	1
Praktikanten	2	2	1	1
Reisende	3	3	3	3
Leiharbeiter	2	2	2	2
Mitarbeitende Familienangehörige ohne Arbeitsvertrag	1	1	1	1

Welche Mitarbeiter sind bei der Bestimmung des Größenordnungsmerkmals Arbeitnehmer zu berücksichtigen?

Ist das Unternehmen aufgrund der vorstehenden Angaben als kleine, mittelgroße oder große Kapitalgesellschaft einzustufen?

Lösung s. Seite 259

Aufgabe 4:

Entwickeln Sie aus der Bilanz in § 266 HGB das Bilanz-Gliederungsschema der kleinen Kapitalgesellschaft.

Lösung s. Seite 260

Aufgabe 5:

Deutsche Unternehmen erstellen ihre Gewinn- und Verlustrechnung vielfach nach dem Gesamtkostenverfahren. Infolge der Globalisierung und der Anwendung internationaler Rechnungslegungsstandards wechseln immer mehr Unternehmen zum Umsatzkostenverfahren.

Worin unterscheiden sich die Informationen der Gewinn- und Verlustrechnung nach dem Gesamtkostenverfahren von denen der Gewinn- und Verlustrechnung nach dem Umsatzkostenverfahren?

Lösung s. Seite 260

Aufgabe 6:

Sehen Sie den Anlagenspiegel im Beispiel auf S. 28 kritisch durch und prüfen Sie, ob der Anlagenspiegel Rückschlüsse auf die zukünftige Entwicklung des Jahresergebnisses dieses Unternehmens zulässt. Achten Sie besonders auf die Relation der kumulierten Abschreibungen zu den ursprünglichen Anschaffungskosten.

Lösung s. Seite 260

Aufgabe 7:

Erläutern Sie anhand des Anlagenspiegels im Beispiel auf S. 28 den Bestand und die Entwicklung des Bestands an technischen Anlagen und Maschinen.

Treffen Sie Ihre Aussage unter den Annahmen, dass eine Kapazitätserweiterung aktuell nicht erforderlich ist und es sich um ein wachsendes Unternehmen handelt.

Lösung s. Seite 261

Aufgabe 8:

Die strengen handelsrechtlichen Vorschriften für den Jahresabschluss lassen für den Jahresabschluss keinen Spielraum für eine Darstellung aus der Sicht der Unternehmensleitung.

Warum lässt sich insbesondere der Lagebericht für die Selbstdarstellung des Unternehmens nutzen?

Lösung s. Seite 261

Aufgabe 9:

Berücksichtigt eher das HGB-Normensystem oder das IFRS-Normensystem die Bedürfnisse des externen Bilanzanalytikers?

Lösung s. Seite 261

Aufgabe 10:

Erläutern Sie, was unter den folgenden Begriffen zu verstehen ist, die Sie in Kapitel A. kennen gelernt haben:

- Bilanzanalyse
- Handelsregister
- Bilanzkritik
- Bilanzklarheit
- Jahresabschluss
- Anhang
- Gesamtkostenverfahren
- Lagebericht
- Umsatzkostenverfahren
- IFRS
- Grundsätze ordnungsmäßiger Buchführung (GoB)
- Bestätigungsvermerk der Wirtschaftsprüfer

Lösung s. MiniLex Seite 283 ff.

Aufgabe 11:

Bilanzpolitische Maßnahmen dienen dazu, die Bilanzleser i. S. d. Unternehmensziele zu beeinflussen.

Welche Interessen können die folgenden Gruppen an den Ergebnissen der Bilanzanalyse haben?

a) Aktionäre

b) Kreditgeber

c) Gewerkschaften

Lösung s. Seite 261

Aufgabe 12:

Welche Bilanzpolitik entspricht eher den Zielen der Bilanzierung nach HGB und welche weniger?

Auf welche der beiden Ausrichtungen in der Bilanzpolitik treffen die Attribute „vorsichtig“ und „solide“ eher zu?

Lösung s. Seite 262

Aufgabe 13:

Nennen Sie je zwei Maßnahmen der traditionellen Bilanzpolitik und des Window Dressing, die zu einer Verbesserung

a) des Vermögensausweises

b) der ausgewiesenen Finanzierung

c) des ausgewiesenen Ergebnisses

führen.

Lösung s. Seite 262

Aufgabe 14:

Erläutern Sie, was unter den folgenden Begriffen zu verstehen ist, die Sie in Kapitel B. kennen gelernt haben:

- Bilanzwahrheit
- Abschlussstichtag
- Bilanzpolitik
- Nominalwert
- Anteilseigner
- Window Dressing
- Bilanzstichtag
- Substanzanalyse
- Geschäfts- oder Firmenwert

Lösung s. MiniLex Seite 283 ff.

Aufgabe 15:

Zu welchen Ansatzkorrekturen in der Strukturbilanz führen:

1. Geschäfts- oder Firmenwert
2. eigene Anteile
3. Forderungen an Gesellschafter

4. aktiviertes Disagio
5. Haftungsverhältnisse?

Lösung s. Seite 262

Aufgabe 16:

Die Kapitalgesellschaft führt regelmäßig Großaufträge aus, deren Fertigung sich über mehrere Geschäftsjahre erstreckt. Dadurch schwankt der Bestand an fertigen und unfertigen Erzeugnissen von Bilanzstichtag zu Bilanzstichtag erheblich. Die Bewertung erfolgt zur handelsrechtlichen Wertobergrenze.

Die Schwankungen des Vorratsvermögens sollen künftig ggf. durch eine Änderung der Bewertung in der Handelsbilanz reduziert werden.

Wie sollten die unfertigen Erzeugnisse bewertet werden?

Lösung s. Seite 262

Aufgabe 17:

Aktiva	T€
A. Anlagevermögen	
I. Immaterielle Vermögensgegenstände	
1. Selbst geschaffene Werte und Rechte	900
2. Lizenzen	400
3. Geschäfts- und Firmenwert	600
II. Sachanlagen	
1. Grundstücke, grundstücksgleiche Rechte und Bauten auf fremden Grundstücken	10.000
2. technische Anlagen und Maschinen	11.000
3. andere Anlagen, Betriebs- und Geschäftsausstattung	3.000
4. geleistete Anzahlungen und Anlagen im Bau	850
III. Finanzanlagen	
1. Wertpapiere des Anlagevermögens	400
2. sonstige Ausleihungen	300
D. Umlaufvermögen	
I. Vorräte	
1. RHB	9.000
2. unfertige Erzeugnisse, unfertige Leistungen	1.150
3. fertige Erzeugnisse und Waren	2.000

		4. geleistete Anzahlungen	400
	II.	Forderungen und sonstige Vermögensgegenstände	
		1. Forderungen aus Lieferungen und Leistungen	6.000
		2. sonstige Vermögensgegenstände	300
	III.	Wertpapiere	
		1. Anteile an verbundenen Unternehmen	100
		2. sonstige Wertpapiere	300
	IV.	Schecks, Kassenbestand, Postbankguthaben, Guthaben bei Kreditinstituten	3.000
E.	Rechnungsabgrenzungsposten		300
	- davon Disagio 100 T€		
			50.000

Passiva			T€
A.	Eigenkapital		
	I.	Gezeichnetes Kapital	20.000
	II.	Kapitalrücklage	100
	III.	Gewinnrücklagen	
		1. Rücklage für Anteile an einem herrschenden Unternehmen	100
		2. satzungsmäßige Rücklage	300
		3. andere Gewinnrücklagen	3.000
	IV.	Gewinnvortrag	100
	V.	Jahresüberschuss	1.500
B.	Sonderposten für steuerfreie Investitionszuschüsse		300
C.	Rückstellungen		
	1.	Rückstellungen für Pensionen u. ä. Verpflichtungen	1.200
	2.	Steuerrückstellungen	900
	3.	sonstige Rückstellungen	1.800[1]
D.	Verbindlichkeiten		
	1.	Verbindlichkeiten ggü. Kreditinstituten	10.000[2]
		- davon mit einer Restlaufzeit bis zu einem Jahr 1.000 T€	

[1] davon 1.650 T€ mit einem erwarteten Erfüllungszeitpunkt frühestens in einem Jahr und spätestens in fünf Jahren, Restbetrag mit einem erwarteten Erfüllungszeitpunkt im nächsten Geschäftsjahr

[2] davon 5.000 T€ mit einer Restlaufzeit von mehr als fünf Jahren

2.	erhaltene Anzahlungen auf Bestellungen[1]	600
	- davon mit einer Restlaufzeit bis zu einem Jahr 600 T€	
3.	Verbindlichkeiten aus Lieferungen und Leistungen	6.600
	- davon mit einer Restlaufzeit bis zu einem Jahr 6.600 T€	
4.	Verbindlichkeiten aus der Annahme gezogener Wechsel und der Ausstellung eigener Wechsel	700
	- davon mit einer Restlaufzeit bis zu einem Jahr 700 T€	
5.	sonstige Verbindlichkeiten	2.500
	- davon aus Steuern 1.400 T€	
	- davon im Rahmen der sozialen Sicherheit 900 T€	
	- davon mit einer Restlaufzeit bis zu einem Jahr 2.400 T€	
E.	Rechnungsabgrenzungsposten	300
		50.000

Erstellen Sie die Strukturbilanz im Rahmen einer risikoaversen Bilanzanalyse. Dabei sind nur die vorstehenden Angaben zu berücksichtigen.

Lösung s. Seite 263

Aufgabe 18:

Gewinn- und Verlustrechnung		T€	T€
1.	Umsatzerlöse (davon 20 T€ Erlöse aus der Vermietung von Werkswohnungen)	700	
2.	Erhöhung oder Verminderung des Bestands an unfertigen und fertigen Erzeugnissen	30	
3.	andere aktivierte Eigenleistungen	50	
4.	sonstige betriebliche Erträge (davon 12 T€ aus Versicherungsentschädigungen)	38	818
5.	Materialaufwand:		
	a) Aufwendungen für RHB	150	
	b) Aufwendungen für bezogene Leistungen	20	170
Rohergebnis (Rohgewinn)			648
6.	Personalaufwand:		
	a) Löhne und Gehälter	230	
	b) soziale Abgaben und Aufwendungen für Altersversorgung und Unterstützung	60	290

[1] ausschließlich Anzahlungen auf Vorräte

7. Abschreibungen:		
a) auf immaterielle Vermögensgegenstände des AV und Sachanlagen		70
b) auf Vermögensgegenstände des UV, soweit diese die in der Kapitalgesellschaft üblichen Abschreibungen überschreiten		10
8. sonstige betriebliche Aufwendungen (davon 20 T€ aus der Bildung einer Rückstellung für einen Sozialplan)		60
Betriebsergebnis		218
9. Erträge aus anderen Wertpapieren und Ausleihungen des Finanzanlagevermögens	50	
10. sonstige Zinsen u. ä. Erträge	20	70
11. Abschreibungen auf Finanzanlagen und auf Wertpapiere des Umlaufvermögens	20	
12. Zinsen u. ä. Aufwendungen	30	50
Finanzergebnis		20
14. Steuern vom Einkommen und vom Ertrag		45
15. Ergebnis nach Steuern		193
16. sonstige Steuern		5
17. **Jahresüberschuss/Jahresfehlbetrag (Gesamtergebnis)**		**188**

Ermitteln Sie das ordentliche Betriebsergebnis!

Lösung s. Seite 263

Aufgabe 19:

Im Rahmen der Ergebnisanalyse eines Unternehmens werden

1. das operative Ergebnis
2. das Finanz- und Verbundergebnis
3. das außerordentliche Ergebnis

   und

4. das Bewertungsergebnis

unterschieden. Was sagen diese Ergebnisse jeweils aus?

Lösung s. Seite 264

Aufgabe 20:

Erläutern Sie, was unter den folgenden Begriffen zu verstehen ist, die Sie in Kapitel C. kennen gelernt haben:

- Ansatzkorrekturen
- Strukturbilanz
- aktive latente Steuern
- eigene Anteile
- Disagio
- Eventualverbindlichkeiten
- sonstige finanzielle Verpflichtungen
- Gliederungskorrekturen
- Bewertungskorrekturen
- betriebsfremde Aufwendungen und Erträge
- betrieblich außerordentliche Aufwendungen und Erträge
- periodenfremde Aufwendungen und Erträge
- Rohergebnis
- Betriebsergebnis
- außerordentliches Ergebnis
- operatives Ergebnis
- Verbundergebnis
- Bewertungsergebnis
- stille Reserven

Lösung s. MiniLex Seite 283 ff.

Aufgabe 21:

Die teilweise aufbereiteten Bilanzen der GmbH ergeben:

Aktiva	Berichtsjahr T€	Vorjahr T€	Bilanz der Maschinenbau AG – Passiva	Berichtsjahr T€	Vorjahr T€
Sachanlagen	5.000	4.000	Gezeichnetes Kapital	3.500	3.000
Finanzanlagen	670	500	Gewinnrücklagen	870	300
RHB	1.700	1.500	Bilanzgewinn	300	100
Unfertige Erzeugnisse	800	900	Rückstellungen	200	100
Fertige Erzeugnisse	500	1.600	Langfrist. Verbindl.	4.000	2.900
Forderungen	1.600	800	Kurzfrist. Verbindl.	2.000	3.100
Flüssige Mittel	600	200			
	10.870	9.500		10.870	9.500

Bereiten Sie die Bilanzen auf und nennen Sie mögliche Ursachen für wesentliche Veränderungen der Vermögens- und Kapitalposten.

Lösung s. Seite 264

Aufgabe 22:

Der Geschäftsführer der A-GmbH beklagt, dass die Einzelanalyse der Bilanzen meist nur zu ohnehin vorliegenden Erkenntnissen geführt hat. Die Arbeiten sollen um einen Periodenvergleich über die letzten drei Jahre und um einen zwischenbetrieblichen Vergleich erweitert werden.

Welche zusätzlichen Informationen erhält der Geschäftsführer?

Lösung s. Seite 266

Aufgabe 23:

Erläutern Sie, was unter den folgenden Begriffen zu verstehen ist, die Sie in Kapitel D. kennengelernt haben:

- vergleichende Analyse
- Betriebsvergleich
- Zeitvergleich
- Branchenvergleich

- Benchmarking
- Substanzanalyse

Lösung s. MiniLex Seite 283 ff.

Aufgabe 24:

Bei der Beurteilung eines Unternehmens müssen viele Größen beachtet werden, die für sich allein nicht aussagefähig sind. Welche Arten von Kennzahlen lassen sich grundsätzlich unterscheiden?

Lösung s. Seite 266

Aufgabe 25:

Bei der A-GmbH sind die Anlagenintensität, die Materialkosten und (wegen immer wieder besonders langer Laufzeiten der Forderungen) die Liquidität besonders kritische Größen.

Zu welchen Größen in dem auf S. 103 dargestellten Kapitalertrags-Stammbaum muss die A-GmbH detaillierte Kennzahlen auswerten?

Lösung s. Seite 266

Aufgabe 26:

Setzen Sie die Berechnungen auf S. 104 f. fort und ermitteln Sie, wie sich der Return on Investment verändert, wenn es dem Unternehmen bei sonst unveränderten Vorgaben gelingt, die fixen Kosten um 10 % zu senken.

Ermitteln Sie den neuen Gewinn vor Steuern, die Umsatzrendite und den Return on Investment.

Lösung s. Seite 267

Aufgabe 27:

Insbesondere Industriebetriebe mit Einzel- bzw. Auftragsfertigung verfügen oft über ein umfangreiches Vorratsvermögen, das sich auf die Kennzahl Return on Investment auswirkt.

Berechnen Sie den Return on Investment bei einer Minderung des Vorratsvermögens um 20 % bei sonst unveränderten Vorgaben.

Berechnen Sie vorab die veränderten Größen zum Umlaufvermögen, zum investierten Kapital, zum Kapitalumschlag und die veränderte Umsatzrendite.

Lösung s. Seite 267

Aufgabe 28:

Die Bedeutung bilanzanalytischer Kennzahlen wird von einem Miteigentümer als aufwändiges „Rechenspielchen“ abgetan, mit dem die Fehler der Vergangenheit nicht mehr rückgängig gemacht werden könnten.

Stellen Sie in drei Sätzen die Bedeutung von Kennzahlen als Führungsinstrument dar.

Lösung s. Seite 267

Aufgabe 29:

Sie sind zuständig für Bilanzanalyse und Controlling. Eines Tages legt Ihnen der Inhaber des Unternehmens einen Artikel aus einer Fachzeitschrift vor, in dem ein Kennzahlensystem vorgestellt wird.

Werden Sie das Kennzahlensystem auf Wunsch des Inhabers unverändert übernehmen?

Welche Prüfungen werden Sie zunächst vornehmen?

Lösung s. Seite 267

Aufgabe 30:

In den Verbandsmitteilungen verschiedener Branchen werden immer wieder bilanzanalytische Durchschnittszahlen veröffentlicht. Daneben ermitteln Unternehmen Kennzahlen aus den offen gelegten Jahresabschlüssen von Konkurrenzunternehmen.

Wie zuverlässig ist der Kennzahlenvergleich?

Lösung s. Seite 267

Aufgabe 31:

Das Unternehmen erstellt folgende vereinfachte Strukturbilanz:

Aktiva		**Bilanz**	**Passiva**
	Euro		Euro
Anlagevermögen	55.000	Eigenkapital	60.000
Umlaufvermögen	45.000	Fremdkapital	40.000
	100.000		100.000

Zu ermitteln sind die Kennzahlen Anlagenintensität, Umlaufintensität und Eigenkapitalquote.

Lösung s. Seite 268

Aufgabe 32:

Das Unternehmen erstellt folgende vereinfachte Strukturbilanz:

Aktiva		Bilanz	Passiva
	Euro		Euro
Anlagevermögen	55.000	Eigenkapital	60.000
Umlaufvermögen	45.000	Langfristiges Fremdkapital	10.000
		Kurzfristiges Fremdkapital	30.000
	100.000		100.000

Zur Erhaltung der Betriebsbereitschaft ist ein Mindestumlaufvermögen von 15.000 € erforderlich.

Zu ermitteln sind die Deckungsgrade I, II und III.

Lösung s. Seite 268

Aufgabe 33:

Was bedeutet „normative Wirkung“ einer Kennzahl?

Verdeutlichen Sie den Zusammenhang anhand der Deckungsgrade.

Lösung s. Seite 268

Aufgabe 34:

Das Unternehmen legt die folgende Bilanz vor:

Aktiva		Bilanz	Passiva
	Euro		Euro
Anlagevermögen	52.000	Eigenkapital	50.000
Vorräte	30.000	Langfristiges Fremdkapital	20.000
Forderungen	5.000	Kurzfristiges Fremdkapital	20.000
Zahlungsmittel	3.000		90.000
	90.000		

In den Vorräten sind 10 % stille Reserven enthalten. Prüfen Sie, ob die 2:1-Forderung der Banker‘s Rule erfüllt ist.

Lösung s. Seite 268

Aufgabe 35:

Beurteilen Sie die folgenden Bilanzen hinsichtlich

a) der Eigenkapitalquote
b) der Anlagenintensität
c) des Deckungsgrades I
d) der Liquidität 1., 2. und 3. Grades (nur für die Bilanzen III und IV.)

Bilanz I

Aktiva	Euro	Passiva	Euro
Anlagevermögen	40.000	Eigenkapital	55.000
Umlaufvermögen	60.000	Fremdkapital	45.000
	100.000		100.000

Bilanz II

Aktiva	Euro	Passiva	Euro
Anlagevermögen	50.000	Eigenkapital	40.000
Umlaufvermögen	50.000	Fremdkapital	60.000
	100.000		100.000

Bilanz III

Aktiva	Euro	Passiva	Euro
Anlagevermögen	40.000	Eigenkapital	30.000
Vorräte	30.000	Fremdkapital	
Forderungen	20.000	langfristig	10.000
Flüssige Mittel	10.000	kurzfristig	60.000
	100.000		100.000

Aktiva		Bilanz IV	Passiva
	Euro		Euro
Anlagevermögen	50.000	Eigenkapital	40.000
Vorräte	10.000	Fremdkapital	
Forderungen	10.000	langfristig	30.000
Flüssige Mittel	30.000	kurzfristig	30.000
	100.000		100.000

Lösung s. Seite 268

Aufgabe 36:

a) Welches sind die Gründe, die zu einer schlechten Liquidität führen können?

b) Welche Maßnahmen führen zu einer Verbesserung der Liquidität?

c) Vermittelt die Bilanz immer ein eindeutiges Bild von der Zahlungsbereitschaft eines Unternehmens? Begründen Sie Ihre Antwort!

Lösung s. Seite 269

Aufgabe 37:

Aus der folgenden Strukturbilanz ist das Working Capital in Prozent vom Umlaufvermögen zu ermitteln.

Aktiva		Bilanz	Passiva
	Euro		Euro
Anlagevermögen	30.000	Eigenkapital	60.000
Umlaufvermögen	60.000	Langfristiges Fremdkapital	15.000
		Kurz- und mittelfristiges Fremdkapital	15.000
	90.000		90.000

Lösung s. Seite 270

Aufgabe 38:

Wegen schnellen Wachstums ist die Liquidität eines Unternehmens mittelfristig gefährdet. Legen Sie einen Katalog möglicher Maßnahmen zur Verbesserung der Liquidität vor. Gehen Sie dabei nacheinander die Posten der Aktivseite und der Passivseite der Bilanz durch.

Lösung s. Seite 270

Aufgabe 39:

Aus den Bilanzen eines Industriebetriebes ergeben sich für die letzten drei Jahre die folgenden Werte (in T€):

Posten	1. Jahr	2. Jahr	3. Jahr
Abschreibungen auf Sachanlagen	20.000	21.000	23.000
Zuführung zu den Pensionsrückstellungen	7.000	8.000	5.000
Jahresüberschuss	8.000	18.000	22.000
Umsatzerlöse	450.000	500.000	600.000

Zu errechnen sind

- der Cashflow und
- die Cashflow-Umsatzverdienstrate.

Lösung s. Seite 271

Aufgabe 40:

	1. Jahr €	2. Jahr €	3. Jahr €
Anfangsbestand an Forderungen	50.000	55.000	75.000
Schlussbestand an Forderungen	55.000	75.000	100.000
Umsatzerlöse	450.000	600.000	900.000

a) Errechnen Sie die Umschlagshäufigkeit und die durchschnittliche Laufzeit der Forderungen.

b) Beurteilen Sie die Entwicklung im Zeitvergleich.

c) Durch welche Maßnahmen kann die Umschlagshäufigkeit der Forderungen beeinflusst werden?

Lösung s. Seite 271

Aufgabe 41:

Die Jahresabschlüsse der GmbH enthalten die folgenden Werte (in T€):

Posten	Abschlussjahr		Vorjahr	
1. Umsatzerlöse		30.000		26.000
2. Erhöhung des Bestands an Erzeugnissen		+ 1.000		+ 3.000
3. Aktivierte Eigenleistungen		+ 1.000		+ 500
4. Sonstige betriebliche Erträge		+ 2.000		+ 1.620
		34.000		31.120
5. Materialaufwendungen	10.000		8.000	
6. Personalaufwendungen	9.100		10.000	
7. Abschreibungen	3.900		3.500	
8. Sonstige betriebliche Aufwendungen	4.200	- 27.200	4.130	- 25.630
9. Zinserträge	100		110	
10. Zinsaufwendungen	450	- 350	420	- 310
....				
14. EE-Steuern		- 3.200		- 2.500
15. Ergebnis nach Steuern		3.250		2.680
15. Sonstige Steuern		1.200		1.100
14. Jahresüberschuss		2.050		1.580
15. Zuführung zu den Gewinnrücklagen		1.000		700
16. Bilanzgewinn		1.050		880
Langfr. Rückstellungen:				
Zuführung	1.200			900
Auflösung	400			500

Zu ermitteln sind folgende Kennzahlen:

- Materialintensität
- Personalintensität
- Kapitalintensität
- Brutto-Cashflow.

a) Errechnen Sie die Umschlagshäufigkeit und die durchschnittliche Laufzeit der Forderungen.

b) Beurteilen Sie die Entwicklung im Zeitvergleich.

c) Durch welche Maßnahmen kann die Umschlagshäufigkeit der Forderungen beeinflusst werden?

Lösung s. Seite 271

Aufgabe 42:

Aus dem Jahresabschluss eines Industriebetriebs sind folgende Werte ableitbar:

∅-Eigenkapital	200.000 €
∅-Fremdkapital	150.000 €
Umsatzerlöse	640.000 €
Betriebsergebnis	32.000 €
Jahresüberschuss vor Steuern	30.000 €
Fremdkapitalzinsen	10.000 €
∅-Stille Reserven	50.000 €

Zu ermitteln sind die Eigenkapital-, Gesamtkapital- und Umsatzrentabilität (i. S. d. Gewinnspanne).

Lösung s. Seite 271

Aufgabe 43:

Kennzahlen müssen hinsichtlich ihrer Aufgabe und ihrer Berechnung eindeutig definiert, exakt abgegrenzt und damit nachvollziehbar sein. Dazu wird i. d. R. ein „Kennzahlenblatt" angelegt.

Schlagen Sie vor, was ein Kennzahlenblatt für jede Kennzahl enthalten sollte.

Lösung s. Seite 272

Aufgabe 44:

Bilanz und Gewinn- und Verlustrechnung enthalten folgende Daten:

Aktiva	**Bilanz der Maschinenbau AG**				**Passiva**
	T€	T€		T€	T€
Anlagevermögen		500	Eigenkapital		400
Vorräte	400		Langfristiges Fremdkapital		400
Forderungen aus L. u. L.	300		Kurzfristiges Fremdkapital		450
Zahlungsmittel	50				
Summe UV		750			
		1.250			1.250

Entwicklung des Anlagevermögens:

Anfangsbestand	550 T€
Zugang im Abschlussjahr	100 T€
Abschreibungen	150 T€

Entwicklung der Vorräte:

31.12.x1	400 T€
31.12.x2	400 T€

Entwicklung der Forderungen:

31.12.x1	320 T€
31.12.x2	300 T€

Soll	**GuV**		**Haben**
	T€		T€
Materialaufwand	1.600	Umsatzerlöse	3.200
Personalaufwand	800	Bestandsmehrung	400
Abschreibungen	150		
Fremdkapitalzinsen	50		
Übrige Aufwendungen	800		
Gewinn	200		
	3.600		3.600

Zu ermitteln sind:

1. Eigenkapitalquote
2. Anlagendeckungsgrad I
3. Anlagendeckungsgrad II
4. Liquidität II. Grades
5. Liquidität III. Grades
6. Working Capital in Prozent des Umlaufvermögens
7. Lagerumschlagshäufigkeit
8. durchschnittliche Lagerdauer in Tagen
9. Umschlagshäufigkeit der Forderungen aus L. u. L.
10. Debitorenziel in Tagen
11. Umschlagshäufigkeit des Kapitals
12. Kapitalumschlagsdauer in Tagen
13. Brutto-Cashflow in Prozent des Umsatzes
14. Eigenkapitalrentabilität
15. Gesamtkapitalrentabilität
16. Umsatzrentabilität auf Basis des Jahresergebnisses
17. Materialintensität
18. Personalintensität
19. Kapitalintensität

20. Schuldentilgungsdauer in Jahren
21. Return on Investment als Produkt aus Umsatzrentabilität und Kapitalumschlagshäufigkeit.

Das Geschäftsjahr wird mit 360 Tagen angesetzt. Der Zweck der Kennzahlen ist jeweils zu erläutern. Die errechneten Kennzahlen sind hinsichtlich ihrer Aussage zu beurteilen.

Lösung s. Seite 272

Aufgabe 45:

Die AG hat zum 31.12.x1 und zum 31.12.x2 die folgenden Abschlüsse aufgestellt:

Aktiva (Werte in T€)	31.12.x2	31.12.x1
A. Anlagevermögen		
I. Immaterielle Vermögensgegenstände	500	400
II. Sachanlagen	20.000	18.000
III. Finanzanlagen	100	200
B. Umlaufvermögen		
I. Vorräte		
1. RHB	4.000	3.800
2. Unfertige Erzeugnisse	10.000	11.000
3. Fertige Erzeugnisse	3.000	4.000
II. Forderungen und sonstige Vermögensgegenstände		
1. Forderungen aus L. u. L.	14.000	13.000
2. Sonstige Vermögensgegenstände	200	300
III. Kassenbestand und Guthaben bei Kreditinstituten	2.000	4.000
C. Aktiver Rechnungsabgrenzungsposten	200	300
	54.000	55.000

Passiva (Werte in T€)	31.12.x2	31.12.x1
A. Eigenkapital		
I. Gezeichnetes Kapital	20.000	20.000
II. Kapitalrücklage	8.000	8.000
III. Gewinnrücklagen	5.000	3.000
IV. Bilanzgewinn	2.600	3.700
B. Rückstellungen		
1. Pensionsrückstellungen	1.700	1.600
2. Steuerrückstellungen	1.000	1.300
3. Sonstige Rückstellungen	3.000	2.300

C. Verbindlichkeiten		
1. Verbindlichkeiten ggü. Kreditinstituten	8.000	11.000
2. Verbindlichkeiten aus L. u. L.	4.500	4.000
3. Sonstige Verbindlichkeiten	200	100
	54.000	55.000

Gewinn- und Verlustrechnung (Werte in T€)	31.12.x2	31.12.x1
1. Umsatzerlöse	90.000	88.000
2. Erhöhung oder Verminderung des Bestands an fertigen und unfertigen Erzeugnissen	- 2.000	2.500
3. Andere aktivierte Eigenleistungen	300	200
4. Sonstige betriebliche Erträge	2.000	1.000
5. Materialaufwand	- 44.000	- 43.000
6. Personalaufwand	- 22.000	- 21.000
7. Abschreibungen	- 4.000	- 4.000
8. Sonstige betriebliche Aufwendungen	- 10.000	- 11.000
9. Sonstige Zinsen u. ä. Erträge	500	400
10. Zinsen u. ä. Aufwendungen	- 800	- 900
13. Steuern vom Einkommen und vom Ertrag	- 5.100	- 6.200
14. Ergebnis nach Steuern	4.900	6.000
13. Sonstige Steuern	- 500	- 400
14. Jahresüberschuss	4.400	5.600
15. Gewinnvortrag aus dem Vorjahr	200	100
16. Einstellung in andere Gewinnrücklagen	- 2.000	- 2.000
17. Bilanzgewinn	2.600	3.700

Anlagenspiegel zum 31.12.x2 (Werte in T€)

	AK	Zugänge	Abgänge	Umbuchungen	Abschreibungen		Buchwert 31.12.x2
					kumuliert	davon für x2	
I. Immaterielle Vermögensgegenstände	800	300	0	0	600	200	500
II. Sachanlagen	53.000	5.800	800	0	38.000	3.800	20.000
III. Finanzanlagen	200	0	100	0	0	0	100
Gesamt	54.000	6.100	900	0	38.600	4.000	20.600

Verbindlichkeitenspiegel zum 31.12.x2 (Werte in T€)

	Gesamt-betrag	bis 1 Jahr Restlauf-zeit	1 - 5 Jahre Restlauf-zeit	mehr als 5 Jahre Restlauf-zeit	davon durch Pfandrechte u. ähnl. Rechte gesi-chert	Art und Form der Sicher-heit
1. Verbindlichk. ggü. Kreditinstituten	8.000	1.000	4.000	3.000	8.000	Grund-schul-den
2. Verbindlichk. aus L. u. L.	4.500	4.500	0	0	0	
3. Sonstige Verbindlichkeiten	200	200	0	0	0	
Gesamt	12.700	5.700	4.000	3.000	8.000	
Gesamt Vorjahr	15.100	7.100	4.500	3.500	9.000	

Im Rahmen der jährlichen Berichterstattung ist die Bewegungsbilanz für das Jahr x2 zu erstellen. Gliedern Sie die Passivseite möglichst nach den Buchstaben A - F und die Aktivseite möglichst nach den Buchstaben A - E wie in Kapitel E.8.1 beschrieben.

Lösung s. Seite 278

Aufgabe 46:

Erläutern Sie, was unter den folgenden Begriffen zu verstehen ist, die Sie in Kapitel E. kennen gelernt haben:

- Statistische Bilanzanalyse
- Finanzierungsregeln
- Kennzahl Working Capital
- Verhältniszahl
- Cashflow
- Gliederungszahl
- Innenfinanzierung
- Beziehungszahl
- Sachanlageintensität
- Indexzahl
- Investitionsquote
- Kennzahlensystem
- Rentabilitätsanalyse
- Vermögensstruktur
- betriebsnotwendiges Vermögen
- Anlagevermögen

- Return on Investment (RoI)
- Umlaufvermögen
- Früherkennungssystem
- Kapitalstruktur
- Finanzflussrechnung
- Anlagendeckung
- Bewegungsbilanz
- Fristenkongruenz
- Kapitalflussrechnung

Lösung s. MiniLex Seite 283 ff.

Aufgabe 47:

Ein Schwerpunkt der Berichterstattung wird bei den Bilanz- und GuV-Posten liegen, die vom Wert her für das Unternehmen wesentlich sind und die gleichzeitig am ehesten beeinflussbar sind. Welche Posten würden Sie im Falle eines Industriebetriebs mit Auftragsfertigung heranziehen?

Da das Zahlenwerk des Jahresabschlusses für die Beurteilung der Bestandssicherheit des Unternehmens nicht ausreicht, muss auf die Entwicklung des Marktes eingegangen werden. Um welche Informationen würden Sie deshalb die Berichterstattung ergänzen?

Lösung s. Seite 280

Aufgabe 48:

Erläutern Sie, was unter den folgenden Begriffen zu verstehen ist, die Sie in Kapitel F. kennen gelernt haben:

- Berichterstattung
- Bilanzgespräch
- Selbstfinanzierungsgrad
- Kapitaldienstfähigkeit
- Management Letter
- Management-Informationssystem

Lösung s. MiniLex Seite 283 ff.

Aufgabe 49:

Die A-GmbH will zur Diversifizierung ihres Produktprogramms ein junges Unternehmen der Hochtechnologie erwerben und prüft dessen Jahresabschlüsse der beiden letzten Jahre nach der Methode der traditionellen Bilanzanalyse.

Nehmen Sie Stellung dazu. Gehen Sie auch auf die Vorteile bzw. die Ziele der modernen Analyseverfahren ein.

Lösung s. Seite 280

Aufgabe 50:

In der Betrachtungsperiode *t* ist der Aktienkurs des zu analysierenden Unternehmens von 60 € auf 80 € gestiegen; zudem wurde eine Dividende von 2 € pro Aktie ausgeschüttet. Der Gewinn pro Aktie stieg um einen Euro auf 5 €. Der relevante Branchenindex stieg im Betrachtungszeitraum um 10 % (ohne Berücksichtigung der Dividendenrendite von 3 %). Das Gewinnwachstum der Branche wird im Allgemeinen in Höhe von 10 % erwartet.

Berechnen Sie die Aktienrentabilität des zu analysierenden Unternehmens und zerlegen Sie diese in Branchenrendite, relative Dividendenrendite, kurzfristige sowie langfristige Performance-Erwartung. Interpretieren Sie die Ergebnisse.

Lösung s. Seite 280

Aufgabe 51:

Erläutern Sie, was unter den folgenden Begriffen zu verstehen ist, die Sie in Kapitel G. kennen gelernt haben:

- Balanced Scorecard
- Rating
- Mission
- Diskriminanzanalyse
- Vision
- Branchenanalyse
- Strategie
- Marktstellungsanalyse
- Firmenrating
- Geschäftsmodellanalyse
- Neuronale Netze
- WACC

Lösung s. MiniLex Seite 283 ff.

Lösung zu 1:

Der Jahresabschluss der Einzelkaufleute und der typischen Personengesellschaften besteht aus Bilanz und Gewinn- und Verlustrechnung (§ 242 HGB). Der Jahresabschluss der nicht kapitalmarktorientierten Kapitalgesellschaften besteht aus Bilanz, Gewinn- und Verlustrechnung und Anhang; zusätzlich ist ein Lagebericht aufzustellen (§ 264 Abs. 1 HGB).

Lösung zu 2:

Am Ende des Geschäftsjahres 20x2 wurden die Größenordnungsmerkmale Umsatzerlöse und Anzahl der Arbeitnehmer der kleinen Kapitalgesellschaft überschritten. Im Geschäftsjahr 20x1 wurden sämtliche Größenordnungsmerkmale der kleinen Kapitalgesellschaft noch erfüllt. Mit Blick auf die erstmalige Überschreitung der Merkmale ist der Jahresabschluss zum 31.12.20x2 gem. § 267 Abs. 4 HGB nach den Vorschriften für die kleine Kapitalgesellschaft zu erstellen und offenzulegen.

Lösung zu 3:

Als durchschnittliche Zahl der Arbeitnehmer gilt der vierte Teil der Summe aus den Zahlen der jeweils am 31.03., 30.06., 30.09. und 31.12. beschäftigten Arbeitnehmer einschließlich der im Ausland beschäftigten Arbeitnehmer, jedoch ohne die zur Berufsausbildung beschäftigten (§ 267 Abs. 5 HGB).

Datum	**31.03.**	**30.06.**	**30.09.**	**31.12.**
Facharbeiter	25	25	25	26
Angestellte (ganztags)	16	12	12	12
Angestellte (halbtags)	4	4	4	4
Heimarbeiter	10	10	10	10
Reisende	3	3	3	3
Gesamt als Arbeitnehmer einzubeziehen	58	54	54	55

Mittelgroße Kapitalgesellschaften nach der Zahl der Arbeitnehmer
Durchschnitt: 55,25

Lösung zu 4:

Aktiva	Bilanzschema einer kleinen GmbH	Passiva

Aktiva (Euro)	Passiva (Euro)
A. Anlagevermögen	**A. Eigenkapital**
I. Immaterielle Vermögensgegenstände	I. Gezeichnetes Kapital
II. Sachanlagen	II. Kapitalrücklage
III. Finanzanlagen	III. Gewinnrücklagen
	IV. Gewinn-/Verlustvortrag
B. Umlaufvermögen	V. Jahresüberschuss/-fehlbetrag
I. Vorräte	
II. Forderungen und sonstige Vermögensgegenstände	**B. Rückstellungen**
III. Wertpapiere	**C. Verbindlichkeiten**
IV. Flüssige Mittel	- davon aus Steuern
	- davon im Rahmen der sozialen Sicherheit
C. Rechnungsabgrenzungsposten	
D. Aktive latente Steuern	**D. Rechnungsabgrenzungsposten**
E. Aktiver Unterschiedsbetrag aus der Vermögensverrechnung	**E. Passive latente Steuern**

Lösung zu 5:

	Gesamtkostenverfahren	Umsatzkostenverfahren
Umfang des ausgewiesenen Aufwands	Die gesamten Aufwendungen werden der Gesamtleistung gegenübergestellt (= Produktionserfolgsrechnung).	Die HK der verkauften Produkte und Leistungen werden den Umsatzerlösen gegenübergestellt (= Absatzerfolgsrechnung).
Bestandsveränderungen	ausgewiesen	nicht ausgewiesen
Gliederung	nach Aufwandsarten (Primärprinzip)	nach Funktionsbereichen (Sekundärprinzip)
Bezug	leistungsbezogen	umsatzbezogen

Insgesamt muss festgestellt werden, dass beide Verfahren die Informationsfunktion zur Darstellung eines den tatsächlichen Verhältnissen entsprechenden Bildes der Ertragslage grundsätzlich gleichwertig erfüllen. Das Umsatzkostenverfahren kann nur insoweit als informativer qualifiziert werden, als dass der Anhang bei Anwendung des Umsatzkostenverfahrens zusätzliche Angaben verlangt (§ 285 Nr. 8 HGB).

Lösung zu 6:

Hohe kumulierte Abschreibungen in Relation zu den AK oder HK i. V. mit hohen Abschreibungen im Abschlussjahr lassen auf eine vorsichtige Bewertung schließen. Wird unterstellt, dass durch die Abschreibungen stille Reserven gelegt worden sind, muss der Jahresüberschuss in den Folgejahren steigen.

Lösung zu 7:

Der Bestand zum 31.12.x1 mit ursprünglichen Anschaffungs- oder Herstellungskosten von (2.650 + 250 =) 2.900 T€ ist erst zu 26 % (= 760 T€) abgeschrieben. Die Zugänge zu AK und HK (250 + 350 T€) sind im Abschlussjahr doppelt so hoch wie die Abgänge (300 T€). Der Bestand ist insgesamt relativ neuwertig. Da annahmegemäß Kapazitätserweiterungen nicht notwendig sind, dürften in den Folgejahren trotz der Annahme eines wachsenden Unternehmens keine hohen Investitionen und damit keine neuen Kredite und Liquiditätsbelastungen anstehen. Die aktuellen Kapazitäten sind aktuell noch nicht (annähernd) ausgelastet.

Lösung zu 8:

Keine zwingenden Gliederungsvorschriften, große Freiheiten auch bei Darstellung der von den Stakeholdern gewünschten zukünftigen Entwicklung unabhängig vom Zahlenmaterial der Buchhaltung.

Lösung zu 9:

Die IFRS berücksichtigen eher die Bedürfnisse der externen Bilanzleser, da diese nur das Ziel der Vermittlung entscheidungsrelevanter Informationen verfolgen und das Vorsichtsprinzip bei der Darstellung eines den tatsächlichen Verhältnissen entsprechenden Bildes der VFE-Lage keine besondere Bedeutung aufweist. Demgegenüber verfolgt das HGB-Normensystem verschiedene Ziele (Information, Kapitalerhaltung für Zwecke des Gläubigerschutzes sowie Zahlungsbemessung). Das Ziel der Kapitalerhaltung für Zwecke des Gläubigerschutzes beinhaltet eine deutliche Betonung des Vorsichtsprinzips. Der Jahresabschluss nach HGB vermittelt deswegen ein eher pessimistisch verzerrtes Bild der VFE-Lage, was regelmäßig als eine Mindererfüllung der Informationsfunktion qualifiziert wird.

Lösung zu 10:

Siehe MiniLex (S. 283 ff.)

Lösung zu 11:

a) Aktionäre: künftige Ertragslage und damit die zu erwartenden Kurssteigerungen und Ausschüttungen.

b) Kreditgeber: Sicherheit der Kredite, Kapitaldienstfähigkeit, d. h. die erforderliche Liquidität für zukünftige Tilgungs- und Zinszahlungen

c) Gewerkschaften: Spielraum bei Tarifverhandlungen mit Blick auf zukünftige Ertragslage, Sicherheit der Arbeitsplätze, Ansatzpunkte für eine Einflussnahme zur Stärkung der Arbeitnehmerposition im Unternehmen

Lösung zu 12:

Die konservative, an den Grundsätzen der Vorsicht und des Gläubigerschutzes ausgerichtete Bilanzpolitik entspricht eher den Zielen der HGB-Vorschriften. „Konservativ" steht für „vorsichtig" und „solide", da ein eher niedriges Jahresergebnis ausgewiesen wird und somit c. p. auch nur niedrigere Gewinnausschüttungen möglich sind. Demgegenüber ist es das Ziel der progressiven Bilanzpolitik, mithilfe der bilanzpolitischen Instrumente ein möglichst hohes Jahresergebnis auszuweisen.

Lösung zu 13:

a) **Traditionelle Bilanzpolitik:** möglichst niedrige Abschreibungen, möglichst hohe Zuschreibungen, Ansatz der HK unter Nutzung sämtlicher Wahlrechte

   Window Dressing: Verkauf auf Probe, Aufnahme eines kurzfristigen Kredits über den Bilanzstichtag

b) **Traditionelle Bilanzpolitik:** ergebniswirksame Auflösungen von Rückstellungen, Sale-and-lease-back, Erhöhung der Rücklagen

   Window Dressing: Aufnahme eines kurzfristigen Kredits über den Bilanzstichtag, vorübergehende Kapitaleinlagen von Gesellschaftern

c) **Traditionelle Bilanzpolitik:** Aktivierung des Disagios und aktiver latenter Steuern, möglichst niedrige Abschreibungen, möglichst hohe Zuschreibungen, Ansatz der HK unter Nutzung sämtlicher Wahlrechte, ergebniswirksame Auflösung von Rückstellungen

   Window Dressing: Verkauf von Vorräten kurz vor dem Bilanzstichtag an verbundene Unternehmen und entsprechender Rückkauf im Folgejahr, Verkauf auf Probe

Lösung zu 14:

Siehe MiniLex (S. 283 ff.)

Lösung zu 15:

1. Im Fall einer risikoaversen Bilanzanalyse keine Übernahme auf die Aktivseite (entspricht einer Kürzung) und Kürzung auf der Passivseite im Eigenkapital.
2. Streichung der aktivierten Anteile auf der Aktivseite und Streichung der zugehörigen Rücklage auf der Passivseite.
3. entsprechend 1.
4. entsprechend 1.
5. Je nach Wahrscheinlichkeit der möglichen Inanspruchnahme werden die Rückstellungen innerhalb des Fremdkapitals erhöht und das Eigenkapital um den gleichen Betrag gekürzt.

Lösung zu 16:

Herabsetzung der Bewertung der unfertigen und der fertigen Erzeugnisse bis auf die handelsrechtliche Wertuntergrenze. Dadurch werden die Herstellungsausgaben während des Herstellungsvorgangs vermehrt als Periodenaufwand verbucht, was das jeweilige Jahresergebnis entsprechend belastet.

Lösung zu 17:

Aktiva			Bilanz			Passiva
	T€	%			T€	%
I. Anlagevermögen	25.950	54		I. Eigenkapital	23.700	50
II. Umlaufvermögen				II. Fremdkapital		
1. Vorräte	11.950	25		1. langfristig	6.200	13
2. Forderungen	6.500	14		2. mittelfristig	5.750	12
3. Liquide Mittel	3.300	7		3. kurzfristig	12.050	25
	47.700	100			47.700	100

Anlagevermögen:

	Imm. AV (Lizenzen)	400
+	Sachanlagen	24.850
+	Finanzanlagen	700
=		25.950

Vorräte:

		12.550
-	Erhaltene Anzahl.	600
=		11.950

Liquide Mittel:

	Wertpapiere im UV	300
+	Schecks, Kasse ...	3.000
=		3.300

Forderungen:

	Ford. aus L. u. L.	6.000
+	Sonstige Vermögensgegenstände	300
+	Akt. RAP ohne Disagio	200
=		6.500

langfristiges Fremdkapital:

	Pensionsrückstellungen	1.200
+	Verbindl. ggü. Kreditinstituten	5.000
=		6.200

Eigenkapital:

	Gezeichnetes Kapital	20.000
+	Kapitalrücklage	100
+	Gewinnrücklagen	3.400
-	Rücklage für Anteile an einem herrschenden Unternehmen	100
+	Gewinnvortrag	100
+	Jahresüberschuss	1.500
-	Selbst erstelltes immaterielles AV	900
-	Firmenwert	600
-	Aktiviertes Disagio	100
+	Sonderposten	300
=		23.700

mittelfristiges Fremdkapital:

	Verb. ggü. Kreditinstituten	4.000
+	Sonstige Rückstellungen	1.650
+	Sonstige Verbindlichkeiten	100
=		5.750

kurzfristiges Fremdkapital:

	Steuerrückstellungen	900
+	Sonstige Rückstellungen	150
+	Passiver RAP	300
+	Verb. ggü. Kreditinstituten	1.000
+	Verb. aus L. u. L.	6.600
+	Wechselverbindlichkeiten	700
+	Sonstige Verbindlichkeiten	2.400
=		12.050

Lösung zu 18:

Zu eliminieren sind die Vermietungserlöse, die Versicherungsentschädigungen sowie die Sozialplankosten.

Somit gilt:

	Umsatzerlöse	680
+	Bestandsmehrungen	30
+	Andere aktivierte Eigenleistungen	50
=	Gesamtleistung	760
+	Sonstige betriebliche Erträge	26
=	**Zwischensumme**	**786**
-	Materialaufwand	170
-	Personalaufwand	290
-	Abschreibungen	80
-	Sonstige betriebl. Aufwendungen	40
-	Sonstige Steuern	5
=	Ordentliches Betriebsergebnis	201

Lösung zu 19:

1. Das operative Ergebnis (Betriebsergebnis) ist abhängig von der Marktentwicklung (Umsatz, Personalkosten, Einstandspreis) und gilt als nachhaltig.
2. Das Finanz- und Verbundergebnis beinhaltet die Erfolge aus der Unternehmensfinanzierung sowie aus Verbundbeziehungen (Beziehungen zu anderen Unternehmen). Es gilt auch als nachhaltig.
3. Das außerordentliche Ergebnis ist nach Art und Höhe ungewöhnlich. Es gilt als nicht nachhaltig.
4. Das Bewertungsergebnis resultiert aus erkannten rein bilanzpolitisch motivierten oder buchungstechnischen Vorgängen, die nicht mit finanziellen Zu- oder Abflüssen verbunden sind. Ein hohes (niedriges) Bewertungsergebnis ist ein Hinweis auf die Auflösung (Bildung) stiller Reserven.

Lösung zu 20:

Siehe MiniLex (S. 283 ff.)

Lösung zu 21:

	Berichtsjahr		**Vorjahr**		**Veränderung**
Aktiva	**T€**	**%**	**T€**	**%**	**T€**
Sachanlagen	5.000	46,0	4.000	42,1	+ 1.000
Finanzanlagen	670	6,2	500	5,3	+ 170
Anlagevermögen	5.670	52,2	4.500	47,4	+ 1.170
Vorräte	3.000	27,6	4.000	42,1	- 1.000
Forderungen	1.600	14,7	800	8,4	+ 800
Flüssige Mittel	600	5,5	200	2,1	+ 400
Umlaufvermögen	5.200	47,8	5.000	52,6	+ 200
Gesamtvermögen	10.870	100,0	9.500	100,0	+ 1.370

	Berichtsjahr		Vorjahr		Verände-rung
Passiva	**T€**	**%**	**T€**	**%**	**T€**
Gezeichnetes Kapital	3.500	32,2	3.000	31,6	+ 500
Gewinnrücklagen	870	8,0	300	3,2	+ 570
Bilanzgewinn	300	2,8	100	1,0	+ 200
Eigenkapital	4.670	43,0	3.400	35,8	+ 1.270
Langfr. Rückstellungen	100	0,9	50	0,5	+ 50
Langfr. Verbindlichkeiten	4.000	36,8	2.900	30,6	+ 1.100
Langfr. Fremdkapital	4.100	37,7	2.950	31,1	+ 1.150
Kurzfr. Rückstellungen	100	0,9	50	0,5	+ 50
Kurzfr. Verbindlichkeiten	2.000	18,4	3.100	32,6	- 1.100
Kurzfr. Fremdkapital	2.100	19,3	3.150	33,1	- 1.050
Fremdkapital	6.200	57,0	6.100	64,2	+ 100
Gesamtkapital	10.870	100,0	9.500	100,0	+ 1.370

Mögliche Ursachen für die Veränderungen:
Die Zunahme bei den Sachanlagen lässt auf eine Erweiterung der Kapazitäten schließen, auf die Aufnahme neuer Produkte, aber auch auf eine Erhöhung des Fixkostenblocks (durch zukünftig steigende Abschreibungen). Zu prüfen bleibt, wie die zusätzlichen Sachanlagen finanziert wurden (zusätzliche Finanzierungsrisiken?), ob die Umsätze gestiegen sind und welchen Einfluss diese Erweiterungsmaßnahmen auf die Kapitalrenditen hatten. Für eine genauere Beurteilung sind die Gewinn- und Verlustrechnung und der Lagebericht heranzuziehen.

Die Erhöhung der **Finanzanlagen** entspricht zwar einer sehr deutlichen Steigerung um 34 % ggü. dem Vorjahr. Angesichts eines absoluten Betrages von nur 170 T€ (= weniger als 2 % der Bilanzsumme) haben weitere Ursachenanalysen eine nachrangige Bedeutung.

Der Abbau der **Vorräte** unterstreicht die Vermutung einer (notwendigen) Steigerung der Produktion, was sich dann auch in einer Umsatzsteigerung ausdrücken muss. Es können auch stille Reserven durch Abschreibung auf Vorräte vorliegen. Der Abbau könnte auch zu Produktionsstockungen führen. Auch hier sind zusätzliche Werte der Gewinn- und Verlustrechnung heranzuziehen.

Die Zunahme der **Forderungen** kann eine Folge schleppender Zahlungseingänge oder der Verlängerung des Zahlungsziels wegen mangelnder Liquidität der Kunden und/oder Verschlechterung der Marktstellung sein. Das kann zukünftig ggf. zu Forderungsausfällen und Beeinträchtigungen der Liquidität führen. Die Ursache kann mit dem Abbau der Vorräte zusammenhängen. Allerdings kann es auch sein, dass die Produktionssteigerungen zwecks Verbesserung des Absatzes durch eine Verlängerung von Zahlungszielen begleitet wurden.

Das bedeutet, dass sich in den ersten Wochen des Folgejahres die Liquidität wegen der Fälligkeit der Forderungen erhöhen dürfte.

Die Zunahme der **flüssigen Mittel** zeigt, dass die Erweiterungsmaßnahmen die Liquidität faktisch nicht verschlechtert haben.

Die Erhöhung des **gezeichneten Kapitals** stammt aus der Aufstockung durch Beteiligungsfinanzierung. Die Kapitalgeber erwarten offenbar weitere Umsatz- und Gewinnsteigerungen.

Die Zuführungen zu den **Gewinnrücklagen** und der **Bilanzgewinn** weisen auf eine gute Ergebnissituation im Berichtsjahr hin.

Mit einer unterstellten Umsatzsteigerung (die aus der Gewinn- und Verlustrechnung hervorgehen muss) nehmen auch die Risiken zu. Bei vorsichtiger Bewertung ist eine Zuführung zu den **Rückstellungen** normal.

Zusätzliche **langfristige Verbindlichkeiten** wurden zur Finanzierung der Investitionen bei den Sachanlagen eingegangen.

Die **kurzfristigen Verbindlichkeiten** wurden abgebaut. Dies geht einher mit dem Abbau der Vorräte.

Insgesamt muss das Unternehmen als aktuell solide finanziert qualifiziert werden. Die Eigenkapitalquote ist auf 43 % gestiegen und die langfristigen Kapitalbestandteile übersteigen das langfristige Vermögen sehr deutlich.

Lösung zu 22:

Der **Periodenvergleich** zeigt Unternehmensentwicklungen und ggf. Trends, sodass dieser auch der Frühwarnung dienen kann. Zudem zeigt er den Erfolg unternehmerischer Entscheidungen. Der **zwischenbetriebliche Vergleich** ermöglicht – insbesondere als Branchenvergleich – das Auffinden von Schwächen und Stärken des eigenen Unternehmens im Vergleich zu Konkurrenten.

Lösung zu 23:

Siehe MiniLex (S. 283 ff.)

Lösung zu 24:

1. absolute Zahlen (wie z. B. Bilanzsumme, Umsatz)
2. relative Kennzahlen (Verhältniszahlen): Gliederungszahlen, Beziehungszahlen, Indexzahlen

Lösung zu 25:

investiertes Kapital, Anlagevermögen, fixe Kosten, liquide Mittel, Forderungen, proportionale Kosten

Lösung zu 26:

Der Gewinn steigt auf	(3.300 - 720 - 2.400 =)	180 T€
Die Umsatzrendite verändert sich auf	(180 : 3.300 =)	5,45 %
Der RoI verändert sich auf	(1,65 • 5,45 =)	9 %
bzw. auf	(180 : 2.000 =)	9 %

Lösung zu 27:

Das Umlaufvermögen verändert sich auf	(400 + 250 + 50 =)	700 T€
Das investierte Kapital verändert sich auf	(2.000 - 100 =)	1.900 T€
Der Kapitalumschlag verändert sich auf	(3.300 : 1.900 =)	1,74
Die Umsatzrendite bleibt unverändert	(100 : 3.300 =)	3,03 %
Der RoI verändert sich auf	(1,74 • 3,03 =)	5,3
bzw. auf	(100 : 1.900 =)	5,3

Lösung zu 28:

Bilanzanalytische Kennzahlen dienen der Standortbestimmung des Unternehmens. Sie beschreiben und erklären Sachverhalte von besonderem Interesse in konzentrierter Form, indem sie z. B. die Werte der Finanzierung und der Liquidität aus der Menge der Zahlen herausheben. Kennzahlen sind Hilfsmittel (Stellgrößen) der Unternehmensleitung bei der Zielbildung, der Steuerung (Entscheidungen) und Kontrolle.

Lösung zu 29:

Vorab ist zu prüfen, ob die Ziele und Aufgaben des vorgelegten Kennzahlensystems mit denen des eigenen Unternehmens übereinstimmen. Dann ist zu prüfen, welche Kennzahlen des Systems für das Unternehmen von Bedeutung sind und welche nicht. Kennzahlen ohne besondere Bedeutung sollten nicht weiter erfasst und beobachtet werden. Weiter ist zu prüfen, ob

- das Kennzahlensystem alle wesentlichen Bereiche des Unternehmens erfasst und
- das vorhandene Personal ausreichend und auch genügend qualifiziert ist, die Kennzahlen zeitnah und richtig auszuwerten.

Lösung zu 30:

Bilanzanalytische Kennzahlen aus einem Branchenvergleich ermöglichen nur tendenzielle Aussagen. Jedes Unternehmen unterscheidet sich von anderen Unternehmen in Größe, Rechtsform, Führungsstil, Standort, Gegenstand des Unternehmens, Kundenkreis usw. Auch bilanzpolitisch unterschiedlich genutzte Bilanzierungsspielräume schränken die Aussagefähigkeit eines auf Branchen-Durchschnittszahlen basierenden Kennzahlenvergleichs ein.

Lösung zu 31:

Anlagenintensität	= 55.000 : 100.000 = 55 %
Umlaufintensität	= 45.000 : 100.000 = 45 %
Eigenkapitalquote	= 60.000 : 100.000 = 60 %

Lösung zu 32:

Deckungsgrad I	= 60.000 : 55.000 = 109 %
Deckungsgrad II	= 70.000 : 55.000 = 127 %
Deckungsgrad III	= 70.000 : 70.000 = 100 %

Lösung zu 33:

Im Rahmen von Kreditwürdigkeitsprüfungen wird untersucht, ob das Unternehmen als potenzieller Kreditnehmer bestimmte Kennzahlenrelationen einhält. Unter anderem wird die Einhaltung der Deckungsgrade gefordert. Damit Unternehmen als kreditwürdig gelten, sind diese faktisch gezwungen, in ihrer Bilanz auf die Einhaltung der Deckungsgrade zu achten. Umgekehrt bedeutet dies für Unternehmen, die die entsprechenden Relationen nicht einhalten, dass sie aus Sicht eines potenziellen Investors kritisch betrachtet werden. Schließlich unterliegen diese Unternehmen der akuten und existenzbedrohenden Gefahr, ihre Kreditwürdigkeit zu verlieren.

Lösung zu 34:

Unter Berücksichtigung der stillen Reserven in den Vorräten beträgt der Wert des Umlaufvermögens gut das Doppelte des Wertes des kurzfristigen Fremdkapitals. Die 2:1-Forderung der Bankers' Rule ist erfüllt.

Lösung zu 35:

a) **Eigenkapitalquote:**
Bilanz I: 55 %, was als sehr gut zu qualifizieren ist
Bilanz II: mit 40 % zwar ungünstiger, aber immer noch als sehr gut zu qualifizieren
Bilanz III: mit 30 % zwar noch ungünstiger, aber immer noch als gut zu qualifizieren
Bilanz IV: mit 40 % als sehr gut zu qualifieren

b) **Anlagenintensität:**
Bilanz I: 40 %: Beurteilung nur in Abhängigkeit der Branche möglich (z. B. für ein Unternehmen des verarbeitenden Gewerbes eher leicht unterdurchschnittlich, für ein Handelsunternehmen sehr deutlich oberhalb des Branchendurchschnitts)
Bilanz II: 50 %, wie vor
Bilanz III: 40 %, wie vor
Bilanz IV: 50 %, wie vor

c) **Deckungsgrad I:**
Bilanz I: 1,38 gut, da Kennzahl größer als 1
Bilanz II: 0,80: Die Finanzierung des AV ist nicht durch Eigenkapital gedeckt.
Bilanz III: 0,75, wie vor
Bilanz IV: 0,80, wie vor

d) **Liquidität I:**
Bilanz III: 16,67 %: Hier können grundsätzlich Zahlungsschwierigkeiten auftreten. Die flüssigen Mittel reichen nur zur Begleichung von 16,67 % des kurzfristigen Fremdkapitals.
Bilanz IV: 100 %: Das kurzfristige Fremdkapital ist vollständig durch flüssige Mittel gedeckt.

Liquidität II:
Bilanz III: 50 %: Selbst nach Eingang aller Forderungen kann das kurzfristige Fremdkapital nur zur Hälfte beglichen werden.
Bilanz IV: 133,3 %: günstiges Verhältnis

Liquidität III:
Bilanz III: 100,0 %: Das kurzfristige Fremdkapital ist zwar gerade durch das Umlaufvermögen gedeckt; allerdings existiert kein Puffer.
Bilanz IV: 166,7 %: Das kurzfristige Fremdkapital ist zu 166,7 % insgesamt auskömmlich gedeckt.

Lösung zu 36:

a)
- Investitionen in Anlagen
- hohe Vorräte
- lange Zahlungsziele für Kunden
- kurze Zahlungsziele der Lieferanten
- Abbau von Fremdkapital
- Auftragsfertigung über mehrere Monate ohne Vereinbarung von Anzahlungen
- saisonbedingte Liquiditätsschwäche aus verschiedenen Gründen wie z. B. Umsatzrückgang, die Kosten können nicht über den Preis weitergegeben werden

b)
- Verlängerung der Zahlungsziele auf der Einkaufsseite
- Verkürzung der Zahlungsziele auf der Verkaufsseite
- Vereinbarung von Anzahlungen
- Verkauf von Wertpapieren und nicht betriebsnotwendigen Teilen des Anlagevermögens
- Abbau von Vorräten
- Wechselakzept
- Verschiebung von Steuerzahlungen in spätere Geschäftsjahre, z. B. durch Nutzung von Abschreibungsmöglichkeiten

c) Obwohl in den Bilanzen der Kapitalgesellschaften die Forderungen mit einer Restlaufzeit von mehr als einem Jahr und die Verbindlichkeiten mit einer Restlaufzeit bis zu einem Jahr gesondert ausgewiesen werden, ist der Zeitraum von einem Jahr zu lang, um daraus die aktuelle Zahlungsfähigkeit sicher ableiten zu können. Aus der Bilanz sind nicht die Forderungen aus den Lieferungen unmittelbar zu Beginn des folgenden Geschäftsjahres zu ersehen oder die Einkäufe zu Beginn des folgenden Geschäftsjahrs, die zu zusätzlichen Zahlungsverpflichtungen führen. Unbekannt sind auch die genauen Auswirkungen der Dauerschuldverhältnisse (z. B. Miet- und Gehaltszahlungen) auf die Liquidität. Außerdem ist nicht zu ersehen, welche Vermögensteile in nächster Zeit flüssig gemacht werden sollen und können. Auch der Kreditrahmen geht regelmäßig nicht aus dem Jahresabschluss hervor. Bei den sonstigen Rückstellungen fehlen Hinweise auf Fälligkeit und Höhe der Inanspruchnahme.

Lösung zu 37:

$$\text{Working Capital in Prozent vom UV} = \frac{60.000 - 15.000}{60.000} \cdot 100 = 75\ \%$$

Lösung zu 38:

Sachanlagen: Verkauf aller nicht betriebsnotwendigen Grundstücke, Gebäude, Maschinen und Anlagen

Sale-and-lease-back: Leasen oder Mieten statt Kaufen, wenn neue Vermögensgegenstände des Sachanlagevermögens benötigt werden, Outsourcing

Finanzanlagen: Verkauf der nicht betriebsnotwendigen Finanzanlagen

Roh-, Hilfs- und Betriebsstoffe, Handelswaren: Abbau der Vorräte durch Normung, Verkauf der Lagerhüter, Just-in-Time-Lieferung

Unfertige und fertige Erzeugnisse: Vermeidung der Fertigung auf Lager, Normung, Outsourcing

Anzahlungen: Bei längeren Lieferzeiten Anzahlungen einfordern

Forderungen: Kürzere Laufzeiten aushandeln, Skonti für vorzeitige Zahlung anbieten, Factoring

Wertpapiere des UV: Verkaufen

Eigenkapital: Aufnahme zusätzlicher Gesellschafter, Einlagen von verbundenen Unternehmen

Langfristige Verbindlichkeiten: Aufnahme stiller Gesellschafter

Kredite: Aufnahme von lang- und mittelfristigen Krediten

Verbindlichkeiten aus L. u. L.: Vereinbarung längerer Laufzeiten

Lösung zu 39:

	1. Jahr	2. Jahr	3. Jahr
Cashflow[1]	35.000	47.000	50.000
Cashflow Umsatzverdienstrate[1]	7,8 %	9,4 %	8,3 %

Lösung zu 40:

a)

	1. Jahr	2. Jahr	3. Jahr
Umschlagshäufigkeit	8,6	9,2	10,3
Durchschnittliche Laufzeit	43 Tage	40 Tage	35 Tage

b Die Umschlagshäufigkeit hat sich bei einem Rückgang der durchschnittlichen Laufzeit von 43 auf 35 Tage von 8,6 auf 10,3 erhöht. Diese Entwicklung wirkt sich positiv auf die Liquidität aus und verringert das Ausfallwagnis. Allerdings ist die durchschnittliche Laufzeit der Forderungen immer noch recht hoch.

c) Aushandeln kürzerer Laufzeiten, Gewährung von Skonto, Factoring, Abschreibung von Forderungen

Lösung zu 41:

		Abschlussjahr	Vorjahr
	Materialintensität	31,3 %	27,1 %
	Personalintensität	28,4 %	33,9 %
	Abschreibungsintensität	12,2 %	11,9 %
	Jahresüberschuss	2.050	1.580
+	Abschreibungen	+ 3.900	+ 3.500
+	Zuführung zu den langfristige Rückstellungen	+ 1.200	+ 400
-	Auflistung langfristiger Rückstellungen	- 400	5.480
=	Brutto-Cashflow	6.750	

Lösung zu 42:

$$\text{Eigenkapitalrentabilität} = \frac{30.000}{250.000} = 12\ \%$$

$$\text{Gesamtkapitalrentabilität} = \frac{(30.000 + 10.000)}{350.000 + 50.000} = 10\ \%$$

$$\text{Umsatzrentabilität} = \frac{32.000}{640.000} = 5\ \%$$

[1] unter Berücksichtigung der Zuführung zu Pensionsrückstellungen

Lösung zu 43:

1. Bezeichnung der Kennzahl
2. Klassifizierung der Kennzahl, z. B. Spitzen- oder Hauptkennzahl
3. Anwendungsbereich, z. B. Kontrolle der Kapitalbindung
4. Beschreibung des Rechenwegs (Formel)
5. Welche Basisdaten, d. h. welche Bilanz- und GuV-Posten verwendet werden und wie die Posten aufzubereiten sind, ehe sie für die Berechnung der Kennzahl verwendet werden
6. Plangröße
7. Interpretation und mögliche Gründe für Abweichungen
8. Welche Stellen im Unternehmen bei Abweichungen zu informieren sind
9. Mögliche Maßnahmen zur (Gegen-)Steuerung

Lösung zu 44:

1. Die **Eigenkapitalquote** gibt Auskunft über das Verhältnis der Finanzierung mit Eigen- und Fremdkapital. Je höher die Eigenkapitalquote ist, desto solider und krisenfester ist die Finanzierung.

$$\text{Eigenkapitalquote} = \frac{\text{Eigenkapital}}{\text{Gesamtkapital}}$$

$$= \frac{400}{1.250} = 32\ \%$$

Die Eigenkapitalquote ist als auskömmlich gut zu qualifizieren.

2. Der **Anlagendeckungsgrad I** ist ein wichtiger Maßstab zur Beurteilung der Kapitalausstattung und damit der finanziellen Stabilität des Unternehmens.

$$\text{Anlagendeckungsgrad I} = \frac{\text{Eigenkapital}}{\text{Anlagevermögen}}$$

$$= \frac{400}{500} = 80\ \%$$

Die Anlagendeckung wird als gut bezeichnet, wenn das Eigenkapital das gesamte AV und das kurzfristig notwendige UV deckt. Unter dieser Bedingung kann das Unternehmen i. d. R. auch dann weiter existieren, wenn die Gläubiger das Fremdkapital abziehen. Im vorliegenden Fall deckt das Eigenkapital die Anlagen (nur) zu 80 % ab.

3. Der **Anlagendeckungsgrad II** berücksichtigt, dass langfristiges Fremdkapital, wie Pensionsrückstellungen und Festzinshypotheken mit einer längeren Laufzeit, die Investitionen fast so gut absichern wie das Eigenkapital. Der Deckungsgrad II zeigt hier, dass außer dem AV auch ein Teil des Umlaufvermögens langfristig sicher finanziert ist.

$$\text{Anlagendeckungsgrad II} = \frac{\text{Eigenkapital + langfr. Fremdkapital}}{\text{Anlagevermögen}}$$

$$= \frac{800}{500} = 160\ \%$$

4. Die **Liquidität II. Grades** soll die Fähigkeit des Unternehmens zur vollständigen kurzfristigen Kapitaldienstfähigkeit ausdrücken.

$$\text{Liquidität II. Grades} = \frac{\text{liquide Mittel + Forderungen}}{\text{kurzfristiges Fremdkapital}}$$

$$= \frac{50 + 300}{450} = 77{,}8\ \%$$

Die Liquidität II. Grades ist bedenklich, da der Mindestwert von 100 % deutlich unterschritten wird.

5. Die **Liquidität III. Grades** setzt das gesamte UV ins Verhältnis zum kurzfristigen Fremdkapital. Dabei sollte das gesamte UV nach der sog. Banker's Rule mindestens den doppelten Wert des kurzfristigen Fremdkapitals ausmachen.

$$\text{Liquidität III. Grades} = \frac{\text{Umlaufvermögen}}{\text{kurzfristiges Fremdkapital}}$$

$$= \frac{750}{450} = 166{,}7\ \%$$

Auch diese Forderung ist hier nicht erfüllt. In diesem Zusammenhang sei aber auch auf den in Teilen der Literatur vertretenen Mindestwert von 150 % hingewiesen, der hier überschritten wird.

6. Das **Working Capital** zeigt, ob Teile des UV langfristig finanziert sind.

$$\text{Working Capital} = \text{UV} - \text{kurzfristiges Fremdkapital}$$

$$= 750 - 450 = 300$$

$$\text{Working Capital in \% des UV} = \frac{\text{Working Capital}}{\text{Umlaufvermögen}}$$

$$= \frac{300}{750} = 40\ \%$$

Das Working Capital sollte möglichst 30 - 50 % des Umlaufvermögens betragen. Im vorliegenden Fall liegt das Working Capital mit 40 % des Umlaufvermögens innerhalb dieser Bandbreite.

7. Je höher die **Lagerumschlagshäufigkeit** der Vorräte ist, desto geringer sind die Kapitalbindungskosten, das Lager- und Absatzrisiko, die Lagerkosten je Einheit und entsprechend höher ist der Gewinn des Unternehmens. Die Beurteilung kann nur im Branchen- und Zeitvergleich erfolgen.

$$\text{Lagerumschlagshäufigkeit} = \frac{\text{Umsatz}}{\text{durchschnittlicher Lagerbestand}}$$

$$= \frac{3.200}{400} = 8 \text{ mal}$$

8. Die Kennzahl **durchschnittliche Lagerdauer in Tagen** dient der Steuerung des Kapitalumschlags. Eine Verbesserung kann z. B. durch die Senkung der Bestände, durch Verkauf oder Verschrottung von Lagerhütern, Normung (in der Industrie), Just-in-Time-Fertigung oder Straffung des Sortiments (vorwiegend im Handel) erreicht werden.

$$\text{Durchschnittliche Lagerdauer} = \frac{360}{\text{Lagerumschlagshäufigkeit}}$$

$$= \frac{360}{8} = 45 \text{ Tage}$$

Die Kennzahl lässt sich nur im Rahmen eines Zeit- und Branchenvergleichs beurteilen.

9. Die Kennzahl **Umschlagshäufigkeit der Forderungen aus L. u. L.** dient ebenfalls der Steuerung des Kapitalumschlags. Verbessernde Maßnahmen sind z. B.: Vereinbarung kürzerer Zahlungsziele, Gewährung von Zahlungsanreizen wie Skontogewährung und Barzahlungsrabatte sowie ein konsequentes Mahnwesen. Die Beurteilung ist nur im Branchen- und Zeitvergleich möglich.

Durchschnittlicher Bestand an Ford. aus L. u. L. = (320 + 300) : 2 = 310 T€

$$\text{Umschlagshäufigkeit} = \frac{\text{Umsatzerlöse}}{\text{durchschnittlicher Forderungsbestand}}$$

$$= \frac{3.200}{310} = 10{,}3 \text{ mal}$$

10. Das **Debitorenziel in Tagen** gibt die durchschnittliche Laufzeit der Forderungen, das tatsächlich von den Kunden in Anspruch genommene Zahlungsziel an. Sie zeigt, wie lange es dauert, bis die Umsatzerlöse liquiditätswirksam werden. Je rascher der Zahlungseingang erfolgt, desto geringer sind Kapitalbindungskosten und das Ausfallwagnis. Eine lange Laufzeit deutet ggf. auf eine schlechte Zahlungsmoral der Kunden sowie Marktschwierigkeiten hin.

$$\text{Debitorenziel} = \frac{360}{\text{Umschlagshäufigkeit}}$$

$$= \frac{360}{10{,}3} = 35 \text{ Tage}$$

Die Beurteilung ist nur im Branchen- und Zeitvergleich möglich. Dabei sollte nicht unbedingt der Branchendurchschnitt angestrebt werden. Das Unternehmen sollte sich vielmehr am Besten in der Branche orientieren (Benchmarking).

11. Je höher die **Umschlagshäufigkeit des Kapitals**, desto geringer sind der Kapitalbedarf und damit auch die Kapitalbindungskosten, und umso höher ist die Rentabilität des eingesetzten Kapitals. Eine Erhöhung des Kapitalumschlags führt zur Verbesserung des Ergebnisses. Der Kapitalumschlag kann erhöht werden, in dem das eingesetzte Kapital z. B durch folgende Maßnahmen reduziert wird: Mieten statt kaufen von Investitionsobjekten, Einrichtung von Konsignationslägern, Lagerhaltung senken bei gleichzeitiger Erhöhung der Bestellhäufigkeit,Verringerung der flüssigen Mittel, Verringerung von Anzahlungen, Fakturierung bereits bei Teillieferungen anstelle einer Faktura bei Schlusslieferung, Verkürzung des Zahlungsziels der Debitoren, Verlängerung des Zahlungsziels bei den Kreditoren, Factoring. Da keine Angaben über die Höhe des Kapitals zum Periodenanfang vorliegen, kann nur mit dem Jahresendwert gerechnet werden:

$$\text{Umschlagshäufigkeit} = \frac{\text{Umsatz}}{\text{Gesamtkapital}}$$

$$= \frac{3.200}{1.250} = 2{,}56 \text{ mal}$$

12. Eine sinkende **Kapitalumschlagsdauer in Tagen** ist ein Zeichen wachsender Ertragskraft. Je kürzer die Umschlagsdauer des Kapitals, desto geringer ist der Kapitalbedarf und desto höher sind die Rentabilität des eingesetzten Kapitals und die Liquidität des Unternehmens.

$$\text{Kapitalumschlagsdauer} = \frac{360}{\text{Umschlagshäufigkeit}}$$

$$= \frac{360}{2{,}56} = 141 \text{ Tage}$$

13. Der **Brutto-Cashflow in Prozent der Gesamtleistung** ist ein wichtiger Indikator für die finanzielle Leistungsfähigkeit und gibt Hinweise auf die Innenfinanzierungskraft des Unternehmens.

Brutto-Cashflow = Jahresüberschuss ± nicht zahlungswirksame Aufwendungen und Erträge

$= 200 + 150 = 350$

$$\text{Brutto-Cashflow in Prozent des Umsatzes} = \frac{\text{Cashflow}}{\text{Umsatzerlöse}}$$

$$= \frac{350}{3.200} = 10{,}9\ \%$$

Ein Brutto-Cashflow von 10,9 % des Umsatzes kann als gut bis sehr gut qualifiziert werden.

14. Die **Eigenkapitalrentabilität** ergibt sich, indem der Gewinn auf das eingesetzte Eigenkapital bezogen wird. Hier wird der Jahresüberschuss nach Steuern zugrunde gelegt. Da keine Angaben über die Höhe des Eigenkapitals zum Periodenanfang vorliegen, kann nur mit dem Jahresendwert gerechnet werden:

$$\text{Eigenkapitalrentabilität} = \frac{\text{Gewinn}}{\text{Eigenkapital}}$$

$$= \frac{200}{400} = 50\ \%$$

Die Rentabilität des Eigenkapitals sollte über dem banküblichen Zinssatz für langfristig angelegte Gelder liegen, da sie neben der Verzinsung des Eigenkapitals auch eine Prämie für das Unternehmerwagnis enthalten muss. Mit 50 % ist die Eigenkapitalrentabilität im vorliegenden Fall ausgezeichnet.

15. Die **Gesamtkapitalrentabilität** (Unternehmensrentabilität) stellt die Verzinsung des in einem Unternehmen insgesamt eingesetzten Kapitals dar. Da keine Angaben über die Höhe des Gesamtkapitals zum Periodenanfang vorliegen, kann nur mit dem Jahresendwert gerechnet werden.

$$\text{Gesamtkapitalrentabilität} = \frac{\text{Gewinn + Fremdkapitalzinsen}}{\text{Gesamtkapital}}$$

$$= \frac{200 + 50}{1.250} = 20\ \%$$

20 % ist eine sehr gute Gesamtkapitalrendite.

16. Die **Umsatzrentabilität** zeigt, welcher Anteil der Umsatzerlöse dem Unternehmen für Investitionszwecke, Schuldentilgung oder zur Gewinnausschüttung zugeflossen ist bzw. wie viel Euro je 100 € Umsatzerlös verdient wurden.

$$\text{Umsatzrentabilität} = \frac{\text{Gewinn}}{\text{Umsatzerlöse}}$$

$$= \frac{200}{3.200} = 6{,}25\ \%$$

Die Umsatzrentabilität von 6,25 % ist für die meisten Branchen als sehr gut zu qualifizieren.

17. Die **Materialintensität** gibt Auskunft über die Wirtschaftlichkeit des Materialeinsatzes und die Abhängigkeit des Betriebes von Preisveränderungen am Beschaffungsmarkt. Die Kennzahl lässt sich nur im Zeit- und Branchenvergleich beurteilen.

$$\text{Materialintensität} = \frac{\text{Materialaufwand}}{\text{Gesamtleistung}}$$

$$= \frac{1.600}{3.600} = 44{,}4\ \%$$

18. Die **Personalintensität** ist ein Maßstab für die Wirtschaftlichkeit des Faktors Arbeit. Sie zeigt die Abhängigkeit des Betriebes von der Entwicklung der Lohn- und Lohnnebenkosten, aber auch das Mechanisierungs- und Automatisierungsniveau im zwischenbetrieblichen Vergleich. Im Zeitvergleich kann die Entwicklung der Wirtschaftlichkeit des Personaleinsatzes geprüft werden. Die Kennzahl lässt sich nur im Zeit- und Branchenvergleich beurteilen.

$$\text{Personalintensität} = \frac{\text{Personalaufwand}}{\text{Gesamtleistung}}$$

$$= \frac{800}{3.600} = 22{,}2\ \%$$

19. Die **Kapitalintensität** ist ein Maßstab für den wirtschaftlichen Einsatz des Sachanlagevermögens. Da der Abschreibungsaufwand durch bilanzpolitisch motivierte Entscheidungen beeinflusst wird, müssen entsprechende Hinweise des Jahresabschlusses bei der Auswertung der Kennzahl berücksichtigt werden. Die Kennzahl lässt sich nur im Zeit- und Branchenvergleich beurteilen

$$\text{Kapitalintensität} = \frac{\text{Abschreibungsaufwand}}{\text{Gesamtleistung}}$$

$$= \frac{150}{3.600} = 4{,}2\ \%$$

20. Die **Schuldentilgungsdauer in Jahren** drückt aus, wie lange das Unternehmen bei der vorliegenden Schuldenhöhe und dem zuletzt erwirtschafteten Cashflow benötigen würde, um die Schulden zu tilgen.

$$\text{Schuldentilgungsdauer} = \frac{\text{Fremdkapital - liquide Mittel}}{\text{Cashflow}}$$

$$= \frac{850 - 50}{350} = 2{,}3\ \text{Jahre}$$

Die Schulden können innerhalb von 2,3 Jahren getilgt werden, was als sehr gut zu qualifizieren ist.

21. Der **Return on Investment** zeigt die Rentabilität des gesamten investierten Kapitals sowie das Verhältnis zwischen Umsatz, Ergebnis und investiertem Kapital. Die Aufteilung in Umsatzrentabilität und Kapitalumschlag zeigt im Zeitvergleich, welche Faktoren zu Veränderungen geführt haben.

RoI = Umsatzrentabilität • Kapitalumschlag

= 6,25 • 2,56 = 16 %

Allgemein wird ein Return on Investment zwischen 6 und 10 % als günstig beurteilt. Deshalb kann hier von einem sehr guten Return on Investment gesprochen werden.

Lösung zu 45:

Aktiva		Bewegungsbilanz	Passiva
	T€		T€
A. Ausschüttung	3.500	A. Kapitaleinlagen	0
B. Investitionen im Anlagevermögen	6.100	B. Desinvestition	100
C. Zunahme des Umlaufvermögens	1.200	C. Cashflow	8.500
D. Tilgung von Fremdkapital	2.700	D. Abnahme des Umlaufvermögens und des aktiven RAP	2.200
		E. Erhöhung des Fremdkapitals	700
		F. Abnahme der liquiden Mittel	2.000
	13.500		13.500

Berechnungen:

1. Mittelverwendung

A. Ausschüttung

Bilanzgewinn x1	3.700 T€	lt. Bilanz zum 31.12.x1
Gewinnvortrag x2	200 T€	lt. GuV für x2
	3.500 T€	

B. Investitionen

Zugänge lt. Anlagenspiegel	6.100 T€

C. Zunahme des Umlaufvermögens

RHB	200 T€	(von 3.800 auf 4.000)
Forderungen aus L. u. L.	1.000 T€	(von 13.000 auf 14.000)
	1.200 T€	

D. Tilgung von Fremdkapital lt. Verbindlichkeitenspiegel

langfristige Verbindl.:	x1	3.500 T€	
	x2	3.000 T€	500 T€
mittelfristige Verbindl.:	x1	4.500 T€	
	x2	4.000 T€	500 T€
kurzfristige Verbindl.:	x1	7.100 T€	
	x2	5.700 T€	1.400 T€
Steuerrückstellungen:	x1	1.300 T€	
	x2	1.000 T€	300 T€
gesamt			2.700 T€

2. Mittelherkunft

Desinvestition (Entwicklung vom 31.12.x1 bis zum 31.12.x2)

Buchwerte 31.12.x1	Immat. Vermögensgegenstände	400 T€	
	Sachanlagen	18.000 T€	
	Finanzanlagen	200 T€	18.600 T€
	+ Zugänge lt. Anlagenspiegel		6.100 T€
	- Abschreibungen in x2		- 4.000 T€
	- Buchwerte 31.12.x2		- 20.600 T€
			+ 100 T€

C. Cashflow

Jahresüberschuss x2	4.400 T€	
+ Erhöhung der Pensionsrückstellungen	100 T€	
+ Abschreibungen x2	4.000 T€	8.500 T€

D. Abnahme des Umlaufvermögens und des akt. RAP

Unfertige Erzeugnisse	1.000 T€	
Fertige Erzeugnisse	1.000 T€	
Sonstige Vermögensgegenstände	100 T€	
Rechnungsabgrenzungsposten	100 T€	2.200 T€

E. Erhöhung des Fremdkapitals

Sonstige Rückstellungen	31.12.x2	3.000 T€	
	31.12.x1	2.300 T€	700 T€

F. Abnahme der liquiden Mittel

31.12.x2	2.000 T€	
31.12.x1	4.000 T€	2.000 T€

Lösung zu 46:

Siehe MiniLex (S. 283 ff.)

Lösung zu 47:

Wesentliche und gleichzeitig bilanzpolitisch gestaltbare Bilanzposten sind in Industriebetrieben mit Auftragsfertigung insbesondere die Vorräte, die Forderungen, die erhaltenen Anzahlungen sowie die Rückstellungen, bedingt auch das Anlagevermögen und die Verbindlichkeiten aus L. u. L.

Wesentliche und gleichzeitig beeinflussbare GuV-Posten sind i. d. R. die Personalkosten, aber auch die Materialkosten und die sonstigen betrieblichen Aufwendungen.

Die Entwicklung des Marktes sollte anhand von Auftragsbestand, Auftragseingang, Auftragsreichweite, Umsatzentwicklung insgesamt und mit Stammkunden sowie mögliche Einflüsse auf das zukünftige Nachfrageverhalten dargestellt werden.

Lösung zu 48:

Siehe MiniLex (S. 283 ff.)

Lösung zu 49:

Auf junge Unternehmen ist die traditionelle Bilanzanalyse nur begrenzt anwendbar, weil bei diesen zunächst keine Zahlen über längere Zeiträume vorliegen können. Im Bereich der Hochtechnologie sind zudem besonders hohe zukünftige Risiken existent. Disruptive Technologien können ganze Geschäftszweige und -modelle verändern, die mit den Instrumenten der traditionellen Bilanzanalyse nicht zu erfassen sind. Der Markt und die Fähigkeiten des Managements sind entscheidend für den Erfolg, werden aber von der traditionellen Jahresabschlussanalyse nicht erfasst. Moderne Analyseverfahren bewerten das Unternehmen nicht allein in Richtung Finanzierung und derzeitiger Rentabilität, sondern auch in allen anderen für die weitere Unternehmensentwicklung entscheidenden Bereichen wie Management, Personal, Innovationsfähigkeit, Produkte und Marktstellung, Unternehmensphilosophie.

Lösung zu 50:

$$TRS = \frac{P_t - P_{t-1} + D_{[t-1;t]}}{P_{t-1}} = \frac{80 - 60 + 2}{60} = \frac{22}{60} = 0{,}3\bar{6} = 36{,}\bar{6}\ \%$$

$$BR = \frac{BP_t}{BP_{t-1}} \cdot (1 + BD_{[t-1;t]}) - 1 = \frac{110}{100} \cdot (1 + 0{,}03) - 1 = (1{,}1 \cdot 1{,}03) - 1 = 0{,}133 = 13{,}3\ \%$$

$$RD = \frac{1 + d_{[t-1;t]}}{1 + BD_{[t-1;t]}} - 1 = \frac{1 + 0{,}025}{1 + 0{,}03} - 1 = \frac{1{,}025}{1{,}03} - 1 = 0{,}995 - 1 = -0{,}005 = -0{,}5\ \%$$

$$KPE = \frac{\frac{EPS_t}{EPS_{t-1}}}{1 + \Delta BEPS} - 1 = \frac{\frac{5}{4}}{1 + 0{,}1} - 1 = \frac{1{,}25}{1{,}1} - 1 = 0{,}1\overline{36} = 13{,}\overline{63}\ \%$$

$$LPE = \frac{\frac{KGV_t}{KGV_{t-1}}}{\frac{BKGV_t}{BKGV_{t-1}}} - 1 = \frac{\frac{16}{15}}{1} - 1 = 1{,}0\bar{6} - 1 = 0{,}0\bar{6} = 6{,}\bar{6}\ \%$$

Es gilt:

$$(1+ TRS) = (1+ BR) \cdot (1+ RD) \cdot (1+ KPE) \cdot (1+ LPE)$$

also $1{,}3\bar{6} = 1{,}133 \cdot 0{,}995 \cdot 1{,}1\overline{36} \cdot 1{,}0\bar{6}$

Interpretation:
Weniger als die Hälfte der Aktienrendite von 36,6 % ist in der Branchenrendite von 13,3 % begründet. In dieser Höhe liegt eine sog. Normalrendite vor, wofür keine besonderen Leistungen des Unternehmens im Vergleich zur Branche notwendig waren. Die Aktienrendite ist im Vergleich zur Branche aufgrund einer um einen halben Prozentpunkt geringeren Dividendenrendite etwas gemindert. Sie wird wesentlich durch die kurzfristige Performance beeinflusst (KPE = 13,6 %), was sich im deutlich höheren Anstieg des Gewinns pro Aktie (25 %) im Vergleich zur Branche (10 %) ausdrückt. Zudem übersteigen die langfristigen Performance-Erwartungen die entsprechenden Erwartungen für die gesamte Branche (LPE = 6, 6 %).

Lösung zu 51:

Siehe MiniLex (S. 283 ff.)

Das MiniLex enthält die wichtigsten Begriffe, die in diesem Buch behandelt werden. Weitere Begriffe finden sich in: *Olfert/Rahn/Zschenderlein*, Lexikon der Betriebswirtschaftslehre, Kiehl.

Abschlussstichtag
In der Bilanz werden die Verhältnisse am Abschluss- bzw. Bilanzstichtag dargestellt. Das ist der letzte Tag des Geschäftsjahres.

Aktivierte Eigenleistungen
Leistungen, die im eigenen Betrieb erstellt werden, nicht für den Vertrieb bestimmt sind und im Anlagevermögen aktiviert werden. Ertragsposition in der Gewinn- und Verlustrechnung nach dem Gesamtkostenverfahren.

Aktive latente Steuern
Bestehen zwischen den handelsrechtlichen Wertansätzen und den steuerlichen Wertansätzen Differenzen, die sich in späteren Geschäftsjahren voraussichtlich wieder abbauen, so *kann* eine insgesamt erwartete zukünftige Steuerentlastung aktiviert werden (§ 274 Abs. 1 HGB).

Aktivtausch
Eine Bilanzveränderung, bei der ein Aktivposten verringert wird, während ein anderer Aktivposten um den gleichen Betrag erhöht wird.

Anhang
Der Anhang ist Teil des Jahresabschlusses. Er erläutert, ergänzt, korrigiert und entlastet damit die Darstellung in Bilanz und Gewinn- und Verlustrechnung. Darüber hinaus enthält er solche Informationen, die traditionell und auch zahlenmäßig in Bilanz und Gewinn- und Verlustrechnung nicht dargestellt werden können.

Anlagendeckung
Die Anlagendeckung gibt an, in welcher Höhe das Anlagevermögen mit langfristigem Kapital (Eigenkapital und je nach Definition ggf. mit langfristigem Fremdkapital) finanziert ist.

Anlagevermögen
Vermögensgegenstände, die am Bilanzstichtag dazu bestimmt sind, dem Geschäftsbetrieb dauernd zu dienen (§ 247 Abs. 2 HGB). Die Zugehörigkeit ergibt sich nicht aus der Natur, sondern aus der Zweckbestimmung des jeweiligen Gegenstands, d. h. es liegt eine entsprechende Entscheidung des Jahresabschlusserstellers vor.

Ansatzkorrekturen
Ansatzkorrekturen fallen an bei der Aufbereitung der Bilanz zur Strukturbilanz. Sie führen zur Zusammenfassung von Posten, zum Ansatz zusätzlicher Posten oder zum Fortfall von Posten.

Ansatzvorschriften
Oberbegriff zu den in den §§ 246 - 251 und 274 HGB angeführten Ansatzgeboten, -verboten und -wahlrechten bei der Bilanzierung.

Anschaffungskosten
Die Aufwendungen, die geleistet werden, um einen Vermögensgegenstand zu erwerben und in einen betriebsbereiten Zustand zu versetzen, soweit sie dem Gegenstand einzeln zugeordnet werden können (§ 255 Abs. 1 Satz 1 HGB). Sie setzen sich aus dem Anschaffungspreis, den Anschaffungsnebenkosten, den Aufwendungen zur Herstellung der Betriebsbereitschaft (z. B. Fracht- und Montagekosten), den nachträglichen Anschaffungskosten und den einzeln zurechenbaren Anschaffungskostenminderungen wie Skonti und Preisnachlässe zusammen.

Anteilseigner
Natürliche und/oder juristische Personen, die Eigenkapital an einem Unternehmen halten.

Antizipative Posten
Sonstige Forderungen und sonstige Verbindlichkeiten aus Aufwendungen und Erträgen, die wirtschaftlich (ursächlich) dem Abschlussjahr zuzuordnen sind, deren Zahlungsvorgang (Einzahlung oder Auszahlung) aber erst im folgenden Geschäftsjahr stattfindet (§ 268 Abs. 4 Satz 2 und Abs. 5 Satz 3 HGB). Ein Beispiel für eine antizipative Forderung i. S. v. § 268 Abs. 4 Satz 2 HGB wären Ansprüche aus Miet- und Pachtverträgen auf anteiligen Miet- und Pachtzins.

Außerordentliche Aufwendungen und Erträge
Sie sind der Art nach ungewöhnlich, kommen selten vor (mit einer Wiederholung kann eher nicht gerechnet werden) und daher im Rahmen einer Bilanzanalyse als nicht nachhaltig zu qualifizieren. Dazu gehören z. B. Erfolge aus dem Abgang von Vermögensbestandteilen, Schuldennachlässe im Rahmen einer Sanierung, Erträge aus der Veräußerung ganzer Unternehmensbereiche. Wesentliche außerordentliche Aufwendungen und Erträge mussten in Vergangenheit in der Gewinn- und Verlustrechnung separat ausgewiesen werden. Diese Pflicht wurde mit dem BilRUG im Jahr 2015 abgeschafft. Seitdem sind gem. § 285 Nr. 31 HGB im Anhang jeweils der Betrag und die Art der einzelnen Erträge und Aufwendungen von außergewöhnlicher Größenordnung oder außergewöhnlicher Bedeutung anzugeben und zu erläutern, soweit die Beträge nicht von untergeordneter Bedeutung sind.

Außerordentliches Ergebnis
Das außerordentliche Ergebnis ergibt sich aus den Erträgen und Aufwendungen, die im Rahmen einer Bilanzanalyse als nicht nachhaltig qualifiziert worden sind. In der Vergangenheit musste das außerordentliche Ergebnis in der Gewinn- und Verlustrechnung separat ausgewiesen werden (vgl. auch „außerordentliche Aufwendungen und Erträge“).

Balanced Scorecard
Die Balanced Scorecard ist ein Verbindungsglied zwischen Strategiefindung und -umsetzung. Dabei werden die traditionellen finanziellen Kennzahlen durch eine Kunden-, eine interne Prozess- und eine Lern- und Entwicklungsperspektive ergänzt. „Balanced Scorecard“ müsste mit „ausgewogenes Kennzahlensystem“ in die deutsche Sprache übersetzt werden.

Benchmarking
Benchmarking ist ein Prozess, bei dem Produkte, Methoden, Kennzahlen usw. über mehrere Unternehmen hinweg verglichen werden. Dabei werden die Unterschiede zwischen den Unternehmen offen gelegt, die Ursachen für die Unterschiede dargelegt und Möglichkeiten der Verbesserung aufgezeigt. Der Vergleich erfolgt mit solchen Unternehmen, bei denen unterstellt wird, dass sie den Untersuchungsbereich beherrschen, d. h. mit den „Klassenbesten“.

Berichterstattung der Abschlussprüfung
Die Abschlussprüfer müssen schriftlich über das Ergebnis der Jahresabschlussprüfung berichten (§ 321 HGB). Gegenstand, Art und Umfang der Prüfung werden erläutert. Im Prüfungsbericht wird festgestellt, ob die gesetzlichen Vorschriften eingehalten wurden. Aufgliederung und Erläuterung der Posten des Jahresabschlusses verbessern die Darstellung der Vermögens-, Finanz- und Ertragslage. Der

Prüfer geht auf Schwachstellen und Risiken ein und schlägt Maßnahmen zur Verbesserung des internen Überwachungssystems vor.

Bestätigungsvermerk
Die Abschlussprüfer fassen das Ergebnis der Prüfung in einem Bestätigungsvermerk zusammen. Aus dem Vermerk muss auch hervorgehen, ob die Risiken der künftigen Entwicklung im Jahresabschluss zutreffend dargestellt sind (§ 322 HGB).

Betriebsergebnis
Zum einen kann das Betriebsergebnis aus der Kosten- und Leistungsrechnung stammen. Dann stellt es das Ergebnis aus der Gegenüberstellung der Kosten und Leistungen aus der eigentlichen betrieblichen Tätigkeit, dem Betriebszweck entsprechend dem Sachziel des Unternehmens, dar. Zum anderen kann das Betriebsergebnis aber auch aus den betrieblichen Erträgen und Aufwendungen abgeleitet werden, sodass es nur die pagatorischen Kosten erfasst. Das Betriebsergebnis ist stets leistungsbedingt, fließt stetig und regelmäßig und kann positiv oder negativ sein.

Bereinigungsrechnung
Korrigiert die Posten der Gewinn- und Verlustrechnung unter Nutzung der Angaben im Anhang und sonstiger verfügbarer Informationen. Der bereinigte Erfolg wird dann in das Betriebsergebnis (operatives Ergebnis), das Finanzergebnis, das außerordentliche Ergebnis und den Bewertungserfolg gespalten.

Betriebsfremde Aufwendungen und Erträge
Aufwendungen und Erträge, die nicht durch die Leistungserstellung entsprechend dem Sachziel des Unternehmens verursacht werden. Dazu zählen in einem Handels- oder Fertigungsbetrieb z. B. Mieterträge, Zinsaufwendungen und -erträge, Erträge aus Finanzanlagen und Abschreibungen aus Finanzanlagen. Typische betriebsfremde Aufwendungen in allen Unternehmen sind z. B. Spenden.

Betriebsnotwendiges Vermögen
Das betriebsnotwendige Vermögen setzt sich aus den Teilen des AV und des UV zusammen, die für die betriebliche Leistungserstellung unverzichtbar sind. Es handelt sich um das Vermögen lt. Bilanz, bereinigt um Vorratsgrundstücke, vermietete Grundstücke und Gebäude, stillgelegte Maschinen, Wertpapiere, Überbestände an Vorräten und Zahlungsmitteln.

Beteiligungsfinanzierung
Außenfinanzierung durch Einlagen der Gesellschafter, z. B. neue Aktien oder GmbH-Anteile.

Betriebsvergleich
Vergleicht die Kennzahlen aus der Jahresabschlussanalyse eines Unternehmens mit den entsprechenden Kennzahlen eines anderen Unternehmens. Das andere Unternehmen kann ein Konkurrenzunternehmen oder z. B. ein nach Größe, Unternehmensgegenstand, Rechtsform etc. vergleichbares Unternehmen sein. Die erkannten Unterschiede geben Aufschluss über Stärken, Schwächen und Erfolgsfaktoren (s. auch unter „Branchenvergleich“).

Bewegungsbilanz
Zeigt die Veränderung der einzelnen Bilanzpositionen zwischen zwei Bilanzstichtagen und die Finanzierungsströme, wohin das erwirtschaftete oder aufgenommene Kapital geflossen ist. Sie gibt Auskunft über die Mittelverwendung und die Mittelherkunft.

Bewertungserfolg
Kommt lediglich durch bilanzpolitische oder buchungstechnische Vorgänge zu Stande, nicht durch finanzielle Zu- oder Abflüsse. Entspricht dem Bewertungsergebnis im Rahmen der bei einer Bilanzanalyse durchgeführten Erfolgsspaltung.

Bewertungsergebnis
Das Bewertungsergebnis ist das Ergebnis bilanzpolitischer oder buchungstechnischer Maßnahmen. Finanzielle Zu- oder Abflüsse haben keinen Einfluss auf das Bewertungsergebnis. Es ist eine Komponente der bei einer Bilanzanalyse durchgeführten Erfolgsspaltung (s. auch unter „Bereinigungsrechnung“).

Bewertungskorrekturen
Bewertungskorrekturen eliminieren stille Reserven aus zu niedrigen Wertansätzen auf der Aktivseite aufgrund der Anwendung des Niederstwertprinzips und zu hohen Wertansätzen auf der Passivseite der Bilanz im Zuge der Beachtung des Höchstwertprinzips.

Bewertungsvereinfachungsverfahren
Die Anwendung der einschlägigen Verfahren zeigt entweder Festwerte für Vermögensgegenstände des Sachanlagevermögens und für Roh-, Hilfs- und Betriebsstoffe (§ 240 Abs. 3 HGB) oder den gewogenen Durchschnittswert bei bestimmten Vermögensgegenständen und Schulden (§ 240 Abs. 4 HGB) oder den Wertansatz des Vorratsvermögens bei Annahme einer bestimmten Verbrauchsfolge (§ 256 HGB).

Bewertungsvorschriften
Vorschriften, die die Wertansätze der Vermögensgegenstände und Schulden im Jahresabschluss betreffen. Die Regelung erfolgt in den §§ 252 - 256a HGB.

Beziehungszahlen
Beziehungszahlen sind wesensverschiedene, zueinander in Beziehung gesetzte, sachlich verwandte Größen, die in einem logisch sinnvollen Zusammenhang stehen, z. B. die Anzahl der Mitarbeiter zum Umsatz.

Bilanz
In der Bilanz werden die Vermögensteile dem Eigenkapital und dem Fremdkapital in Kontenform einander gegenübergestellt. Sie zeigt die Mittelherkunft und die Mittelverwendung. Die Bilanz bezieht sich auf einen Stichtag (sog. Zeitpunkt-Rechnung).

Bilanzanalyse
Methodische Aufbereitung, wirtschaftliche Auswertung und kritische Beurteilung der im Jahresabschluss enthaltenen Informationen hinsichtlich der Vermögens-, Finanz- und Ertragslage sowie der zukünftigen Entwicklung des Unternehmens.

Bilanzfälschung
Im Jahresabschluss werden Sachverhalte vorsätzlich unwahr oder irreführend dargestellt mit dem Ziel, über die Vermögens-, Finanz- oder Ertragslage falsch zu informieren. Dazu gehören: Verstöße gegen die Bewertungsvorschriften, bewusstes Weglassen von Vermögensteilen oder insbesondere Schulden, Aufnahme nicht vorhandener (fiktiver) Vermögenswerte in die Bilanz.

Bilanzfrisur
Wenn der Abschlussersteller versucht, den Jahresabschluss „schön zu färben“, d. h. die Vermögens-, Finanz- und Ertragslage besser darzustellen, als es der Wirklichkeit entspricht, wird dies auch als Bilanzfrisur bezeichnet. Mit Blick auf die fließenden Grenzen zwischen bilanzrechtlich noch zulässiger Bilanzpolitik und

der Bilanzfälschung, besteht die Gefahr einer Normenverletzung, da die Motivation des Abschlusserstellers eher auf die Täuschung der Jahresabschlussleser ausgerichtet sein dürfte. Vgl. auch „Window Dressing".

Bilanzgespräch
Dieser Teil der internen Jahresabschlussanalyse dient der Klärung jener Fragen zur Bewertung der wirtschaftlichen Verhältnisse, zu denen Bilanz, Gewinn- und Verlustrechnung, Anhang und Lagebericht keine eindeutigen Informationen liefern. Das betrifft insbesondere den Umfang der stillen Reserven.

Bilanzidentität
Bilanzidentität bezeichnet die Gleichheit der Schlussbilanz eines Geschäftsjahres mit der Eröffnungsbilanz des Folgejahres. In beiden Bilanzen müssen alle Posten, Mengen und Werte identisch sein (§ 252 Abs. 1 Nr. 1 HGB).

Bilanzklarheit
Der (Bilanzierungs-)Grundsatz der Bilanzklarheit fordert, dass der Jahresabschluss klar und übersichtlich aufzustellen ist (§ 243 Abs. 2 HGB) und jede Art von verschleiernder Darstellung verhindert werden soll. Er betrifft die äußere Form und die Art der Darstellung. Was darunter zu verstehen ist, ergibt sich in erster Linie aus den Gliederungsvorschriften zur Bilanz und zur Gewinn- und Verlustrechnung in den §§ 266 - 275 HGB.

Bilanzkontinuität, *formelle*
Die formelle Bilanzkontinuität ist ein kodifizierter Grundsatz ordnungsmäßiger Buchführung. Gemäß § 252 Abs. 1 Nr. 1 HGB müssen die Wertansätze der Eröffnungsbilanz mit den Wertansätzen der Schlussbilanz des vorhergehenden Geschäftsjahres übereinstimmen. Demnach dürfen zwischen Schluss- und Eröffnungsbilanz keine Buchungen oder Änderungen des Bilanzinhaltes (inkl. der Bewertung) vorgenommen werden.

Bilanzkontinuität, *materielle*
Fordert Bewertungsstetigkeit (§ 252 Abs. 1 Nr. 6 HGB) und die Wahrung des Wertzusammenhangs, d. h. der Wertfortführung von Bilanz zu Bilanz. Die materielle Bilanzkontinuität beinhaltet die Bewertungsstetigkeit und das Prinzip des Wertzusammenhangs (Wertstetigkeit). Durch die Bewertungsstetigkeit sollen die angewandten Bewertungsmethoden des vergangenen Jahresabschlusses beibehalten werden (§ 252 Abs. 1 Nr. 6 HGB). Der Grundsatz des Wertzusammenhangs bedeutet, dass die in der Bilanz angesetzten Werte grundsätzlich auch für die Bewertung der Folgeperioden maßgebend sind.

Bilanzkritik
Aufgabe der Bilanzkritik ist die kritische Beurteilung des im Rahmen der Bilanzanalyse aufbereiteten Zahlenmaterials. Ziel ist die Offenlegung der Risiken aus der Vermögenslage (Investitionen), der Finanzlage (Finanzierung und Liquidität) und der Ertragslage (Umsatz, Kosten, Rentabilität) sowie der Zukunftsfähigkeit des Unternehmens.

Bilanzkürzung
Minderung der Bilanzsumme, weil Aktivposten und Passivposten um jeweils den gleichen Betrag abnehmen.

Bilanzpolitik
Die bewusste und im Hinblick auf die Unternehmensziele zweckorientierte Beeinflussung des Jahresabschlusses im Rahmen der rechtlichen Zulässigkeit.

Bilanzstichtag
Siehe unter „Abschlussstichtag".

Bilanzverlängerung
Erhöhung der Bilanzsumme, weil Aktivposten und Passivposten um jeweils den gleichen Betrag zunehmen.

Bilanzverschleierung
Bilanzrechtlich relevante Sachverhalte werden so undeutlich oder unkenntlich im Jahresabschluss wiedergegeben, dass der Jahresabschlussleser diese nur schwer oder gar nicht nachvollziehen kann. Beispiele wären der Verstoß gegen das Saldierungsverbot (§ 246 Abs. 2 HGB) oder auch die Missachtung der Gliederungsvorschriften.

Bilanzwahrheit
Die Bilanzwahrheit ist ein Grundsatz ordnungsmäßiger Buchführung. Er fordert die inhaltliche Richtigkeit, Vollständigkeit und Willkürfreiheit des Jahresabschlusses.

Branchenanalyse
Identifizierung der strukturellen Merkmale einer Branche, aus denen sich die Stärke der Wettbewerbskräfte und schließlich die Rentabilität einer Branche ergeben sowie die interne Marktstellungs- bzw. Geschäftsmodellanalyse des zu untersuchenden Unternehmens.

Branchenvergleich
Die Kennzahlen aus der Jahresabschlussanalyse eines Unternehmens werden mit den entsprechenden Kennzahlen für die Branche des Unternehmens verglichen. Der Branchenvergleich gibt Aufschluss über die Stärken und Schwächen des Unternehmens im Vergleich zur Branche.

Cashflow
Der Cashflow zeigt den Saldo an Finanzmitteln, den das Unternehmen im Rahmen der lfd. Geschäftstätigkeit, der Investitions- und der Finanzierungstätigkeit erwirtschaftet hat.

Disagio
Das Disagio (Damnum, Darlehensabgeld) ist der Unterschiedsbetrag zwischen dem Ausgabebetrag und dem höheren Rückzahlungsbetrag eines Darlehens. Der Unterschiedsbetrag stellt eine zusätzliche Vergütung für die Kapitalnutzung dar (zusätzliche Zinsen), zu einem geringen Teil auch Entgelt für die Bearbeitung und Abwicklung des Kredits.

Diskriminanzanalyse
Ein Instrument der Unternehmensanalyse, das die Unternehmen mithilfe statistischer Verfahren nach Güte- bzw. Risikoklassen gruppiert, um sie als gesunde oder gefährdete Unternehmen zu klassifizieren.

Due Diligence
Verkehrsübliche Sorgfalt

EBIT
EBIT steht für Earnings Before Interest and Taxes. Die Abgrenzung dieser Kennzahl ist normenrechtlich weder nach HGB noch nach IFRS determiniert. Bei der Ermittlung des EBIT werden regelmäßig die Steuern vom Einkommen und Ertrag sowie das Finanzergebnis eliminiert. Vielfach erfolgt auch eine Korrektur um alle eher nicht nachhaltigen Erfolgskomponenten.

EBITA
EBITA steht für Earnings Before Interest, Taxes and Amortization (EBIT zuzüglich der Abschreibungen auf immaterielle Vermögensgegenstände einschl. Geschäfts- und Firmenwert). Die Abgrenzung dieser Kennzahl ist normenrechtlich weder nach HGB noch nach den IFRS determiniert.

EBITDA
EBITDA steht für Earnings Before Interest, Taxes, Depreciation and Amortization (EBITA zuzüglich der Abschreibungen auf

Sachanlagen). Die Abgrenzung dieser Kennzahl ist normenrechtlich weder nach HGB noch nach den IFRS determiniert.

EBT

EBT steht für Earnings Before Taxes (Jahresergebnis zuzüglich des Ertragsteueraufwands). EBT werden ermittelt, um den intertemporären und zwischenbetrieblichen Vergleich zu ermöglichen und dabei Störfaktoren zu eliminieren, die sich aus unterschiedlichen steuerlichen Einflüssen (z. B. aufgrund unterschiedlicher internationaler Steuersysteme, unterschiedlicher Hebesätze bei der Gewerbesteuer, unterschiedlicher Rechtsformen) ergeben. Die Abgrenzung dieser Kennzahl ist normenrechtlich weder nach HGB noch nach den IFRS determiniert.

Eigene Anteile

Hält die AG bzw. die KGaA eigene Aktien oder die GmbH eigene Geschäftsanteile in ihrem Vermögen, werden diese seit dem im Jahr 2009 beschlossenen BilMoG nicht mehr aktiviert. Vielmehr muss das Eigenkapital entsprechend offen korrigiert werden (sog. Nettobilanzierung i. S. v. § 272 Abs. 1a HGB).

Erfolgsanalyse

Die Erfolgs- oder Ergebnisanalyse bezieht sich auf die Höhe, die Herkunft und insbesondere die Zusammensetzung des Unternehmenserfolgs.

Erfolgsfaktor, *strategischer*

Alle Informationen, die für den langfristigen Erfolg oder Misserfolg eines Unternehmens entscheidende Bedeutung haben. Sie beeinflussen die strategische Planung.

Erfolgsspaltung

Spaltet das Gesamtergebnis (Jahresüberschuss bzw. bereinigter Unternehmenserfolg) in verschiedene Kompenenten auf. Ziel ist die Ermittlung des nachhaltigen Ergebnisses, wobei insbesondere das ordentliche Betriebsergebnis bzw. das operative Ergebnis von besonderem Interesse ist.

Eventualverbindlichkeiten

Eventualverbindlichkeiten resultieren aus einer Haftungsübernahme. Die Inanspruchnahme ist eher unwahrscheinlich, aber nicht ausgeschlossen. § 251 HGB zählt die unter der Bilanz zu vermerkenden Eventualverbindlichkeiten abschließend auf:

1. Verbindlichkeiten aus der Begebung und Übertragung von Wechseln
2. Verbindlichkeiten aus Bürgschaften, Wechsel- und Scheckbürgschaften
3. Verbindlichkeiten aus Gewährleistungsverträgen
4. Haftungsverhältnisse aus der Bestellung von Sicherheiten für fremde Verbindlichkeiten.

Sobald mit einer Inanspruchnahme aus diesen Eventualverbindlichkeiten zu rechnen ist, muss eine Rückstellung gebildet werden.

Fifo-Methode

Eine Methode der Verbrauchsfolgebewertung, bei der unterstellt wird, dass die zuerst gelieferten Einheiten (first-in) eines Postens des Vorratsvermögens auch zuerst verbraucht werden (first-out). Die Fifo-Methode darf in der Handelsbilanz, nicht aber in der Steuerbilanz angewendet werden.

Finanzanalyse

Eine Finanzanalyse ist die systematische Aufbereitung von Informationen über die finanzielle Situation und Entwicklung von Personen oder Unternehmen. Bei der

Bilanzanalyse wird die finanzielle Stabilität eines Unternehmens beurteilt.

Finanzergebnis
Das Finanzergebnis ist das Ergebnis der Finanzaktivitäten. Es ist abhängig von den Gegebenheiten des Geld- und Kapitalmarktes, eher weniger dagegen von der betrieblichen Tätigkeit.

Finanzflussrechnung
Sammelbegriff für die Cashflow-Rechnung als spezielle Umsatzüberschussrechnung und die Bewegungsbilanz sowie die Kapitalflussrechnung zur Darstellung der Veränderung der Liquiditätsverhältnisse.

Finanzierungsregeln
Normen, mit deren Hilfe die Qualität der Kapitalstruktur eines Unternehmens optimiert und der Bestand des Unternehmens langfristig gesichert werden soll. Zu den Finanzierungsregeln gehören die **goldene Bilanzregel**, die **goldene Finanzierungsregel** und die **vertikalen Finanzierungsregeln**.

Finanz- und Verbunderfolg
Der Finanz- und Verbunderfolg resultiert aus Unternehmensverbindungen, Beteiligungen u. a. finanzwirtschaftlichen Aktivitäten. Er ist betriebsfremd, aber stetig und regelmäßig.

Firmenrating
Berücksichtigt über die traditionelle Bilanzanalyse hinaus die konjunkturellen Entwicklungen sowie die Branchenverhältnisse. Neben der Branche wird die Stellung des Unternehmens hinsichtlich seiner Stärken und Schwächen innerhalb der Branche beurteilt mit dem Ziel der Früherkennung einschlägiger Unternehmensrisiken. Die Bilanzkennzahlen werden im Rahmen von Diskriminanzanalysen, neuronalen Netzen, Scoring- bzw. Ratingsystemen durch quantitative und qualitative Bilanzanalysen ausgewertet.

Fristenkongruenz
Vermögensteile sind jeweils mit Eigen- oder Fremdkapitalmitteln zu finanzieren, die genauso lange zur Verfügung stehen, wie das Kapital in den Vermögensteilen gebunden ist.

Frühwarnsystem und Früherkennungssystem
Informationssystem, das mit zeitlichem Vorlauf auf mögliche Gefahren aus dem Umfeld des Unternehmens oder aus dem Unternehmen selbst aufmerksam macht, damit rechtzeitig reagiert und gegengesteuert werden kann. Dient das Informationssystem nicht nur der Anzeige möglicher Gefahren, sondern auch möglicher Chancen, liegt ein Früherkennungssystem vor.

Geringwertige Wirtschaftsgüter (GWG)
Bewegliche Wirtschaftsgüter des AV, die selbstständig nutzbar, selbstständig bewertbar und abnutzbar sind und deren AK oder HK max. 410 € (netto, ohne USt) nicht übersteigen. Bis 410 € Anschaffungskosten können diese im Jahr der Anschaffung oder Herstellung in voller Höhe sofort abgeschrieben werden (§ 6 Abs. 2 EStG). Im Fall von Anschaffungs- oder Herstellungskosten bis 1.000 € können diese in einen Sammelposten aufgenommen werden, der gleichmäßig mit jeweils 20 % pro Jahr aufgelöst wird (§ 6 Abs. 2a EStG).

Gesamtkostenverfahren
Zeigt neben der Struktur des im abgelaufenen Geschäftsjahr angefallenen Aufwands auch dessen Höhe, unabhängig davon, ob die im Geschäftsjahr hergestellten Produkte oder erbrachten Leistungen bis zum Bilanzstichtag umgesetzt worden sind oder nicht. Die Gliederung

der Gewinn- und Verlustrechnung nach dem Gesamtkostenverfahren ist leistungsbezogen und weist deshalb neben den Verkaufsleistungen im Posten Bestandsveränderungen auch die Lagerleistungen aus.

Geschäftsmodellanalyse
Untersucht die Logik und Zukunftsfähigkeit des Geschäftsmodells eines Unternehmens.

Geschäfts- oder Firmenwert
Nur der derivative Firmenwert darf aktiviert werden. Dabei handelt es sich um den Betrag, den der Erwerber eines Unternehmens über die Differenz aus der Summe der jeweils zu Zeitwerten bewerteten Vermögenswerte abzüglich Schulden (= Reinvermögen bzw. Eigenkapital) hinaus tatsächlich für das Unternehmen gezahlt hat (§ 246 Abs. 1 Satz 4 HGB).

Gewinn- und Verlustrechnung
Die Gewinn- und Verlustrechnung ist eine Zusammenfassung und übersichtliche Darstellung der Erträge und Aufwendungen sowie des Erfolgs einer Abrechnungsperiode (Zeitraumrechnung). Kapitalgesellschaften müssen diese stets in Staffelform erstellen (§ 275 Abs. 1 HGB).

Gliederungskorrekturen
Bei der Erstellung der Strukturbilanz werden die Aktiva in aufsteigender Reihenfolge nach ihrer Liquidierbarkeit und die Passiva nach ihrer Fristigkeit geordnet.

Gliederungszahlen
Gliederungszahlen zeigen das Verhältnis eines Teils zum Ganzen. Sie sind häufig Prozentzahlen, die strukturelle Verhältnisse offen legen, z. B. Umlaufvermögen im Verhältnis zum Gesamtvermögen.

Going-Concern-Prinzip
Das Going-Concern-Prinzip oder der Grundsatz der Unternehmensfortführung schreibt vor, dass bei der Bewertung im Jahresabschluss von der Fortführung des Unternehmens auszugehen ist (§ 252 Abs. 1 Nr. 2 HGB). Fortführung des Unternehmens bedeutet, dass das Unternehmen bei vernünftiger kaufmännischer Beurteilung seine gewerbliche Tätigkeit für einen bestimmten Zeitraum (im Allgemeinen 12 Monate) wird fortsetzen können. Maßgebend für die Beurteilung sind die Verhältnisse am Bilanzstichtag.

Grundsätze ordnungsmäßiger Buchführung und Bilanzierung (GoB)
Die GoB sind ein unbestimmter Rechtsbegriff. Sie ergeben sich aus dem Handelsbrauch, aus verschiedenen gesetzlichen Vorschriften (insbesonders HGB) sowie aus Lehrmeinungen. Sie dienen der ordnungsmäßigen und zweckmäßigen Gestaltung von Buchführung und Bilanz.

Handelsregister
Öffentliches Verzeichnis der eingetragenen Kaufleute eines Bezirks, das vom Registergericht des zuständigen Amtsgerichts geführt wird. Es informiert über wesentliche rechtliche und wirtschaftliche Verhältnisse der Kaufleute und kann von jedermann eingesehen werden. Seit 2007 wird dieses vollständig elektronisch geführt.

Herstellungskosten
Aufwendungen, die durch den Verbrauch von Gütern und die Inanspruchnahme von Diensten für die Herstellung eines Vermögensgegenstands, seine Erweiterung oder für eine über seinen ursprünglichen Zustand hinausgehende wesentliche Verbesserung entstehen (§ 255 Abs. 2 Satz 1 HGB). Die Herstellungskosten weichen regelmäßig von den in der Kostenrechnung verwendeten Herstellkosten

ab, da handelsrechtlich nur pagatorische Kosten berücksichtigt werden.

IFRS
Die International Financial Reporting Standards sind internationale Rechnungslegungsnormen, die von einer unabhängigen privatrechtlichen Organisation – dem IASB – herausgegeben werden und die Aufstellung international vergleichbarer Abschlüsse regeln. Die IFRS werden von zahlreichen Ländern zumindest für kapitalmarktorientierte Unternehmen vorgeschrieben.

Imparitätsprinzip
Das Prinzip der ungleichen Behandlung von Gewinnen und Verlusten besagt, dass alle bis zum Abschlussstichtag vorhersehbaren, aber noch nicht realisierten Risiken und Verluste im Jahresabschluss zu berücksichtigen sind. Gewinne dagegen dürfen nur dann im Jahresabschluss erfasst werden, wenn sie realisiert sind (§ 252 Abs. 1 Nr. 4 HGB).

Indexzahlen
Zeigen das Verhältnis zweier gleichartiger Größen, die zu verschiedenen Zeitpunkten oder an verschiedenen Orten entstanden sind. Eine Größe erhält den Wert 100 und die andere wird an diesem Index gemessen. Indexzahlen verdeutlichen die Entwicklung bestimmter Merkmale, z. B. der Preisentwicklung bei Maschinen und Anlagen.

Innenfinanzierung
Finanzierung des Unternehmens aus der Tätigkeit des Unternehmens heraus über Umsatzerlöse, sonstige Erträge und Desinvestition.

Investierung
Siehe unter „Anlagendeckung".

Investitionsanalyse
Feststellung der Maßnahmen eines Unternehmens zur Sicherung der Existenz und der künftigen Gewinne. Die Investitionsanalyse untersucht, in welchem Ausmaß und in welchen Bereichen investiert worden ist und welche Chancen und Risiken damit verbunden sind. Allgemein unterschieden werden die Investitionen in die Modernisierung des Anlagevermögens, in Forschung und Entwicklung, in Markt und Organisation (z. B. Werbung), in die Qualifikation der Mitarbeiter und die Erweiterung und Verbesserung des Produktions- und Absatzprogramms.

Investitionsquote
Die Investitionsquote zeigt das Verhältnis der Neuinvestitionen zum bisherigen Bestand zu Anschaffungs- oder Herstellungskosten. Sie gibt Auskunft über die Investitionspolitik.

Jahresabschluss
Der Jahresabschluss ist ein Spiegelbild der finanziellen und wirtschaftlichen Situation eines Unternehmens zu einem bestimmten Stichtag und gleichzeitig Rechenschaftsbericht der Unternehmensleitung. Er besteht zumindest aus Bilanz und Gewinn- und Verlustrechnung. Je nach Rechtsform und Kapitalmarktorientierung kommen weitere Bestandteile hinzu.

Kapitaldienstfähigkeit
Dies ist die Fähigkeit zur fristgerechten Erbringung von Zinsen und Tilgungen für einen erhaltenen Kredit.

Kapitalflussrechnung
Ermittelt die Finanzmittelbewegungen getrennt nach den Tätigkeitsbereichen Investition, Finanzierung und laufender Geschäftsbereich. Die Summe der Mittelzuflüsse und -abflüsse der drei Tätigkeitsbereiche entspricht der Nettover-

änderung der Gesamtsumme des Finanzmittelbestands in der betrachteten Periode.

Kapitalmarktorientierung
Ein Unternehmen ist kapitalmarkorientiert, wenn es einen organisierten Markt i. S. d. § 2 Abs. 5 WpHG durch von diesem ausgegebene Wertpapiere in Anspruch nimmt oder die Zulassung solcher Wertpapiere zum Handel an einem organisierten Markt beantragt hat (§ 264d HGB).

Kapitalstruktur
Die Kapitalstruktur oder vertikale Finanzstruktur zeigt die Finanzierung des Unternehmens aus Eigenkapital und lang-, mittel- und kurzfristigem Fremdkapital.

Kennzahlen
Kennzahlen geben verdichtete, quantitative Informationen wieder. Dabei sollen sie aus dem komplexen Zahlenmaterial das Wesentliche herausfiltern und somit entscheidungsrelevante Informationen liefern.

Kennzahlenanalyse
Verdichtet zunächst mehrere Zahlen aus dem Jahresabschluss zu Kennzahlen und stellt auf diese Weise die wirtschaftlichen Verhältnisse und die Veränderungen in einem Unternehmen dar. Die Kennzahlen werden dann in ihrer zeitlichen Entwicklung sowie mit Kennzahlen anderer Betriebe oder dem Branchendurchschnitt verglichen.

Kennzahlensystem
Ein Kennzahlensystem ist die geordnete Gesamtheit einzelner Kennzahlen aus verschiedenen Unternehmensbereichen. Die Kennzahlen stehen in einer sinnvollen Beziehung zueinander, ergänzen oder erklären sich und sind auf ein übergeordnetes Ziel ausgerichtet, z. B. den Return on Investment (RoI) oder die Rentabilität des betriebsnotwendigen Kapitals. Bei den Kennzahlensystemen werden Rechen- und Ordnungssysteme unterschieden.

Konglomerat
Als Konglomerat, auch Mischkonzern genannt, gilt ein diversifiziertes Unternehmen mit diversen Tochterunternehmen, die unterschiedliche Wertschöpfungsketten aufweisen, in verschiedenen Branchen tätig sind und nicht miteinander im Wettbewerb stehen.

Kurs-Gewinn-Verhältnis (KGV)
Das KGV gibt an, in wie vielen Jahren das Unternehmen – unter Annahme eines gleichbleibenden Jahresüberschusses – seinen Börsenkurs erwirtschaftet. Ein hoher Kennzahlenwert deutet an, dass der Kapitalmarkt die Aktie hoch bewertet in Erwartung zukünftiger Gewinnsteigerungen.

Lagebericht
Der Lagebericht (§ 289 HGB) ergänzt den Jahresabschluss insbesondere um eine Darstellung, Erläuterung und Analyse des Geschäftsverlaufs und der Lage der KapGes. Berichtsinhalte: der Wirtschaftsbericht (§ 289 Abs. 1 Sätze 1 - 3 und Abs. 3 HGB), der Prognose-, Chancen- und Risikobericht (§ 289 Abs. 1 Satz 4 HGB), der Risikobericht über Finanzinstrumente (§ 289 Abs. 2 Satz 1 Nr. 1 HGB), der Forschungs- und Entwicklungsbericht (§ 289 Abs. 2 Nr. 2 HGB), der Bericht über Zweigniederlassungen (§ 289 Abs. 2 Nr. 3 HGB), der Vergütungsbericht (§ 289 Abs. 2 Nr. 4 HGB), der Bericht mit übernahmerechtlichen Zusatzangaben (§ 289 Abs. 4 HGB) sowie den Bericht über das interne Kontroll- und das Risikomanagementssystem (§ 289 Abs. 5 HGB).

Latente Steuern
Bestehen zwischen den handelsrechtlichen Wertansätzen von Vermögensgegen-

ständen, Schulden und Rechnungsabgrenzungsposten und ihren steuerlichen Wertansätzen Differenzen, die sich in späteren Geschäftsjahren voraussichtlich abbauen (= nicht permanente Differenzen), so ist eine sich daraus insgesamt ergebende Steuerbelastung als passive latente Steuer in der Bilanz anzusetzen (§ 274 Abs. 1 Satz 1 HGB). Für eine sich daraus insgesamt ergebende Steuerentlastung besteht das Wahlrecht zur Aktivierung von latenten Steuern (§ 274 Abs. 1 Satz 2 HGB).

Leverage-Effekt
Steigerung der Eigenkapitalrentabilität durch Einsatz kostengünstigen Fremdkapitals, wenn die zusätzlichen Fremdkapitalkosten geringer sind als die Rentabilität der zusätzlichen, mit diesem Fremdkapital finanzierten Investitionen (Leverage-Chance). Ist die Rendite der zusätzlichen, mit diesem Fremdkapital finanzierten Investitionen geringer als die zusätzlichen Fremdkapitalkosten, reduziert dies die Eigenkapitalrentabiliät (Leverage-Risiko).

Lifo-Methode
Methode der Verbrauchsfolgebewertung bei gleichartigen Vermögensgegenständen des Vorratsvermögens. Dabei wird unterstellt, dass die zuletzt erworbenen Vorräte (last-in) als erste wieder entnommen werden (first-out). Demnach setzt sich der Schlussbestand aus dem Anfangsbestand und den ersten Zugängen zusammen. Bei steigenden Preisen wird ein Gewinnausweis vermieden; gleichzeitig bauen sich im Bestand stille Reserven auf. Die Lifo-Methode darf grundsätzlich sowohl in der Handelsbilanz (§ 256 HGB) als auch in der Steuerbilanz (§ 6 Abs. 1 Nr. 2a EStG) angewandt werden.

Liquidationserfolg
Teil des Gesamtergebnisses, der durch die Veräußerung von Vermögensgegenständen über Buchwert zu Stande kommt.

Liquidität
Liquidität (aus dem Latein „liquidus“ = „flüssig“) bezeichnet die Fähigkeit eines Unternehmens, jederzeit seinen Zahlungsverpflichtungen nachkommen zu können, indem es über Zahlungsmittel („flüssige Mittel“) im ausreichenden Umfang verfügt.

Liquiditätsanalyse
Untersucht die Liquidität eines Unternehmens zu einem bestimmten Stichtag unter Heranziehung von Bilanzposten der Vermögensseite und der Kapitalseite der Bilanz oder für einen bestimmten Zeitraum unter Heranziehung von Finanzplänen oder Kapitalflussrechnungen.

Management-Informationssystem (MIS)
Ein MIS ist ein komplexes, integriertes Programmsystem, in dem die Daten aus allen Funktionsbereichen eines Unternehmens aufbereitet und zur gezielten Informationen konzentriert werden, die die Entscheidungen der Unternehmensführung möglichst weitgehend absichern sollen.

Management Letter
Der Management Letter ist neben dem Prüfungsbericht und dem Bestätigungsvermerk Teil der schriftlichen Berichterstattung des Abschlussprüfers. Diese Berichterstattung betrifft Feststellungen, die im Rahmen des Prüfungsauftrags nicht als wesentlich anzusehen oder nicht unmittelbar Gegenstand des Prüfungsauftrags sind, die sich aber bei sachgerechter Durchführung einer Abschlussprüfung häufig ergeben und deren Kenntnis für das geprüfte Unternehmen von Nutzen ist.

Market Due Diligence
Studie zur Identifizierung branchenspezifischer Erfolgsfaktoren, die auf Kompatibilität mit den unternehmensspezifischen Werttreibern untersucht werden.

Das Ergebnis ist eine Unternehmensbewertung aus Markt- und Kundensicht. Bei dieser Analyse spielen Faktoren wie der Unternehmensstandort, Innovationsfähigkeit, Qualifikation des Personals, bestehende Beteiligungen und ein Screening des Unternehmensumfelds einschließlich des Marktrisikos eine Rolle, nicht dagegen Finanzdaten des Unternehmens.

Marktstellungsanalyse
Die Marktstellungsanalyse oder Lageanalyse untersucht die Stellung des Unternehmens im Markt. Die Lage des Unternehmens schlägt sich insbesondere in der Nachfrage nach den vom Unternehmen hergestellten und/oder vertriebenen Produkten und in der Konkurrenzsituation in der Branche nieder.

Mission
Die Mission ist Teil des Leitbildes eines Unternehmens, in dem das Selbstverständnis und die Grundprinzipien beschrieben werden. Die Mission formuliert, was das Unternehmen darstellen will und/oder wie es am Markt gesehen werden soll, z. B. *„Bayer: Science for a better life“* oder *„Siemens: Wir verwirklichen, worauf es ankommt“*.

Neuronale Netze
Verfahren zur Mustererkennung. Das System basiert auf einer hoch-komplexen Netzstruktur. Neuronale Netze unterstützen empirisch-statistische Verfahren der Jahresabschlussanalyse im Rahmen der Bonitätsanalyse.

Nominalwert
Der Nominalwert ergibt sich aus dem Anschaffungswert und der darauf angewendeten Bewertungsmethode. Auf Basis dieser Definition ist der Nominalwert nachvollziehbar, entspricht aber nicht unbedingt dem realen Wert oder dem Substanzwert.

Normative Kennzahlen
Geben Ziele oder Standards vor, die einzuhalten sind. Sie beinhalten einen Handlungsbezug.

Operatives Ergebnis
Setzt sich aus denjenigen Ertrags- und Aufwandskomponenten zusammen, die mit dem eigentlichen Betriebszweck in direktem Zusammenhang stehen. Andere Bezeichnung: Betriebsergebnis.

Passivtausch
Eine Bilanzveränderung, bei der ein Passivposten verringert wird, während ein anderer Passivposten um den gleichen Betrag erhöht wird.

Performance
Unternehmenserfolg und Managementleistung bzw. Management- und Führungserfolg. Daneben wird auch die Wertentwicklung eines Wertpapiers oder Fonds als dessen Performance bezeichnet.

Periodenfremde Aufwendungen und Erträge
Außerordentliche Aufwendungen und Erträge i. w. S., die wirtschaftlich nicht in der Abrechnungsperiode verursacht wurden, sondern sich lediglich als Zahlungsvorgang niederschlagen und so den Überblick über die normalerweise anfallenden Aufwendungen und Erträge erschweren.

Periodenvergleich
Stellt die zu verschiedenen Zeitpunkten oder für verschiedene Zeiträume für das gleiche Objekt ermittelten Kennzahlen ggü. und wertet sie hinsichtlich ihrer Entwicklung im Zeitablauf aus.

Price-Earnings-Ratio (PER)
Siehe unter „Kurs-Gewinn-Verhältnis“ (KGV).

Rating
Englische Bezeichnung sowohl für das Verfahren zur Bewertung der Kreditwürdigkeit (Credit Rating) als auch für das Ergebnis in Form einer Klassifizierung nach ordinal skalierten Bewertungsstufen

Relative Kennzahlen
Haben eine höhere Aussagefähigkeit als absolute Kennzahlen, da sie das Verhältnis von zwei Zahlen ausdrücken. Auf diese Weise werden Vergleichsmöglichkeiten oder Aussagen über eine Entwicklung geschaffen. Verhältniszahlen können gleichzeitig Gliederungs-, Beziehungs- oder Indexzahlen sein.

Rentabilitätsanalyse
Die Rentabilitätsanalyse gibt Aufschlüsse über die Ertragskraft eines Unternehmens. Sie stellt z. B. den Periodenerfolg in Abhängigkeit vom Eigenkapital, vom Gesamtkapital, vom betriebsnotwendigen Vermögen oder vom Umsatz dar. Sie sagt nichts aus über die Wirtschaftlichkeit der Betriebsführung.

Return on Investment (RoI)
Der Return on Investment zeigt die Rentabilität des gesamten investierten Kapitals als Produkt aus Umsatzrentabilität und Kapitalumschlagshäufigkeit. Durch den Ansatz der Fremdkapitalzinsen wird die Rentabilitätskennzahl von der Kapitalstruktur nicht beeinflusst.

Rohergebnis
Das Rohergebnis oder der Rohgewinn ist grundsätzlich der Betrag, um den der Umsatzerlös den Material- oder Wareneinsatz übersteigt. Es entspricht der Handelsspanne. Das Rohergebnis i. S. v. § 276 HGB zeigt bei Wahl des Gesamtkostenverfahrens die Wertschöpfung des Unternehmens. Beim Umsatzkostenverfahren sind im Rohergebnis auch die Personalkosten des Produktions- bzw. Herstellungskostenbereichs einbezogen.

Rückstellungen
Rückstellungen sind bilanzrechtliche Schulden und Passivposten für bestimmte Verpflichtungen des Unternehmens, deren Erfüllung wahrscheinlich zu künftigen Ausgaben führen wird. Grund und/oder Höhe dieser Verpflichtungen ist jedoch ungewiss. § 249 Abs. 1 HGB enthält einen abschließend formulierten Katalog der handelsrechtlichen Rückstellungsarten. Die Bildung von Rückstellungen mindert stets den entsprechenden Periodenerfolg.

Sachanlagenintensität
Die Sachanlagenintensität zeigt den Anteil des Sachanlagevermögens am Gesamtvermögen. Die Kennzahl gibt Auskunft über die Bedeutung der Sachanlagen (insbesondere bei Industrieunternehmen), die Investitionspolitik und den Rationalisierungsgrad.

Segmentberichterstattung
Die gesetzlichen Vertreter eines börsennotierten Mutterunternehmens haben den Konzernanhang um eine Segmentberichterstattung zu erweitern (§ 297 Abs. 1 HGB); im Einzelabschluss eines kapitalmarktorientierten Unternehmens besteht diesbezüglich ein Wahlrecht (§ 264 Abs. 1 Satz 2 HGB). Diese vermittelt in Erweiterung der Berichterstattungspflicht nach § 285 Nr. 4 HGB finanzielle Informationen zu einzelnen Teilbereichen (sog. Segmente) des Unternehmens, was insbesondere bei diversifizierten Unternehmen mit heterogenen Geschäftsbereichen und damit einhergehenden unterschiedlichen Risiko- und Erfolgscharakteristika eine differenziertere Analyse erlaubt. Der Segmentbericht beinhaltet eine sektorale Segmentierung durch die Abgrenzung von Tätigkeitsbereichen (z. B. nach Produk-

ten oder Produktgruppen) und auch eine regionale Segmentierung nach räumlichen Aspekten (z. B. nach den Absatzmärkten).

Selbstfinanzierungsgrad
Gibt an, in welchem Umfang das jeweilige Unternehmen in den vergangenen Jahren in der Lage war, Eigenkapital durch Gewinnthesaurierung zu bilden.

Shareholder Value
Das ist der finanzielle Wert des Eigenkapitals eines Unternehmens für die Eigentümer und damit der entscheidungsorientierte Ertragswert des Eigenkapitals.

Soll-Ist-Vergleich
Bei einem Soll-Ist-Vergleich bilden Normwerte bzw. Vorstellungen den Vergleichsmaßstab. Diese können Größen aus der Unternehmensplanung (Plan/Ist-Vergleich), solche entsprechend allgemein anerkannter Regeln zu einzelnen betriebswirtschaftlichen Sachverhalten, vom Bilanzersteller kommunizierte Zielvorstellungen (ableitbar z. B. aus dem Lagebericht des Vorjahres), aber auch individuelle Vorstellungen des Analysten i. S. einer Hurdle-Rate (z. B. bezüglich der Eigenkapitalrentabilität) sein.

Sonstige finanzielle Verpflichtungen
Hierzu gehören z. B.

- mehrjährige Verpflichtungen aus Miet-, Pacht- und Leasingverträgen
- Verpflichtungen aus noch nicht abgeschlossenen Investitionsprojekten
- Verpflichtungen aus künftigen Großreparaturen
- Verpflichtungen aus notwendig werdenden Umweltschutzmaßnahmen
- Termingeschäfte
- langfristige Abnahmeverträge.

Stakeholder
Der Begriff „Stakeholder" fasst alle Interessengruppen wie Aktionäre (= Shareholders, US: Stockholders), Gläubiger, Mitarbeiter, Kunden, Lieferanten zusammen.

Statische Analyse
Die Betrachtung des Jahresabschlusses eines Unternehmens für nur *einen* bestimmten Abrechnungszeitraum oder -zeitpunkt wird als „statische Analyse" bezeichnet. Der Erkenntniswert aufgrund einer solchen isolierten Betrachtung ist sehr gering (s. auch unter „vergleichende Analyse").

Stille Reserven
Entstehen durch Unterbewertung von Aktivposten oder Übewertung von Passivposten. Sie lassen sich nicht direkt aus der Bilanz ablesen und führen zu dem Ausweis eines im Vergleich zum wirtschaftlichen Eigenkapital niedrigeren bilanziellen Eigenkapitals.

Strategie
Grundsatzentscheidungen mit Instrumentalcharakter, die dem langfristigen Erhalt des Unternehmens und der Erreichung sonstiger Unternehmensziele dienen soll.

Strategische Analyse
Dieser Teil der Unternehmensanalyse umfasst die Branchen-, die Marktstellungs- und die Geschäftsmodellanalyse.

Strukturbilanz
Für Zwecke der Bilanzanalyse aufbereitete Bilanz, in der die Bilanzposten zusammengefasst und auf der Vermögensseite nach Liquiditätsgesichtspunkten und auf der Kapitalseite nach Herkunft und Fristigkeit des Kapitals gruppiert wurden. Die Strukturbilanz ist die Grundlage für die Ermittlung von Kennzahlen der Bilanzanalyse.

Substanzanalyse
Dient dazu, die Posten des Jahresabschlusses auf ihr Zustandekommen, ihre Zusammensetzung und ihre Entwicklung hin zu überprüfen. Daraus lassen sich wertvolle Hinweise auf die wirtschaftliche Entwicklung eines Unternehmens ziehen.

Umlaufvermögen
Vermögensgegenstände, die dem Unternehmen nur kurzfristig dienen und i. d. R. möglichst schnell umgesetzt werden sollen

Umsatzkostenverfahren
Verfahren der Gewinn- und Verlustrechnung, bei dem den Umsatzerlösen nur die Herstellungskosten der im abgelaufenen Geschäftsjahr verkauften Produkte und Leistungen gegenübergestellt werden, und zwar unabhängig davon, in welchem Geschäftsjahr diese Herstellungskosten angefallen sind. Der Aufwand ist nach den Funktionsbereichen Herstellung, Vertrieb und allgemeine Verwaltung gegliedert.

US-GAAP
Allgemein anerkannte US-amerikanische Rechnungslegungsnormen als Rechtsrahmen für die Unternehmensbilanzierung in den USA. Der Börsenkrach von 1929 war u. a. durch die damals fehlende Regulierung der Rechnungslegung begünstigt. Der amerikanische Kongress beauftragte daraufhin verschiedene privatrechtliche Rechnungslegungsgremien mit der Festlegung von allgemein anerkannten Rechnungslegungsregeln. Der Fokus lag auf der Rechnungslegung für kapitalmarktorientierte Unternehmen. Seit 1973 erkennen die Bundesbehörde Securities and Exchange Commission (SEC) sowie die Berufsorganisation der Wirtschaftsprüfer, das American Institute of Certified Public Accountants (AICPA), die Verlautbarungen des Financial Accounting Standards Board (FASB) als Herausgeber dieser Rechnungslegungstandards an, wobei allerdings die Verlautbarungen der SEC im Einzelfall Vorrang haben.

Verbundergebnis
Das Verbundergebnis resultiert aus Unternehmensverbindungen, Beteiligungen u. a. betriebsfremden finanzwirtschaftlichen Aktivitäten. Es stellt eine Erfolgskompente im Rahmen der Erfolgsspaltung dar.

Vergleichende Analyse
Der Vergleich des Jahresabschlusses mit den Abschlüssen früherer Perioden wird als vergleichende Analyse bezeichnet. Dabei werden die veränderten Kennzahlenausprägungen im Zeitablauf ersichtlich. Wegen der Einbeziehung mehrerer Abrechnungsperioden wird auch von der **dynamischen Jahresabschlussanalyse** gesprochen.

Verhältniszahlen
Entsprechen den „relativen Kennzahlen".

Vermögensstruktur
Unter Vermögensstruktur wird die Zusammensetzung des Gesamtvermögens aus Anlagevermögen und Umlaufvermögen verstanden. Die Vermögensstruktur lt. Strukturbilanz ist Gegenstand der kennzahlengestützten Bilanzanalyse.

Vision
Sagt aus, was das Unternehmen als langfristiges Ziel verfolgt, z. B. Kunden durch Beratung zu binden.

Vorsichtsprinzip
Der Grundsatz der Vorsicht verlangt eine vorsichtige Bewertung. Während Gewinne nur zu bilanzieren sind, wenn sie am Abschlussstichtag realisiert sind, müssen

Verluste bereits erfasst werden, wenn sie drohen (§ 252 Abs. 1 Nr. 4 HGB).

WACC
WACC steht für Weighted Average Cost of Capital. Der WACC (deutsch: gewichteter durchschnittlicher Kapitalkostensatz) entspricht dem gewichteten Mittel der Eigen- und Fremdkapitalkosten, wobei die Fremdkapitalkosten um den Steuervorteil (aus der steuerlichen Abzugsfähigkeit von Fremdkapitalzinsen als Betriebsausgabe) zu reduzieren sind. Unternehmen verwenden den WACC vielfach als Mindestrendite für Investitionsobjekte. Zudem wird der WACC vielfach im Rahmen der Unternehmensbewertung eingesetzt, um die erwarteten Einzahlungsüberschüsse auf den Bewertungsstichttag abzuzinsen.

Wechselobligo
Für weitergegebene Kundenwechsel, die am Bilanzstichtag noch nicht fällig sind, besteht – obwohl die Forderung wirtschaftlich ausgeglichen ist – im Falle des Ausfalls des Bezogenen ein Obligo ggü. dem Wechselinhaber. Für diese Eventualverbindlichkeit muss eine Rückstellung gebildet werden, wenn mit einer Inanspruchnahme zu rechnen ist. Ansonsten besteht eine Berichtspflicht i. S. v. § 251 HGB.

Wertaufhellung
Der Jahresabschluss muss die Verhältnisse am Bilanzstichtag darstellen (sog. Bilanzstichtagsprinzip gem. § 252 Abs. 1 Nr. 3 HGB). Erhält der Unternehmer in der Zeit nach dem Bilanzstichtag, aber noch vor dem Tag der Bilanzerstellung (Fertigstellung der Bilanz) bessere Erkenntnisse über die Verhältnisse am Bilanzstichtag, so sind diese bei der Bewertung zu berücksichtigen (§ 252 Abs. 1 Nr. 4 HGB).

Wertaufholung
Erhöhung des (Rest-)Buchwerts nach Wegfall der Gründe für eine in Vorjahren vorgenommene außerplanmäßige Abschreibung, wobei historische Anschaffungs- und Herstellungskosten die Wertobergrenze gem. § 253 Abs. 1 HGB darstellen

Window Dressing
Bilanzpolitische Maßnahmen, die ausschließlich der optischen und kurzfristigen Gestaltung des Bilanzbildes dienen und für den externen Bilanzanalysten regelmäßig kaum oder gar nicht erkennbar sind. Es handelt es sich um Maßnahmen im Grenzbereich des Zulässigen. Der Blick in die tatsächliche Vermögens-, Finanz- und Ertragslage wird verstellt. Window Dressing (englisch für „Fenster dekorieren“) ist ein Anglizismus und bedeutet, dass die Bilanz in einem überarbeiteten „Kleid“ zur Schau gestellt wird („Kleider machen Leute“). Window Dressing wird auch mit „Bilanzkosmetik“ übersetzt.

Working Capital
Das Working Capital (auch Betriebs- oder Arbeitskapital genannt) ist die Differenz zwischen Umlaufvermögen und dem kurzfristigen Fremdkapital. Es drückt zunächst die kurzfristige Zahlungsfähigkeit aus. Ein positiver Wert des Working Capital zeigt zudem den Anteil des Umlaufvermögens, der mittel- oder gar langfristig finanziert worden ist. Im Fall eines negativen Working Capital sind Teile des Anlagevermögens kurzfristig finanziert, was als Verstoß gegen den Grundsatz der Fristenkongruenz zu werten ist.

Zeitvergleich
Siehe unter „Periodenvergleich“ und „Vergleichende Analyse“.

Zuschreibung
Siehe unter „Wertaufholung“.

Baetge/Kirsch/Thiele, Bilanzanalyse. Studienausgabe, 2. Auflage, Düsseldorf 2004

Baetge/Kirsch/Thiele, Übungsbuch Bilanzen und Bilanzanalyse. Aufgaben und Fallstudien mit Lösungen, 4. Auflage, Düsseldorf 2010

Behringer, S., Cash-flow und Unternehmensbeurteilung, Berechnungen und Anwendungsfelder für die Finanzanalyse, 10. Auflage, Berlin 2010

Bitz/Schneeloch/Wittstock, Der Jahresabschluß, 6. Auflage, München 2014

Born, K., Bilanzanalyse international. Deutsche und ausländische Jahresabschlüsse lesen und beurteilen, 3. Auflage, Stuttgart 2008

Brösel, G., Bilanzanalyse. Unternehmensbeurteilung auf der Basis von HGB- und IFRS-Abschlüssen, 15. Auflage, Berlin 2014

Coenenberg/Haller/Schultze, Jahresabschluss und Jahresabschlussanalyse. Betriebswirtschaftliche, handelsrechtliche, steuerrechtliche und internationale Grundsätze – HGB, IFRS, US-GAAP, 23. Auflage, Stuttgart 2014

Coenenberg/Haller/Schultze, Jahresabschluss und Jahresabschlussanalyse. Aufgaben und Lösungen, 15. Auflage, Stuttgart 2014

Eckes/Fentz/Flick/Hoeren/Weigel, Bilanzanalyse-Kommentar nach IFRS. Bonitätsbeurteilung auf Basis internationaler Abschlüsse, 2. Auflage, Heidelberg 2009

Fink/Schultze/Winkeljohann (Hrsg.), Bilanzpolitik und Bilanzanalyse nach neuem Handelsrecht, Stuttgart 2010

Gesamtverband der Deutschen Versicherungswirtschaft e. V., Grundsätze für die Vergabe von Unternehmenskrediten durch Versicherungsgesellschaften – Schuldscheindarlehen, 5. Auflage, abrufbar unter: http://www.gdv.de/wp-content/uploads/2013/07/GDV_Kreditleitfaden_Juni_2013.pdf

Graumann, M., Praktische Jahresabschlussanalyse, Herne 2015

Grefe, C., Kompakt-Training Bilanzen, 9. Auflage, Herne 2016

Gräfer/Schneider/Gerenkamp, Bilanzanalyse. Traditionelle Kennzahlenanalyse des Einzeljahresabschlusses – Kapitalmarktorientierte Konzernjahresabschlussanalyse – mit zahlreichen Abbildungen, 12. Auflage, Herne 2012

Hommel/Rammert, IFRS-Bilanzanalyse case by case, 3. Auflage, Stuttgart 2012

Küting/Weber, Die Bilanzanalyse. Beurteilung von Abschlüssen nach HGB und IFRS, 11. Auflage, Stuttgart 2015

Losbicher/Eils/Engelbrechtsmüller (Hrsg.), Handbuch der betriebswirtschaftlichen Kennzahlen, Key Performance Indicators für die erfolgreiche Steuerung von Unternehmen, Wien 2015

Petersen/Zwirner/Künkele, Bilanzanalyse und Bilanzpolitik nach BilMoG: Einzelabschluss, Konzernabschluss und Steuerbilanz, 2. Auflage, Herne 2010

Porter, M., Wettbewerbsvorteile – Spitzenleistungen erreichen und behaupten, 8. Auflage, Frankfurt a. M./New York 2014

Quick/Kayadelen/Flashaar-Bloedorn, Kennzahlengestütztes Value Added Reporting in der Geschäftsberichtspublizität der Eurostoxx-50-Unternehmen, in: WPg, 61. Jahrgang, Heft 4/2008, 153 - 164

Reichmann, T., Controlling mit Kennzahlen. Die systemgestützte Controlling-Konzeption mit Analyse- und Reportinginstrumenten, 8. Auflage, München 2011

Rinker/Ditges/Arendt, Bilanzen, 14. Auflage, Herne 2012

Ruhnke/Simons, Rechnungslegung nach IFRS und HGB, Lehrbuch zur Theorie und Praxis der Unternehmenspublizität mit Beispielen und Übungen, 3. Auflage, Stuttgart 2012

Schmidt, R., Diagnose von Unternehmensentwicklungen auf Basis computergestützter Inhaltsanalyse. Vortrag gehalten anläßlich der Pfingsttagung des Verbandes der Hochschullehrer für Betriebswirtschaft e. V. in Innsbruck am 8. Juni 1979, Kiel 1979

Schmidt, R., Diagnose von Unternehmensentwicklungen auf Basis computergestützter Inhaltsanalyse, in: Bratschitsch/Schnellinger (Hrsg.), Unternehmenskrisen – Ursachen, Frühwarnung, Bewältigung, Stuttgart 1981, S. 355 - 379

Schmidt/Wilhelm, Rendite – Sicherheit – Wachstum. 300 Börsengesellschaften unter der Lupe, in: Manager Magazin, 17. Jahrgang, Heft 11/1987, 233 - 265

Steger, J., Kennzahlen und Kennzahlensysteme, Herne 2014

Werner/Padberg/Kriete, IFRS-Bilanzanalyse, Grundlagen, Vorgehensweise, Fallbeispiele, Stuttgart 2005

Werner, U., Die Analyse des Lageberichts als Instrument empirischer Zielforschung, dargestellt am Beispiel deutscher Rückversicherungsunternehmen, in: Zfbf, 42. Jahrgang, Heft 12/1990, 1014 - 1035

Werner, U., Die Berücksichtigung nichtnumerischer Daten im Rahmen der Bilanzanalyse, in: WPg, 43. Jahrgang, Heft 13/1990, 360 - 376

Wohlgemuth, F., IFRS: Bilanzpolitik und Bilanzanalyse, Gestaltung und Vergleichbarkeit von Jahresabschlüssen, Berlin 2007

A

B

C

D

E

M

N

O

P

R

S

W

Z

STUDIUM | WEITERBILDUNG

Bilanzierung einfach gemacht!

Das bewährte Lehrbuch zur Bilanzierung von Unternehmen

Dieses bewährte Lehrbuch gibt einen systematischen Überblick über die Bilanzierung eines Unternehmens und stellt die grundlegenden Aufgaben und Konzepte von Sonderbilanzen, die Instrumente der Bilanzpolitik sowie das Vorgehen einer systematischen Bilanzanalyse ausführlich dar.

Klar strukturiert und mit zahlreichen Beispielen ermöglicht es einen schnellen Zugriff auf alle benötigten Informationen. Umfangreiche Kontrollfragen und ein Übungsteil inklusive Lösungen helfen, das Gelesene zu vertiefen und den Wissensstand gezielt zu kontrollieren. Dieser Band eignet sich sowohl als begleitendes Lehrbuch für das Studium als auch als Nachschlagewerk für Praktiker.

Die Neuauflage wurde umfassend aktualisiert. Aufgenommen wurden u. a.: die sog. Kleinst-Kapitalgesellschaft, das sog. Bilanzrichtlinie-Umsetzungsgesetz (BilRUG), die Anhebung der Schwellenwerte sowie die Änderung der Definition der Umsatzerlöse.

Inklusive BilRUG!

Bilanzen
Rinker
15. Auflage · 2016 · 527 Seiten · € 29,90
ISBN 978-3-470-53686-6

kiehl
Kiehl ist eine Marke des NWB Verlags

Bestellen Sie bitte unter: **www.kiehl.de oder per Fon 02323.141-900**
Unsere Preise verstehen sich inkl. MwSt.

Bestellen Sie dieses Buch versandkostenfrei unter www.kiehl.de